Zeitreisen – physikalische Meisterleistung, kühnes Gedankenexperiment und tiefe menschliche Sehnsucht. Dieses Buch erläutert verständlich und humorvoll die verblüffenden neuen Ideen und klassischen wissenschaftlichen Theorien des Zeitreisens. Dazu sind die Autoren auch Hinweisen auf Zeitmaschinen im Vatikan, in verborgenen Tempelanlagen und geheimnisvollen Labors gefolgt. Dieses umfassende Handbuch entwirft eine Ideen- und Kulturgeschichte des Zeitreisens in Film, Literatur, Mythen, Religion und Philosophie.
Buchtipp von *GEO.de*
«Amüsant, auch bei mitunter schwierig zu erklärenden Theorien immer gut verständlich.» *Kultur und Technik (Magazin aus dem Deutschen Museum, München)*
«Komplexes Kompendium ... Sehr gelungen.» *(Media-Mania.de)*

ZU DEN AUTOREN

Ariane Windhorst studierte Kommunikationswissenschaft, Soziologie, Politologie und Sozialpsychologie und war Moderatorin sowie Kommunikationschefin beim Fernsehen. Sie berät Unternehmen und lehrt an der Fachhochschule Hannover. Seit ihrer Schulzeit beschäftigt sie sich mit Kosmologie und den Ideen der Quantenmechanik. Bei der Arbeit an diesem Buch hat sie ihre Zuneigung zu mehrdimensionalen Feldgleichungen neu entdeckt.

Falko Blask hat nach Studien der Medizin, Philosophie, Kommunikations- und Politikwissenschaft als Autor und Regisseur für Fernsehsender gearbeitet und Sachbücher über Philosophie, Medien, Jugendkultur und Musik veröffentlicht. Seine Spezialgebiete sind Bewusstseinstechnologie, Mythologie, Sonderweltanschauungen und extreme Phänomene. Den Verdacht, selbst ein Zeitreisender zu sein, weist er zurück.

Mehr Informationen zum Thema: Institut für Zeitreisen – www.ifzr.de

**FALKO BLASK
ARIANE WINDHORST**

ZEITREISEN

DIE ERFÜLLUNG EINES MENSCHHEITSTRAUMS

Rowohlt Taschenbuch Verlag

Veröffentlicht im Rowohlt Taschenbuch Verlag,
Reinbek bei Hamburg, Dezember 2009
Copyright © 2009 by Rowohlt Verlag GmbH,
Reinbek bei Hamburg
Das Buch erschien zuerst unter dem Titel
Zeitmaschinen 2005 im Atmosphären-Verlag, München
Umschlaggestaltung ZERO Werbeagentur, München
(Umschlagabbildung: FinePic, München)
Satz KCS GmbH, Buchholz bei Hamburg
Druck und Bindung CPI – Clausen & Bosse, Leck
Printed in Germany
ISBN 978 3 499 62558 9

INHALT

EINLEITUNG 11
Zeitreisen sind möglich, aber gefährlich » Die Erkundung unbekannter Möglichkeiten der Existenz

I. DER TRAUM VON DER ZEITMASCHINE
ANNÄHERUNG AN EIN PHÄNOMEN 17

1. Der Meister und seine Jünger
   H.G. Wells und die Folgen   18
   Literarische Urmodelle » Die Reise ins Jahr 802 701 » Düstere Zukunftsvisionen » Egon Friedells Fortsetzung des Klassikers » Das 20. Jahrhundert als Ära der Zeitmaschine

2. Die ideale Zeitmaschine
   Einführung in die Philosophie der Zeitreise   27
   Sind wir Gefangene der Zeit oder längst Zeitreisende? » Zeit und Bewusstsein » Zeitmaschinen als Gedankenexperiment » Zeit-Philosophie » Zeitschleifen und das Großvaterparadoxon » Die Grenzen von Logik und Kausalität » Everett und Borges: die Viele-Welten-Theorie » Pataphysik und Delirium » Probleme mit der Konsistenz » Das Ende des Universums » Okkultismus und Zeitbeherrschung » Welt als Matrix » Akausale Zeitordnung: Synchronizität » Mehrdimensionales Denken » Die Wirbeltheorie der Zeit » Maschine kontra Geist » Augustinus, Teilhard de Chardin und Heidegger » Jean Gebser: Zeit als Intensität » Omega-Punkt und Ewigkeit » Detailprobleme der Funktion von Zeit-

maschinen » Stephen Hawking und Jim Al-Khalili – Juristische Fragen der Zeitreise

II. DER MYTHOS LEBT
KULTURGESCHICHTE DES ZEITREISENS 73

3. Zeitagenten am Ende des Universums
   Science-Fiction-Visionen in Weltliteratur und Film   74
   Zeitverzerrungen und Paradoxien » Literarische Klassiker und Geschichtsmanipulationen » Bauanleitungen und der Fahrstuhl zur Ewigkeit » Melancholie der Zeitmaschine » Sterntagebücher und eine Zeitmaschine im Vatikan » Deloreans und Terminatoren » Hollywoods Prachtstücke und die Filmtheorie von Gilles Deleuze

4. Das Fernsehen als Zeitmaschine
   Die billige Flucht aus dem Jetzt   97
   Der Geist in der Kiste » TV als Fluchtgerät » Vier Wochen ohne Fernsehen » Freunde aus zweiter Hand » Mediale Zeitreiseexperimente » TV als Droge » Audio-visuelle Zeitsprünge

5. Stargates und Time Tunnels
   Zeitmaschinen in Fernsehserien   108
   Dr. Who » Raumschiff Enterprise » Stargate » Zurück in die Vergangenheit » Sliders » Seven Days » Rezeptur für eine perfekte Zeitmaschinen-Serie

6. Unendliche Geschichten und unerklärte Phänomene
   Historische Zeitmaschinen und Zeitreiseepisoden   135
   Roswell » Area 51 » Spukprojekte aus Montauk: Rainbow-, Philadelphia-, Manhattan- und Phönix-Projekt » Ong's Hat und Incunabula Papers » Wingmakers und der Profit

7. Ernste Spiele – Zeitmaschinen für Aussteiger
   Der kürzeste Weg ins Mittelalter, Parallelwelten
   ohne Wurmlöcher und die religiöse Komponente
   der Zeitmaschine   149
   Ritterspiele » Living History » Reenactment » Life Action Role Playing » Folklore » Religiöse Weltflucht » Amish People » Karneval » Freizeit und Zeitfreiheit

8. Traumzeit, Ewigkeit und Zeitenwanderer
   Mythen und das Zeitverständnis fremder Kulturen   174
   Odysseus und andere Reisen in die Unterwelt » Schamanismus » Zeitanomalien am Untersberg » Bar am Ende des Universums: Walhall » Merlin und der Graf Saint-Germain » Traumzeit der Aborigines » Sprache ohne Vergangenheit » Verrückt im Wunderland

III. ZEITREISEN DES GEISTES
TRANSZENDENZ UND METAPHYSIK DER ZEITMASCHINE 191

9. Der Körper bleibt zu Hause
   Zeitreisen als Bewusstseinstechnik   192
   Aleister Crowley und Abraham von Worms » Quantentheorie des Bewusstseins » Holografisches Weltbild und Biogravitationsfelder » Zeitreise im Koma » J. W. Dunnes serielle Zeit und Colin Bennetts Zeitreisetechnik » Frederick E. Dodsons Zeitreiseprogramm » Botschaften aus der Zukunft und aus anderen Dimensionen » Tore zur Hölle und in fremde Köpfe » Timothy Learys Evolutionstheorie des Bewusstseins » Tanzen mit der Raumzeit

10. Zeit ist eine Illusion
    Psychedelische Zeitreisen   214
    Historische Drogentrips durch die Zeit und die Visionen der Poeten » Zeitreisen mit den Halluzinogenen LSD, Meskalin und DMT » Die inneren Räume von John C. Lilly » Halluzinogene Pilze und Terence McKennas Timewave Zero » Die absolute Gegenwart und die Zukunft der Data-Drugs » Psychiatrische Zeitreisen und Borderline-Störung » Notausgänge aus der Zeit und die Drogen der Naturvölker

11. Surfing on the Timeline
    Interview mit dem Zeitreisenden Fred Dodson   240
    Zu Besuch bei Whitney Houston » Parallelwelten-Surfen » Reisen ins alte Ägypten » Tabus der Zeitreise

IV. TECHNOLOGIE DER ZEITMASCHINE
MODELLE, THEORIEN, PROTOTYPEN   249

12. Vergangenheit – Gegenwart – Zukunft
    Zeitmaschinen aus Sicht der Theoretischen Physik   250
    Newtons Weltbild » Einsteins Relativitätstheorien » Zwillingseffekt » Parallelwelten » Wurmlöcher » Schwarze Löcher » Zeitmaschinen-Entwürfe von Gödel, Tipler, Davies, Novikov, Deutsch und Gott » Quantentheorie, Quantenschaum und Mikrowurmlöcher » Stringtheorie » Superstrings » Kosmische Bänder » M-Theorie

13. New Scientists und russische Genies
    Die sogenannte grenzwissenschaftliche Perspektive   288
    Vadim Chernobrovs Lovondatr: eine Zeitmaschine für Kurztrips » Comeback des Äthers » Stehende Gravitationswelle und Global

Scaling » Kozyrevs Zeitfluss-Experimente » João Magueijos Kritik am Peer-Review-Prozess » Paul Feyerabend: anything goes

14. Hardware
Die jüngsten Entwicklungen auf dem Markt für Zeitmaschinen: Prototypen, Patente und Maschinen aus dem Versandhandel   304

Zeitmaschinen-Erfinder leben gefährlich » Besuch bei der Kreuzigung: Pater Ernettis Chronovisor » Der Hyper Dimensional Resonator » Patentanmeldungen: Zeitstromsimulation und die Überbrückung der Raumzeit » Designfragen » Die Zeitkabine im Tempel von Damanhur

15. «Physik muss sich an der Wirklichkeit orientieren» – die skeptische Perspektive
Interview mit dem Experimental-Physiker Wolfgang Schmid   326

Chancen für den Äther » Die Faszination mehrdimensionaler Feldtheorien » Schwarze Löcher im Mini-Format » Wie funktioniert das Wissenschafts-Establishment?

16. Finden Zeitreisen finden bereits statt?
Die konkrete Physik der Zeitmaschine   337

Beamen » Spukhafte Fernwirkung » Quantenkryptographie » Ronald Malletts Zeitschleifenmaschine » Bose-Einstein-Kondensate » Superluminales Tunneln » Einstein@home » Gravitationswellen-Entdeckungswettlauf

17. Schneller als das Licht
Notwendigkeit und Funktionsweise
der Zeitmaschinen unserer außerirdischen Besucher   356

Entfernungen im Weltraum » Pioneer 10 » Das Fermi-Paradoxon » Versteckspiel mit Aliens » Außerirdische oder Außerzeitliche? » UFO-Antriebe » Billy Meier und die Plejaner » Der Chrononenantrieb

18. Sind sie längst unter uns?
Weitere Theorien über Zeitreisende 382
Von Däniken und Co.: Spuren von Zeitreisenden in der Geschichte » Entführungen und Geistererscheinungen » Börsenspekulanten aus der Zukunft » Bekenntnisse angeblicher heutiger Zeitreisender » Der harte Job der Zeitpolizisten » Die 75-Millionen-Euro-Zeitmaschine

EPILOG
THE SWINGING UNIVERSE 394
Oszillation und Yoga » Die musikalische Zeitmaschine » Reise ohne Wiederkehr » Das Schicksal des verrückten Hutmachers

Anmerkungen 402
Literaturverzeichnis 410
Bildnachweis 415

EINLEITUNG

Die gute Nachricht gleich zu Beginn: Zeitreisen sind möglich!

Und nun die unangenehme Nachricht: Wir raten dringend von allen Versuchen, Zeitreisen zu unternehmen, ab. Sie sind gefährlich für Körper und Geist, bedrohen die Ordnung auf der Erde und im Universum und können uns den Spaß an dem verderben, was wir unser ganz normales abenteuerliches Leben im Hier und Jetzt nennen.

Schon völlig unabhängig von irgendwelchen mechanischen Zeitmaschinen kann der Mensch sein eigenes Gehirn dazu nutzen, durch die Dimensionen und Zeiten zu schlüpfen, Parallelwelten zu erkunden und im Restaurant am Ende des Universums einen Drink zu bestellen. Aber auch diejenigen, die von einer Maschine träumen, in die sie einsteigen können – Tür zu und ab durch die Mitte –, haben eine Chance. Sie müssen sich nur noch ein wenig gedulden: Die vorgeschlagenen Apparaturen sind bislang leider weder von Patentämtern noch von technischen Überwachungsvereinen abgesegnet worden.

Die Sehnsucht nach Zeitmaschinen entspringt einem inneren Auftrag: Wir sind schließlich Nachfahren von Nomaden und in vielerlei Hinsicht wollen wir immer noch gern woanders sein als dort, wo wir uns gerade befinden. Immer auf der Suche nach einem besseren Ort treibt es uns weiter. Das Hier und Jetzt genügt uns nicht – selbst wenn es gemütlich, warm und trocken ist, fragen wir uns, ob wir nicht anderswo noch besser aufgehoben wären.

In Zeiten von Not und Gefahr, ohne Hoffnung auf Besserung, wünschen wir uns nur eins: Nichts wie weg! Diesem elementaren und mit dem Fortschreiten der Lebenszeit immer stärker drängenden Impuls des Menschen sind durch seine scheinbar dreidimensionale Existenz jedoch tragische Grenzen gesetzt. Warum bloß dieses Jahrhundert, seufzen sowohl Nostalgiker als auch Zukunftsfreaks.

Und fast alle klagen: Wir haben so viel falsch gemacht, wenn wir doch bloß die Zeit zurückdrehen könnten und eine zweite Chance bekämen, dann ...

... würden wir die Umwelt nicht zerstören.

... würden wir Kriege verhindern.

... würden wir unsere Ehe retten.

... könnten wir die Weltmeisterschaft von 2002 doch noch gewinnen.

Wir können jeden Punkt auf diesem Planeten erreichen, und irgendwann dürfen (oder müssen) wir ihn sogar verlassen. Aber die Zeit haftet an uns wie eine Haut, sie umgibt uns wie das Meer den Wal. Manchmal, in ganz besonderen Momenten, springen wir für einen Augenblick aus ihr heraus – mehr aber auch nicht. Sie gibt uns niemals frei, wir sind lebenslänglich inhaftiert. Das fordert uns heraus, provoziert unseren Widerstand. Die Suche nach dem Paradies oder nach außergewöhnlichen Erfahrungen, die das Dasein transzendieren, ja, sogar religiöse Motive sind letztlich der Sehnsucht entsprungen, die Zeitlichkeit des Daseins zu überwinden – nicht nur auf der Zeitwelle zu surfen, sondern den ganzen Strom beliebig rauf- und runterzugondeln.

Am Ende der Liste steht dann vielleicht der Wunsch, Herr über Leben und Tod, das Schicksal und obendrein den Rest der Welt zu sein. In allererster Linie aber Meister des eigenen Daseins. Was sollte man schließlich auch sonst im Diesseits tun? Wozu sind wir denn sonst hier? Da wir nun einmal in diese Zeit geworfen wurden – warum auch immer –, wollen wir sie dehnen, kneten, zwirbeln und stauchen – so lange, bis sie endlich nachgibt, bis ein Riss entsteht oder eine Lücke, durch die wir hinausschlüpfen können.

Ob wir das mit auf einem Fluxkompensator montierten Bügeleisen und pulsierenden elektromagnetischen Feldern bislang ungeahnter Qualität anstellen oder uns dazu in einen Bewusstseinszustand versetzen, den die Krankenkasse keineswegs gutheißt, ist egal – Hauptsache, wir gehen auf die Reise.

Warum dieser Aufwand mit der Zeit? Weil sie da ist, könnte man in Anspielung auf Everest-Bezwinger Edmund Hillary behaupten, und das kommt dann unserer Theorie schon sehr nahe: Wir haben das dringende Bedürfnis, durch die Zeit zu reisen, einfach weil wir diese verrückte Idee davon haben, weil unser Geist sich an dem Gedankenexperiment berauscht und weil langweilige Vernunftapostel notorisch behaupten, es sei gar nicht möglich. Nur, weil es noch keiner geschafft hat? Pah, früher dachte man auch, Fliegen sei unmöglich. Intuitiv wissen wir nämlich spätestens nach dem Erwachen aus unserem ersten fantastischen Traum, dass allein schon das nackte Bewusstsein mehr vermag, als uns die Naturgesetze der materiellen Welt glauben machen. Und auch die Idee der Zeitmaschinen-Hardware provoziert den Erfindergeist weit über die Anforderungen der stagnierenden Industriegesellschaft hinaus. Beiden Universen – dem des zeitreisenden Bewusstseins, aber auch dem der Physik und ihrer konkreten Technik – haben wir Raum gegeben, um sie letztlich vielleicht sogar zu einer Fusion zu bewegen, an deren Ende Maschine, Mensch und Zeit einen harmonischen Schwingungszustand miteinander eingehen.

Am Anfang allen Nachdenkens über die Stellung des Menschen in der Zeit erscheint es noch sonnenklar: Bis in die letzte Hautfalte und das Innerste unserer Knochen bestehen wir aus Materie, die bereits bei der Entstehung des Universums vorhanden war und den Urknall live miterlebt hat. Minimale Introspektion verrät uns, dass es wohl mindestens ein Bewusstsein gibt, nämlich unser eigenes – mit seinen uns immer wieder verblüffenden Möglichkeiten.

Warum sollte dieses Bewusstsein nicht mit einem anderen denkbaren, das ziemlich allmächtig ist, so manches gemeinsam haben? Vielleicht ist unser kleines Bewusstsein wie alles andere sogar ein Teil davon? Warum sollte die Information in den kleinsten Teilchen, aus denen wir bestehen, nicht für unseren Geist zu entschlüsseln sein und damit einige Milliarden Jahre Geschichte des Universums? Warum soll es unmöglich sein, herauszufinden, was vor dem Urknall war?

Dass auch die widerspenstigen Eigenheiten des Universums uns sehr nahe sind, deutet bereits eines der Urprinzipien der hermetischen Philosophie an, das Hermes Trismegistos, früher Thot, dem ägyptischen Gott des Mondes und der Zeit, zugeschrieben wird: «Wie oben, so unten.» Der Makrokosmos findet seine Entsprechung im Mikrokosmos, das Kleine und das Große entsprechen sich, korrespondieren sogar, heißt es.

Einige Jahrhunderte später wurde aus der dezenten Andeutung eine komplexe holistische Naturphilosophie, deren Feldtheorie auch Vergangenheit, Gegenwart und Zukunft vereinheitlichte. Auch die Ansprüche der denkenden Wesen stiegen immens: Grenzen sind nicht erlaubt, Grenzen existieren nicht, fordert etwa Bewusstseinsforscher John C. Lilly und hält im Bereich des Geistes schlichtweg alles für möglich.

Und die fiktive Figur «Q» aus der Fernsehserie *Star Trek – das nächste Jahrhundert*, eine nahezu allmächtige Person aus einer Welt, die in der Serie «Kontinuum» genannt wird und jenseits aller denkbaren Welten liegt, hat einen gutgemeinten Ratschlag für die Menschen: «Verlegen Sie sich auf die Erkundung unbekannter Möglichkeiten der Existenz!»

Herauszufinden, ob es von Erfolg gekrönt sein kann, dieser Aufforderung nachzukommen, dafür soll dieses Buch das physikalische, philosophische, psychologische und handfeste Rüstzeug liefern. Das Ergebnis muss jeder selbst beurteilen. Doch wir sagen es noch einmal: Nach allem, was wir wissen, können wir keinesfalls eine Empfehlung aussprechen, sein Leben damit zu verbringen, durch die Zeit reisen zu wollen – wenn es tatsächlich funktioniert, dann erst recht nicht: Es ist viel zu gefährlich!

I. DER TRAUM VON DER ZEITMASCHINE
ANNÄHERUNG AN EIN PHÄNOMEN

1. DER MEISTER UND SEINE JÜNGER
H. G. WELLS UND DIE FOLGEN

«‹*Denn alles bis zu diesem Augenblick ist eine Geschichte*›, *sagt Tyler,* ‹*und alles von nun an ist eine andere Geschichte. Dies ist der größte Augenblick unseres Lebens.*›»

Chuck Palahniuk, Fight Club

Die Idee, dass Zeit weder absolut ist noch linear verläuft, war schon im ausgehenden 19. Jahrhundert nicht neu. Immanuel Kant hatte bereits die Subjektivität der Zeitanschauung postuliert und der Zeit objektive Realität abgesprochen. In ihrer ordnenden Funktion ermöglicht Zeit erst Erfahrung und Erkenntnis. Raum und Zeit sind nach Kant reine Anschauungen, die den empirischen Anschauungen zugrunde liegen, und somit «bloße Formen unserer Sinnlichkeit»[1].

Mit dem Siegeszug der nicht-euklidischen Geometrie bahnte sich bereits das abstrakte multidimensionale Denken an. Und der Philosoph Gustav Theodor Fechner, Erfinder der experimentellen Psychologie und Psychophysik, schloss 1846 anhand einfacher Gleichnisse von Leinwandprojektionen und laufenden Kugeln erstmals auf ein vierdimensionales Weltbild.*

---

* «Eigentlich ist alles, was wir erleben werden, schon da, und was wir erlebt haben, ist noch da; unsere Fläche von drei Dimensionen, denn es hindert jetzt nichts, von einer solchen in Bezug zum Körperraum von vier Dimensionen zu sprechen, ist nur durch jenes schon

Die Literatur zog nach. Schon 1889 schickt Mark Twain in *Ein Yankee an König Artus' Hof* seinen Helden Hank Morgan mit einem Schlag auf dessen Kopf ins sechste Jahrhundert; Charles Dickens lässt Geizhals Scrooge dank eines Weihnachtsgeistes ebenfalls in Vergangenheit und mögliche Zukunft blicken. Raufereien und Geister sollten als Konkurrenz um den Titel «Erste Zeitmaschine» allerdings außer Konkurrenz laufen. Denn der große Visionär und von Krankheiten gepeinigte Sozialutopist Herbert George Wells war schließlich der Erste, der 1895 eine Apparatur ersann, die die aktive Reise durch die Zeit ermöglicht – und zwar in beide Richtungen, was selbst für moderne Physiker eine noch größere Herausforderung wäre, als nur mal kurz in der Vergangenheit vorbeizuschauen. Adalbert von Chamissos *Dampfross* (1830 erdichtet) überholt zwar ebenfalls die Zeit, und Edward Page Mitchell lässt 1881 seine Protagonisten mit Hilfe einer alten Wanduhr in der Zeit zurückreisen, aber der willentliche Schöpfungsakt einer Maschine, die die Zeit beherrscht, ist eine originäre Wells-Erfindung. Er traf damit präzise den Geist des Jahrhunderts, über den der englische Literaturwissenschaftler und Wells-Experte Elmar Schenkel schreibt: «Das 19. Jahrhundert ist das erste, das die Raumreise durch Zeitreisen ergänzt, vielleicht, weil es eng wurde auf der bekannten Kartographie. Ist es nicht der Traum, so doch etwas Maschinenähnliches, das die frühen Spiele mit der Zeit ermöglicht; vielleicht ein Hinweis auf die Verwandtschaft von Traum und Maschine.»[2] Schenkel verweist in diesem Zusammenhang vor allem auf Lewis Carroll, einen frühen Großmeister des Paradoxen, der in seinem Roman *Sylvie und Bruno*

---

durch und durch dieses noch nicht durch.» (Fechner, *Der Raum hat vier Dimensionen*)

1889 eine magische Uhr vorstellt, durch deren Manipulation man die Zeit zurückdrehen kann.

Wells' Vehikel ähnelte aber wohl eher einem zu breit geratenen Fahrrad als einem Konstrukt, in dem Teilchenbeschleuniger oder energiereiche Laser verbaut sein könnten – wie sie heutige Wissenschaftler in Zeitmaschinen installieren würden. Die technischen Details über das Wunderding erschöpfen sich allerdings in dürren Aussagen wie der, dass es in erster Linie ein Gestell «aus Metall, Ebenholz, Elfenbein und durchscheinendem Quarz»[3] ist. Bei dem Metall soll es sich um Nickel handeln; eine Information, die zwar für einen Nachbau wenig hilfreich ist, aber Wells' ironische Seite andeutet. Denn Nickel erhielt seinen Namen nach einem Berggeist, sodass die literarische Zeitmaschine wohl auch ein wenig okkulte Energie für ihren Antrieb mit auf den Weg bekam.

Ein Modell der ersten Zeitmaschine – bei H. G. Wells hat es sogar funktioniert. Kultobjekt beim Versandhändler Spaceart (www.spaceart.de).

Der Zeitreisende – wie Wells seinen anonymen Protagonisten nennt – entschwindet mit der Maschine aus seinem Labor und kehrt in desolatem Zustand zu einer Zusammenkunft seiner Freunde zurück, zu denen auch der Ich-Erzähler gehört. Was er berichtet, ist zweimal verfilmt worden und zählt zum Allgemeingut negativer Utopien: Im Jahr 802701 ist die Menschheit eine quasikommunistische, in einem scheinbar paradiesischen Garten lebende Gemeinschaft debiler Blumenkinder. Sie hausen in Ruinen, leben von Früchten und verdanken einem zunächst unbekannten Lieferanten ihre Kleidung und die Dinge des täglichen Bedarfs. Von Kultur, Wissenschaft oder Militär keine Spur mehr. Dafür tägliches Glück und Angst vor der Dunkelheit. Der Zeitreisende findet jedoch entsetzt heraus, dass es noch eine andere Bevölkerung des Planeten gibt: Unter der Erde hausen Horden von Ingenieuren und Maschinisten, Morlocks genannt, die die an der Oberfläche lebenden Eloi zwar versorgen, aber auch verspeisen. Ein Zustand am Ende der Zivilisation, wenn sich Arbeitsteilung und Industrialisierung gegen die Nachfahren ihrer Erfinder gewandt haben, wenn Sklaverei den radikalsten Aufstand der Unterdrückten bedingt hat, wenn der Kulturmensch zum Schlachtvieh degradiert worden ist – ohne es auch nur im Geringsten zu realisieren. Den Zeitreisenden befällt angesichts dieser Zukunft der Menschen Trostlosigkeit: «Bekümmert dachte ich daran, wie kurz der Traum vom menschlichen Geist gewesen war. Dieser Geist hatte Selbstmord begangen.»[4] Und er analysiert auch, aus heutiger Perspektive erschreckend visionär, wie es dazu kommen konnte: «Dies war seit jeher das Los der Tatkraft in einem Zeitalter der Sicherheit: Sie wendet sich der Kunst und der Erotik zu, und danach setzen Schwäche und Verfall ein.»[5]

Der Pessimismus steigert sich zur Fassungslosigkeit, wenn er vor den Morlocks noch weiter in die Zukunft flüchtet, in eine Zeit, in der die erkaltete Erde unter einer matten roten Sonne nur noch von einem runden zuckenden «Ding» mit Fangarmen bewohnt wird. Der Zeitreisende kehrt nach diesen Erlebnissen zwar zurück, um zu berichten, bricht aber kurz darauf zu einer zweiten Reise auf, von der er angeblich nie zurückgekehrt ist. Jedenfalls nicht zurück in die Zeit des Erzählers.

EINE VERWANDELTE FORTSETZUNG

Die gängige Idee, dass es sich bei Wells' Schilderungen lediglich um einen Roman handelt, weist Egon Friedell in seinem satirischen Werk *Die Rückkehr der Zeitmaschine* vehement zurück. Es sei kein Roman, sondern ein Tatsachenbericht, daran besteht für den Ich-Erzähler aus Friedells Werk kein Zweifel.

Durch einen Briefwechsel mit Wells' Sekretärin stößt dieser Ich-Erzähler auf den einzigen von Wells' nicht zitierten Zeugen, der der Schilderung des Zeitreisenden lauschte: den Journalisten Anthony Transic. Auf dessen Augen- und Ohrenzeugenbericht fußt Friedells Buch, in dem es dann um die fatalen Versuche des Original-Zeitreisenden geht, auch in die Vergangenheit zu gelangen; ursprünglich nur ins Jahr 1840, um Vorlesungen des schottischen Dichters und Historikers Thomas Carlyle zu hören. Doch beim ersten Versuch bewegt sich die Zeitmaschine nicht ein Sekündchen zurück. Die Ursache liegt darin, dass das Gefährt in die Vergangenheit nur mit Hilfe eines Anfangsimpulses starten kann. Der Zeitreisende muss also zunächst Schwung holen, ein wenig in die Zukunft reisen, um so «aufgeladen» in die Vergangenheit durchstarten zu können. Dabei entdeckt er quasi nebenbei ein 1995, das von depressiven Holografien bevölkert ist, sowie ein 22. Jahrhundert, in dem astralreisende ägyptische Historiker seine Existenz bezweifeln: «Entweder es gibt keine Weltgeschichte, oder es gibt keine Zeitmaschine.»[6] Diese Seelenwanderer weisen ihn außerdem darauf hin, dass sämtliche Eloi-Morlock-Erlebnisse, wie sie Wells beschreibt, keineswegs auf der Erde stattgefunden haben können, da der Zeitreisende eine räumliche Verzerrung beim Durchqueren der Jahrhunderte mit hoher Geschwindigkeit übersehen hat.

Verwirrt begibt sich der Zeitreisende auf den Rückweg; dieses Mal mit dem Wunsch, kurz in der Ära von Atlantis vorbeizuschauen und dann noch einen Zeitpunkt vor der Entstehung des Planeten anzusteuern. Angesichts vorheriger kleinkarierter Befürchtungen, zu einer Zeit vor der Erbauung seines Hauses zu landen und daher aus der Höhe des zweiten Stocks, in dem sich sein Labor befindet, auf die Erde zu stürzen, ein absurd gewagter Plan, ein vermessenes Forschungsprojekt: «Dann musste ich auf völlig freie Zeit stoßen, auf Zeit an sich, auf abstrakte Zeit sozusagen, auf den Begriff der Zeit.»

Doch anstatt diese philosophische Frage zu klären, stürzt er in der Zeit kurz vor der Erfindung seiner Maschine ab – denn etwas, das noch nicht erschaffen wurde, könne ihn auch nicht in die Vergangenheit befördern. So verbringt er die Zeit, bis er seine Maschine im Labor wiederfindet, mit den sechzig Flaschen Burgunder und sechs Flaschen Canadian Club Whiskey, die er vor seiner Reise geleert hatte und die nun wieder völlig unversehrt vor ihm stehen – scheinbar der übliche Treibstoff für kühne Wissenschaftler zu jener Zeit.

WAS WÄRE, WENN ...?

Auch der schrullige Roman *Die ersten Zeitreisen* von Reinhard Heinrich und Erik Simon[7] bezieht sich auf das Urwerk von Wells. In der Geschichte, die noch vor dem Mauerfall im sozialistischen Teil Deutschlands erschienen ist, spekulieren die Autoren über einen ganzen Wissenschaftszweig sogenannter Temporalistik, der Lehre vom Zeitreisen.

Auch sie konnten der Versuchung nicht widerstehen, ein Was-wäre-wenn-Szenario zu entwickeln. Zuerst behaupten Heinrich und Simon, dass Wells' *Zeitmaschine* nicht komplett war, sondern ursprünglich aus zwei Bänden bestand. Die technischen Informationen über die Funktionsweise der Zeitmaschinen stammen aus H.G. Wells' *erstem* Band. Der ungeschickte Romanheld sorgt jedoch während einer Zeitreise durch ein unglücklich verlaufendes Gespräch mit dem Meister selbst dafür, dass jener essenzielle erste Band niemals verfasst wird, sodass auch er ihn eigentlich nicht hätte lesen können. Und dennoch geschah es – oder wird es geschehen.

Diese Episode verdeutlicht zwei Kernelemente des Zeitmaschinen-Problems: erstens, Zeit-Paradoxa beflügeln das Gehirn enorm. Und zweitens, die Bauanleitung für das erste Modell ist verlorengegangen. Wir müssen also ganz von vorn anfangen. Denn die in unserem Universum existierende Ausgabe der *Zeitmaschine* ist leider einbändig, und die technischen Details über das Wunderding sind auf wenige unbrauchbare Einzelheiten beschränkt: Schrauben, ein Quartzgestänge, das geölt werden muss, ein Start- und ein Stopphebel. Merkwürdig steril wirkt diese Maschine, da ist nichts zu ahnen von einem modrigen Ozongeruch, wie ihn etwa William S. Burroughs in Zusammenhang mit Zeitreisen erwähnt.[8] So steril sogar, dass Skeptiker behaupten, Wells' Zeitreisender sei nichts weiter als vom Fahrrad gefallen. Und um sein ramponiertes Äußeres vor seinen Freunden zu rechtfertigen, habe er die Story von der Zeitreise erfunden.

Zwar gerieten schon vor dem Jahr 1895 manche Protagonisten von Legenden und Überlieferungen in Zeitschleifen, fielen Zeitsprüngen zum Opfer und gingen kläglich an der erlittenen Trennung von ihren ursprünglichen Zeitgenossen zugrunde. Der legendäre Mönch von Heisterbach stolperte beispielsweise durch göttliche Fügung beim Nachsinnen über die blasphemische Frage «Wie kann die Zeit vor Gott in nichts zergehen?» während eines Spaziergangs dreihundert Jahre in die Zukunft und musste dort sterbend erkennen: «Denn tausend Jahre sind dir wie ein Tag, der gestern vergangen ist, und wie eine Nachtwache.»

Doch das Los des überlebenden Zeitreisenden von Wells ist um vieles dramatischer, da er völlig aus der Zeit verschwindet. Sein Wissen scheint eine Rückkehr unmöglich zu machen oder ihn zumindest ausgesprochen lange aufzuhalten. Vielleicht hat er aber auch gegen die Verordnungen der Zeitpolizei verstoßen und wurde aus diesem Universum entfernt. Denn manche fantasiebegabten Fans des Genres glauben, Wells selbst sei ein Zeitreisender gewesen – wie übrigens viele Visionäre und Avantgardisten: von Jules Verne bis zum Erfinder bewegter Bilder, Louis Le Prince, von Leonardo da Vinci bis zum Grafen St. Germain. Jenseits solcher Spekulationen ist klar: *Die Zeitmaschine* war ihrer Zeit weit voraus; H.G. Wells nimmt bereits 1895 die Relativität der Zeit und die Konstitution der Raumzeit vorweg.

Kurz darauf beginnt das «unsichtbare Jahrhundert» (Richard Panek): das Jahrhundert, in dem scheinbar verborgene Bereiche des Daseins ausgeleuchtet werden. Sigmund Freuds Theorie des Unbewussten verändert dauerhaft das Menschenbild; 1905 erscheint Albert Einsteins legendäre Arbeit *Zur Elektrodynamik bewegter Körper* – seine erste Veröffentlichung zur sogenannten Speziellen Relativitätstheorie, die die

Zeit als absolute physikalische Größe gar nicht erst in Frage stellt, sondern gleich abschafft. An Zeit und Raum als den unverrückbaren Säulen unseres Universums wird in der Folge überall mächtig gerüttelt. Picasso, der ebenfalls durch die Erkenntnisse der modernen Physik beeinflusst war, versucht, in kubistischen Gemälden verschiedene Perspektiven in einem einzigen Bild zu vereinen, und James Joyce dehnt die äußeren und inneren Erlebnisse von Leopold Bloom an einem einzigen Tag, dem 16. Juni 1904, auf mehr als 1000 Buchseiten. In etwa der Mitte dieser Schilderung heißt es über das Alter der Seele des Menschen: «Da sie die Kraft des Chamäleons besitzt, bei jeder neuen Annäherung ihre Färbung zu wechseln, heiter zu sein mit den Fröhlichen und traurig mit den Bedrückten, also ist auch ihr Alter veränderlich wie ihre Stimmung.»[9] Diese erinnernde Empathie gegenüber dem eigenen in der Zeit verlorenen Selbst, gegenüber dem «Spiegel im Spiegel», wie es Joyce formulierte, erklärt auch die Faszination für alle nachfolgenden fiktionalen Zeitreisenden, deren Erlebnisse an Absurdität noch über das hinausgehen, was Wells' Pionier einst erfuhr.

2. DIE IDEALE ZEITMASCHINE
EINFÜHRUNG IN DIE PHILOSOPHIE DER ZEITREISE

«Krieger sehen die kommende Zeit. Normalerweise sehen wir die Zeit hinter uns zurückweichen. Nur Krieger können dies ändern und sehen die Zeit auf sich zukommen.»

Carlos Castaneda, Die Kunst des Pirschens

Die ganze Aufregung um Apparaturen, die uns durch die Zeit reisen lassen, begann mit einem Gedankenexperiment. Und die reine Idee von der Zeitmaschine ist vielleicht sogar bedeutender und auch viel wirksamer, als tatsächlich so ein Ding in der Garage zu parken. Denn das wäre ja vermutlich nur ein holpriger Prototyp, mit dem es Probleme in der einen oder anderen Raum-Zeit-Verwerfung geben könnte.

Wer die Grundfeste des Universums erschüttern will und etwas dereinst so Absolutes wie die Zeit beherrschen möchte, muss seine Ansprüche höherschrauben. In den Phasen der Vorbereitung sollte man bedenken, dass die Reise durch die Zeit ein ungeheuerliches Projekt ist, das einen vielleicht Kopf und Kragen einschließlich des Verstandes kosten wird. Denn Zeitmaschinen rücken einem Phänomen zu Leibe, das oft selbst reine Idee zu sein scheint und an dessen Rändern sich so idealtypische Schwergewichte wie Jetzt und Ewigkeit befinden. Dem Anspruch, die Zeit zu beherrschen, kann daher letztlich nur *das Ideal* einer solchen Zeitmaschine genügen. Diesem fiktiven Gerät widmen wir einige Hypothesen, die den

Rahmen der an es gestellten Erwartungen und den Umfang seiner Möglichkeiten abstecken.

1. HYPOTHESE: DIE IDEALE ZEITMASCHINE IST EINE FLUCHTKAPSEL AUS DER KOLLEKTIVEN GEGENWART

Zeit ist subjektiv, mal läuft sie schneller, mal schleppt sie sich dahin. Das ist eine von Psychologen und anderen Gehirnverstehern gerne ins Verblüffende aufgemotzte Binsenweisheit, die aber mit physikalischen Absonderlichkeiten der Zeit nicht das Geringste zu tun hat. Es ist ein wenig vermessen, einen angeborenen intuitiven Zugang zur physikalischen und auf die Wirklichkeit wirkenden Relativität der Zeit anzunehmen. Aber man kann ihn sich vielleicht hart erarbeiten, wie wir später noch sehen werden. Zunächst einmal führt kein Weg an der Erfahrung des kollektiven Zwangscharakters der lebendigen Gegenwart vorbei. In der Lebenswelt ist Zeit eben nicht relativ. In einer bestimmten Hinsicht nämlich: Wie zäh auch die subjektiv verlangsamte Zeit vergehen mag, in der Alltagserfahrung bringt sie uns kein Stück weit von der gemeinsamen Gegenwart weg, die wir mit unseren Mitmenschen teilen. In dieser Realität sind wir Sklaven des Newton'schen Weltbilds. Denn auch wenn dem Berauschten Minuten wie Jahrzehnte erscheinen, entkommt er seinen Zeitgenossen dennoch nicht in eine entrückte Zukunft. Er kann auch nicht dem Verrinnen der Zeit Einhalt gebieten, sozusagen am Wegesrand träge pausieren, um erleichtert hinter den Menschen zurückzubleiben, die hilflos ihrem Tod oder dem nächsten Arbeitstag entgegentreiben.

Die Zeit, wie wir sie kennen, ist ein gnadenloser Einpeitscher, und dass sie vorwärts und nicht rückwärts läuft und uns dadurch mit den Zwängen der Kausalität nervt, scheint eine willkürliche Festlegung ohne tieferen Sinn. Oder wie es Arthur Schopenhauer, einer ihrer gekränktesten Beobachter, formulierte: «Folglich gleicht der Lauf der Welt dem einer Uhr, nachdem sie zusammengesetzt und aufgezogen worden: also ist sie, von diesem unabstreitbaren Gesichtspunkt aus, eine bloße Maschine, deren Zweck man nicht absieht.»[10]

Die innere Zeitstruktur der Welt teilen wir ohne Ausweg mit unseren Mitmenschen – mit ein bisschen Pech bis zum Jüngsten Tag, wenn die Linearität der Zeit für alle endgültig kollabiert. Diese Zwangsgemeinschaft ist für viele der wirkliche Skandal, das echte Ärgernis. Dem gilt es zu entkommen. Deshalb träumen Physiker und Nachtportiers, Zocker und moderne Märchenerzähler, zu früh Ejakulierende und die Gegner von Stephen Hawking, also eigentlich alle Menschen bis auf den Papst, von der Zeitmaschine.

2. HYPOTHESE: DIE IDEALE ZEITMASCHINE BEFREIT UNS VON DER RATIONALITÄT DER ZEIT

Die Sehnsucht, in die Zukunft zu enteilen oder der Vergangenheit einen Kurzbesuch abzustatten, steht in radikalem Widerspruch zu den Glücksvorstellungen alter und neuer Lebensphilosophen. Sollten wir denn nicht in der Gegenwart, im Hier und Jetzt mit allen Sinnen anwesend sein? Und gelingt uns das etwa, während wir mit dem Jahresplaner hantieren und uns gegenseitig Outlook-Termine per E-Mail zuschicken? Droht nicht schon dem in seinen Tagträumen Zeitreisenden das Schicksal, sich selbst dabei zu verfehlen? Denn – wie es Egon Friedell ausdrückt – «der Reisende sieht sich die Welt an: Aber das hat zur Folge, dass er sich die einzige Welt, die wirklich ist, nämlich seine eigene, *niemals* ansieht.»[11] Auch die Projektion des Glücks auf eine ferne Zukunft oder wie im Falle des christlichen Ewigkeitsbegriffs sogar auf das Ende der Zeiten, wenn der Zeitpfeil sich in eine Brühe aus Allgegenwärtigem verwandelt, droht uns den aktuellen Jetzt-Momenten zu entreißen. Lauter Bedrohungen für das pure Vergnügen in der lebendigen Gegenwart? Ist die Lektüre alter Liebesbriefe oder das Studium der Wettervorhersage demnach bereits ein Fluchtversuch aus dem aktuellen Augenblick?

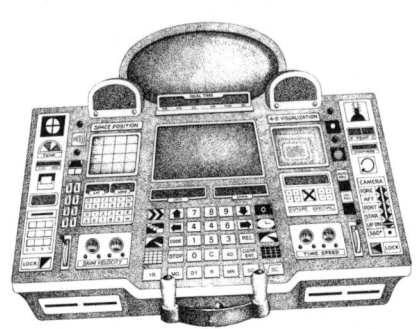

Die vorderste Front des Zeitmaschinendesigns – ein tragbares Gerät für den modernen Nomaden.

Nicht unbedingt. Die Zeitmaschinen an unseren Handgelenken oder auf den Displays unserer Mobiltelefone haben mit der Stunde, der Hora, auch eine antike Kontrolleinheit, die ursprünglich nur den Tag in bestimmte Lebensabschnitte teilen sollte, über die Jahrhunderte hinweg erhalten. Die Hora ermöglicht uns, eben nicht zwanghaft dem präzisen Augenblick hinterherzujagen, sondern – wie es der Philosoph Wilhelm Schmid formuliert – «einer individuellen Zeiteinteilung Raum zu geben ... Die Stunde ist die asketische Praxis, die das ekstatische Leben nicht in einem langen Bedauern über die flüchtige Zeit enden lässt.»[12] Durch diese Einteilung kann man regelmäßig kontrollieren, wie man seine Zeit genutzt hat, und blickt nicht irgendwann auf eine kleine Unendlichkeit an Vergeudung zurück. In den kleinen Abschnitten ist Vergeudung auch gefahrlos möglich. Die Hora erlaubt uns also eine essayistische Existenz und «den widersprüchlichen Gebrauch der Zeit vorsätzlich und bewusst zu leben»[13], sodass auch die Sinnlosigkeit ihre Chance erhält. Kein Grund also, vor der Gegenwart zu flüchten, aber auch kein Zwang, ihr in jeder Minute des Daseins das Händchen zu halten.

3. HYPOTHESE: DIE IDEALE ZEITMASCHINE VERVIELFACHT DIE MÖGLICHKEITEN DER EXISTENZ

Während Mystiker und andere sich außerhalb des rational-naturwissenschaftlichen Weltbildes tummelnde Experimentalnaturen bereits behaupten, Zeitreisen zu unternehmen, oder sogar Patentanmeldungen auf noch zu erbauende Geräte eingereicht haben, ist für den harten Kern der naturwissenschaftlichen Elite der Zeittourismus vorrangig von abstraktem Interesse. Zeitreisen sind ein Gedankenexperiment der theoretischen Physik, das sollte man bei aller Faszination für Superstrings, Weltformelambitionen in Einsteins Kielwasser oder die Science-Fiction-Visionen von konkreten Reisen durch Wurmlöcher oder den Subraum vielleicht im Auge behalten.

Schon bei der grundsätzlichen Frage nach den Möglichkeiten, durch die Zeit zu reisen, ist die Spaltung der Zeitenthusiasten in zwei völlig unterschiedliche Lager offensichtlich. Zeitreisen sind nur die logische Konsequenz aus den neueren Erkenntnissen der theoretischen Physik, sagen die einen. Zeitreisen sind ausgeschlossen, ja geradezu verboten, postulieren die anderen und scheinen zu bereuen, dass man den Verstoß gegen aktuelle Naturgesetze derzeit vor keinem bekannten Gericht zur Anklage bringen kann.

Das Nachsinnen über Zeitparadoxa und ihre möglichen Bedeutungen gehört folglich zu den verbreitetsten Folgen der Arbeiten Einsteins und seiner Nachfolger in der theoretischen Physik. Zumindest ist es auch unter Laien weiter verbreitet als die Suche nach neuen Lösungen für Schrödingers Gleichung* oder das Hantieren mit komplizierten Pfadintegralen. Die theoretische Physik ist im Detail zwar nicht besonders populär, aber beim Thema Zeitreisen klatschen sogar schon Grundschüler begeistert in die Hände.

Wenn Zeitreisen möglich sein sollen, dann müssen wir in vielerlei Hinsicht absonderliche Situationen akzeptieren, denn unsere Konsensrealität lebt zu einem nicht unerheblichen Anteil davon, dass Zeitreisen gemeinhin nicht zur Alltagserfahrung gehören. Sich die eigentlich unmöglichen oder verwirrenden Situationen vorzustellen, die einem die Existenz von Zeitmaschinen bescheren können, hat ein ganzes Genre aufblühen lassen, wobei die damit Hantierenden zwei prinzipiell völlig unterschiedliche Absichten verfolgen. Während die einen sich damit an die Verrücktheiten, Abgründe und Mirakel des Universums herantasten, missbrauchen andere jedes Paradox lediglich dafür, triumphierend auszurufen, dass Zeitreisen eben doch nicht möglich sind, da sie gegen physikalische oder philosophische Prinzipien verstoßen – oder entlarvender formuliert: Weil einfach nicht sein kann, was nicht sein darf.

---

* Selbst Physiker geben sich gern diesen eher metaphysischen Überlegungen hin; das mag daran liegen, dass, wie es der bedeutende Mathematiker David Hilbert ausdrückte, die Physik für die Physiker eigentlich viel zu schwer ist.

Dass sie damit vielleicht sogar recht haben könnten, verdirbt den Spaß an der ganzen Sache aber ungemein.

UNMÖGLICHKEIT UND PARADOXON

Wir lassen uns das Vergnügen von diesen in den unumkehrbaren Zeitpfeil verliebten Spielverderbern nicht rauben: Eines der beliebtesten und ältesten Gedankenexperimente der Zeittheoretiker ist das Großvater-Paradoxon. In unserer Fassung klingt es so: Erwin verfügt seit kurzem über eine Zeitmaschine. Er will unbedingt den legendären letzten Abend miterleben, an dem sein Großvater noch einmal das Hamburger Nachtleben unsicher machte, bevor er mit einem Dampfer in die USA übersetzte. Dieser oft geschilderte letzte Abend, der der Schiffspassage vorausging, auf der er Erwins Großmutter kennenlernt, sie davor bewahrt, über Bord zu fallen, und beide sich verlieben. Also ist Erwin gestern ins Jahr 1930 gereist, um mit seinem eigenen Opa Abschied zu feiern. Und mit seinem Großvater als jungem Mann verstand sich Erwin sogar noch besser als mit dem lustigen Rentner der Gegenwart, sodass die beiden bis morgens um neun Jamaika-Rum tranken – also auch noch eine Stunde nachdem Großvaters Schiff bereits abgelegt hatte. Katastrophe. Es kommt überhaupt nicht zur Begegnung der beiden Vorfahren als Passagiere! Erwins potenzielle Großmutter ertrinkt im Atlantik, und seine Mutter wird nie geboren.

Diese Variante des Großvater-Paradoxons ist zwar nicht so rabiat wie die im klassischen Beispiel geschilderte Ermordung des eigenen Großvaters durch den Zeitreisenden, aber es reicht, um Erwin zumindest in der Theorie ernste Existenzprobleme zu bereiten. Wie kommt er überhaupt auf die Welt, um diesen Schaden anzurichten, wenn er doch seine eigene Geburt verhindert hat? Oder ist der Erwin, der durch sein eigenes Zutun nicht geboren wird, ein ganz anderer, vielleicht sogar einer, mit dem ihn nicht einmal viel verbindet, den er nicht einmal ausstehen könnte?

ZEITSCHLEIFEN OHNE ANFANG UND ENDE

Es muss bei dieser Fragestellung allerdings keinesfalls der Großvater sein, dem man die Biografie durcheinanderwirbelt. Natürlich kann man auch einen früheren Urahn mit dem Wiegemesser kastrieren, den Arzt, der die äußerst schwierige eigene Entbindung vornahm, vorher entlassen, oder sogar etwas Konstruktives tun: etwa die eigene Mutter schwängern.

Wobei wir mit diesem Beispiel bereits eine andere Klasse von Paradoxa erreicht haben, jene der Zeitschleifen ohne Anfang und Ende. Wie konnte man selbst aus der Zukunft kommend zum eigenen Vater werden, wenn man doch noch nicht geboren wurde? Wenn man nicht zurückreist, wird dann ein anderer diesen Job übernehmen? Wenn – dann. Das Kausalitätsprinzip ist die Richtschnur, die sich hier verwickelt.

Ein weniger digitales Beispiel für die unentscheidbare Frage in transtemporalen Zirkelschlüssen, welcher Tatbestand Ursache und welcher Wirkung ist, macht den Fall noch komplizierter: wenn ein zeitreisender Kunstkritiker einem in der Zukunft ziemlich angesagten Maler begegnet, der aber nach erster Einschätzung des in die Vergangenheit gereisten Kritikers dort talentlose Werke produziert. Um ihn zu inspirieren, zeigt der Kritiker dem Maler einen Bildband mit Reproduktionen seiner späteren Werke. Dieses Buch stiehlt der Künstler und lässt den Zeitreisenden ohne das Artefakt aus der Zukunft wieder abreisen. In der Folge pinselt der Maler seine eigenen Werke einfach haarklein aus dem erbeuteten Buch ab. Durch diese Episode entsteht zwar keine widersprüchliche Situation, in der sich ein

Mensch etwa selbst aus der Geschichte herauskürzt, sondern etwas viel Unheimlicheres und Andeutungsreicheres: Ein konkretes Produkt schöpferischen Geistes wurde offensichtlich von niemandem geschaffen. Denn der Maler reproduzierte in der Vergangenheit ja nur die Reproduktionen seiner eigenen Werke. Und diese Werke stammen zwar aus der Perspektive der Zukunft von ihm selbst, aber er hat sich ja, bedingt durch die fatale Reise des Kunstkritikers in die Vergangenheit, nur selbst plagiiert. Eine endlose Schleife, der der Anfangsimpuls zu fehlen scheint. Woher stammen also die Werke des Malers wirklich? Was wäre geschehen, wenn er sich bewusst von seinen angeblichen «Machwerken» distanziert hätte? Hat er die Möglichkeit, die Bilder in dem Buch durch alternative Maltechniken oder Motive in der Zukunft und damit auch in seiner Gegenwart zu verändern?

Wenn man sich von den Ketten der herkömmlichen Logik befreit, lassen sich dazu interessante Hypothesen ersinnen. Natürlich hat der Maler seine Kunstwerke erschaffen, denn die Vergangenheit ohne Zeitmaschine hat ja auch Realitätscharakter und wird nur von der Episode mit dem Selbstplagiat überlagert und ergänzt. Die Kunstwerke waren schon immer da, sie sind Teil der Welt, und es ist völlig egal, ob sie der Maler nach seinen im Gehirn festgelegten Kreativitätsmustern erschafft oder sie bereits irgendwie anders in die Welt gekommen sind und er den schöpferischen Malakt nur noch simuliert. Sie sind auf irgendeine Weise jedenfalls Teil seines Schicksals. Außerdem ist denkbar, dass sich auch die Reproduktionen in einem Prozess befinden, dass sie sich durch die Einflussnahme des Malers, der ja weiß, was er malen wird, selbst wieder verändern, indem er bewusst geringfügige Abweichungen zulässt oder auch radikal andere Bilder erschafft. Für Physiker sind das allerdings in der

Regel keine tragfähigen Lösungen. Sie setzen auf das strikte Einhalten der ehernen Prinzipien des Universums.

DIE GRENZEN DER LOGIK

Beispiele wie das vom toten Großvater oder vom sich selbst plagiierenden Maler haben die Physiker David Deutsch und Michael Lockwood auf ihre Vereinbarkeit mit den Naturgesetzen hin untersucht. Dabei kamen sie aber zu dem Ergebnis, dass schon die klassische Physik nichts dagegen haben dürfte, dass – wie in unserem Beispiel – Erwin seinen Großvater unter den Tisch trinkt; sofern er damit seine eigene Geburt nicht verhindert. Der Großvater müsste eben ein späteres Schiff nehmen und seine spätere Angetraute an einem anderen Ort treffen, vorausgesetzt, sie fällt nicht durch einen anderen Umstand ins Wasser, woraus sie dann auch nicht durch Großvaters Hilfe gerettet würde.

Kern des Großvater-Paradoxons sei, so Deutsch und Lockwood, das Autonomieprinzip, nach dem «wir in unserer unmittelbaren Umgebung jede materielle Anordnung erzeugen [können], die nach den physikalischen Gesetzen örtlich erlaubt ist, ohne dass wir uns dabei um den Rest des Universums zu kümmern brauchten.»[14] Probleme treten dann auf, wenn ein anderes bedeutsames Prinzip, das Konsistenzprinzip, verletzt wird, das verkürzt besagt, dass nur eintreten kann, was global selbstkonsistent, also in sich widerspruchsfrei ist. Dieses Prinzip kann unsere Handlungen sehr wohl einschränken, was allerdings selten vorkommt, da es kaum möglich ist, gegen dieses Konsistenzprinzip zu verstoßen. Es sei denn, man begibt sich auf eine abenteuerliche Expedition durch Zeitschleifen. Daher fordert die klassische deterministische Physik, dass Erwin die Vergangenheit nicht ändern kann. Vielleicht scheitert er daran, seinen Großvater lange genug abzulenken, vielleicht hat das Schiff auch Verspätung, und der Auswanderer erreicht es trotz exzessiver Nacht noch rechtzeitig. Oder Erwin wird, selbst wenn er sich absichtlich vornimmt, Opis Begegnung mit seiner potenziellen Großmutter unmöglich zu machen, daran durch bestimmte Ereignisse oder Umstände schlichtweg gehindert – was dann wiederum seine Autonomie verletzt.

Im Falle des Malers, der seine eigenen Werke kopiert, liegt gemäß traditioneller Physik zwar kein Inkonsistenz-, aber ein Wissens-Paradoxon vor. Das beschert uns ebenfalls Widersprüchlichkeiten: zwischen der Autonomie und in diesem Fall dem Umstand, dass Wissen nicht aus dem Nichts, sondern nur als Ergebnis von Problemlösungen entstehen darf. Deutsch und Lockwood sind allerdings der Überzeugung, dass derartige Überlegungen ohnehin völlig überflüssig sind: «Denn letztlich ist die klassische Physik falsch. In vielen Fällen kommt sie zwar der Wahrheit äußerst nahe, doch bei geschlossenen zeitartigen Kurven versagt sie ganz und gar.»[15]

VIELE WELTEN – EINE ZEIT

In seiner Erzählung *Der Garten der Pfade, die sich verzweigen*[16] aus dem Jahr 1944 beschreibt der argentinische Schriftsteller Jorge Luis Borges das sonderbare Vermächtnis des einstigen Astronomen, Schauspielers und Kalligraphen Ts'ui Pên. «Ich hinterlasse den verschiedenen Zukünften (nicht allen) meinen Garten der Pfade, die sich verzweigen»[17] – so lautet das Rätsel, dessen Lösung zu einem völlig wirren Roman und einem elfenbeinernen Miniaturlabyrinth aus Symbolen führt. Eine Parabel über das Wesen der Zeit, die sich entpuppt, als «wachsendes, schwindelerregendes Netz auseinander- und zueinanderstrebender und paralleler Zeiten. Dieses Webmuster aus Zeiten, die sich einander nähern, sich zweigen, sich verzweigen, sich scheiden oder einander jahrhundertelang ignorieren, umfasst alle Möglichkeiten.»[18]

Diese literarische Vision findet ihre Entsprechung in der Viele-Welten-Theorie, die auf Hugh Everetts Relative-state-Formulierung, einer Interpretation der Quantenmechanik aus dem Jahr 1957, also 13 Jahre nach Borges' Erzählung, zurückgeht. Nach dieser Theorie lösen sich alle denkbaren Zeitparadoxa dadurch auf, dass sich bei jeder Entscheidung zwischen verschiedenen Möglichkeiten im Ablauf der Ereignisse das Universum einfach aufteilt. Die Pfade verzweigen sich. Jede Möglichkeit hat ihre Existenzberechtigung und existiert daher auch tatsächlich. Ergebnis ist ein sich ständig verästelndes Gewirr aus parallelen Welten. In einer Theorie, die dieser Gesetzmäßigkeit folgt, erschafft unser Zeitreisender Erwin durch die Sauftour mit seinem Großvater ein paralleles Universum, in dem ein Enkel Erwin niemals existiert. Sein ursprüngliches Universum bleibt davon allerdings völlig unberührt, denn dort ist ja nie ein zeitreisender Enkel in der Vergangenheit aufgetaucht. Das Autonomieprinzip wird nicht verletzt. «Gemäß der Viele-Welten-Interpretation der Quantenmechanik sind die Universen so miteinander verknüpft, dass kein Widerspruch entstehen kann»[19], beruhigen uns Deutsch und Lockwood.

Auch das Maler-Paradoxon ist in dieser Theorie keines mehr. Denn nur in einem der verschiedenen Universen, nämlich dem mit einem zeitreisenden Kunstkritiker in der Vergangenheit, kopiert der Künstler sich selbst. Und zwar kreative Originale seines anderen Ichs aus dem Paralleluniversum und keine aus dem Nichts stammenden Artefakte. Die klassischen Argumente gegen die theoretische Möglichkeit von Zeitreisen scheinen also mit der Viele-Welten-Theorie allesamt hinfällig.

Die denkbaren Schlussfolgerungen aus Zeitparadoxa lassen sich aber auch über jene klassischen oder quantenmechanischen Interpretationen hinaus erweitern – und zwar mit ein wenig mehr Bescheidenheit, was die destruktiven Potenziale des freien Willens betrifft. Eine schöne Metapher für das Verhältnis zwischen menschlichem Tun und dem Dahinschlingern des Universums liefert in diesem Zusammenhang Douglas Adams. Der britische SF-Autor, der auch als Entdecker des Restaurants am Ende des Universums[20] bekannt ist, lässt seine Romanfigur Professor Urban Chronotis postulieren:

«Wenn das Universum jedes Mal enden würde, wenn es irgendwelche Unklarheiten darüber gäbe, was sich darin zugetragen hat, wäre es nie über die erste Pikosekunde hinausgelangt. [...] Es ist wie beim menschlichen Körper, verstehen Sie? Ein paar Schnitte und Quetschungen hier und da tun ihm nicht weh. Nicht mal größere Operationen, wenn sie richtig gemacht werden. Paradoxe sind bloß das Narbengewebe. Zeit und Raum heilen um sie herum zusammen, und die Leute erinnern sich einfach nur noch an die Version der Ereignisse, die so plausibel ist, wie sie es von ihr verlangen.»[21]

So paradox, dass das Universum sich daran verschluckt, kann also eine harmlose kleine Zeitreise gar nicht sein. Und auch für die Existenz des Menschen sollten die Tücken der Zeitstruktur und das potenzielle Herumfummeln daran keine elementare Bedrohung darstellen.

Erwin Schrödinger zieht eine verblüffende Schlussfolgerung aus den Erkenntnissen der theoretischen Physik. Er hält dabei eine auf Ludwig Boltzmann zurückgehende Theorie der Zeit für noch bedeutender als die Relativitätstheorie. Danach ist die gebräuchliche Richtung des Zeitpfeils von Vergangenheit gen Zukunft nicht grundsätzlich gegeben, sondern eher ein statistisches Phänomen von an und für sich umkehrbaren Mechanismen von Ursache und Wirkung. Denn Schrödingers Meinung nach gründet Boltzmanns «statistische Theorie ... sie [die einseitige Richtung des zeitlichen Ablaufs] auf die Reihenfolge der Ereignisse. [...] Das bedeutet eine Befreiung von der Tyrannei von Vater Chronos. Was wir selbst in unserem Geist konstruieren, kann nach meinem Empfinden unmöglich diktatorische Macht über unsern Geist haben.»[22] Schrödingers Schlussfolgerung: Boltzmanns Vorstellungen von Thermodynamik legen nahe, «dass der Geist nicht durch die Zeit vernichtet werden kann.»[23]

4. HYPOTHESE: DIE IDEALE ZEITMASCHINE SCHAFFT RESERVATE DES ABSURDEN

Sowohl Schrödinger als auch Douglas Adams' Romanfigur Professor Chronotis nehmen uns die Angst vor der Zeitmaschine. Die Furcht, dem armen Universum beim Zeitreisen einen logischen Schaden zuzufügen, ist unbegründet. Denn vielleicht ist es gar nicht nötig, nach logisch-rationalen Auswegen aus dem Dilemma des Paradoxen zu suchen. Vielleicht bedeutet dieses verzweifelte Abwägen des bislang Undenkbaren mit den Mitteln der Physik oder des gesunden Menschenverstands sogar, die Botschaft, den inneren Wesenskern dieser Gedankenexperimente, absichtlich misszuverstehen. Man sollte lieber die «Logik» des Unlogischen einfach akzeptieren.

Denn in anderen Geistesdisziplinen dient das Paradoxe und Absurde ja häufig sogar als Mittel, sich über die Grenzen des rationalen Denkens bewusst hinwegzusetzen und darüber hinauszugelangen. Zen-Mönche tragen beispielsweise seit Jahrtausenden scheinbar unlösbare sogenannte Koans mit sich herum: tendenziell paradoxe Denkaufgaben, die der mentalen Befreiung dienen können. Nach mehr oder weniger langem Grübeln gilt es, intuitiv zu erkennen, dass die Lösung des Rätsels in einer besonderen Art des Nicht-Denkens besteht, dass das Rätsel eben eine besondere Art von Nicht-Rätsel ist. So nutzen die Zen-Praktizierenden genau diese Aporie des Denkens, um im wahrsten Sinne des Wortes dahinterzukommen, um Satori zu erlangen. Das bedeutet, mit einem blitzartigen Erlebnis eine blitzartige Vorstellung von Erleuchtung zu gewinnen.*

Zu den gängigen Koans gehört die Frage «Wie klingt das Klatschen einer Hand?» oder die Antwort des Meister Tozan auf die Frage, was Buddha sei: nämlich ein vertrockneter Kot-Spatel.

Zu den wenigen angemessenen Umgangsformen mit diesen paradoxen Fragestellungen zählt übrigens die intuitive körperliche Reaktion. Meister, die nach dem Wesen des Zen, nach Buddha oder der Erleuchtung gefragt wurden, verpassten dem wissbegierigen Nachwuchs gerne mal einen saftigen Stockhieb oder warfen ihn in den Fluss. Umgekehrt gehörte es zum guten Ton, dem Lehrer ebenfalls ordentlich einzuschenken:

---

* D. T. Suzuki erläutert, dass Satori zugleich transzendent und immanent ist, jedoch «nicht eine rein intellektuelle Lehre bedeutet. Es ist auch keine Dialektik, durch die Widersprechendes logisch fassbar und in eine verständliche Behauptung verwandelt wird … Das konkrete Ganze muss als solches von innen heraus intuitiv erkannt werden. Das Ganze ist nicht durch Anhäufungen zu begreifen.» (Daisetz Taitaro Suzuki, *Leben aus Zen*, Frankfurt am Main 1982, Seite 41)

«Triffst du einen Zen-Meister auf der Straße,
so grüße ihn weder mit Worten noch mit Schweigen.
Versetz ihm einen Kinnhaken,
so wirst du einer genannt werden, der Zen versteht.»[24]
Leider ist dieser liebevolle Umgang mit dem Erkenntnisinteresse seiner Mitmenschen an westlichen Lehr- und Forschungsanstalten gänzlich aus der Mode gekommen. Wobei er manchen Debatten unter Koryphäen um abstrakte Detailprobleme der theoretischen Physik sicher zu handfesteren Aspekten und damit zu etwas mehr Popularität verhelfen könnte. Allerdings sollte man auch nicht glauben, dass es eben nichts zu erkennen gibt. Die Metaphysik eines Koans ist komplizierter.

Die Bedeutung der Zeit-Paradoxa für den Geist katapultieren das Zeitmaschinen-Motiv gewissermaßen an die Schnittstelle zwischen Naturwissenschaft und Mystik. Und auch einige der theoretischen Physiker haben diese Botschaft scheinbar seit langem vernommen. Sir Arthur Eddington zum Beispiel. Er leitete die berühmte Sonnenfinsternis-Expedition auf die Vulkaninsel Principe im Jahr 1919, mit deren Hilfe die These aus Einsteins Allgemeiner Relativitätstheorie belegt werden konnte, dass Licht durch massereiche Körper abgelenkt wird. Eddington behauptete schon 1931 in einem Aufsatz über Wissenschaft und Mystizismus: «Indem wir erkennen, dass die physikalische Welt vollkommen abstrakt ist und abgesehen von ihrer Verbindung zum Bewusstsein keinerlei ‹Tatsächlichkeit› besitzt, setzen wir das Bewusstsein wieder in eine fundamentale Stellung ein, anstatt es als unwesentliche Komplikation anzusehen.»[25] Für Materialismus und strenge Kausalität ist seit der Quantentheorie sowieso die Allgemeingültigkeit verlorengegangen.

In der Literatur findet sich ein Äquivalent zu diesen Erkenntnissen in der sogenannten Pataphysik des im Umfeld des Surrealismus angesiedelten französischen Schriftstellers Alfred Jarry. Dabei handelt es sich um eine «Wissenschaft von den imaginären Lösungen», die in etwa demselben Verhältnis zur Metaphysik steht wie die Metaphysik zur Physik. Auch Jarry hat ein Zeitmaschinen-Modell entwickelt. Da aber ein hinterlistiger Wesenszug der Pataphysik darin besteht, dass sie nur schwer erkennen lässt, welche ihrer Thesen ironisch oder surreal und welche ernst gemeint ist, stellt sich ein Nachbau dieser Zeitmaschine als noch schwieriger heraus als der Nachbau vieler durchweg ernstgemeinter Modelle, mit denen Ingenieure und Wissenschaftler aufwarten. Jarry betrachtete schon 1898 die Zeit als eine gekrümmte geschlossene Oberfläche und postulierte die Existenz einer imaginären Gegenwart. Eine erstaunliche Weltsicht wenige Jahre vor Einsteins annus mirabilis.

Ab 1905 geraten Raum und Zeit derart aus den Fugen, dass sie auch radikale Auswirkungen auf die Erkenntnistheorie zeigen. Bis heute. So bekennt sich in unseren Tagen der französische Theoretiker Jean Baudrillard in seinem Spätwerk zu einem Denken im Delirium, das, obwohl es in einem gänzlich anderen Kontext entstanden ist, wie eine Antwort auf die Zerrüttung eines kohärenten Weltbildes der Raumzeit wirkt:

«Die Welt ist uns als rätselhaft und unerkennbar gegeben; es ist Aufgabe des Denkens, sie, wenn möglich noch rätselhafter und unerkennbarer wiederzugeben. Da sich die Welt auf einen Zustand des Deliriums hin entwickelt, muss man ihr gegenüber einen delirierenden Standpunkt einnehmen.»[26]

Sich so weit den Abgründen der Theorie auszuliefern, ist nicht unbedingt jedermanns Sache. Gerade die Physiker (von denen wir schon die Sicht des Mathematikers David Hilbert erfahren haben, nach der die Physik ihnen eigentlich zu schwierig sei) sind in den zeitmaschinellen Gedankenexperimenten mitunter verblüffend einfallslos. Stephen Hawkings Gegenargumente gegen Zeitreisen bestehen beispielsweise nicht nur in dem etwas vermessenen selbsterfundenen Naturgesetz des «chronology protection conjecture», wonach Zeitreisen in die Vergangenheit einfach verboten sind, sondern auch in der Behauptung, es müssten ja bereits etliche Zeitreisende bei uns vorbeigeschaut haben, wenn die Sache prinzipiell möglich wäre. Reichlich kurz gedacht. Wobei wir nicht einmal die billige Gegenhypothese anführen wollen, dass Zeitreisende wohl kaum so dämlich sein werden, sich von hysterischen Zeithäftlingen des 21. Jahrhunderts beim heimlichen Tempus-Hopping ertappen zu lassen. Logischer ist eine erweiterte Konsistenzhypothese, nach der Zeitreisende und Zeitmaschinen natürlich erst von dem Moment an auftauchen, ab dem es sie tatsächlich gibt. Exakt in dem Augenblick also, wenn der erste Zeitreisende in die Zukunft aufbricht. Schon für das künstlich aufzublähende Wurmloch nach Paul Davies gilt ja: Weiter zurück als bis zur Existenz der sie ermöglichenden Zeitmaschine kann eine Zeitreise nicht in die Vergangenheit führen.

5. HYPOTHESE: DIE IDEALE ZEITMASCHINE IST EINE FAHRKARTE ZUM ENDE DES UNIVERSUMS

Nach Ansicht des Anthropologen Terence McKenna bleibt für die Zurückgebliebenen des ersten Zeitreisenden nicht mehr viel Zeit, um sich selbst auf den Weg zu machen oder die vielen Besucher aus allen möglichen künftigen Äonen zu empfangen. Stattdessen «stürzt schlagartig die ganze Zukunft zusammen, und alles geschieht im gleichen Augenblick».²⁷ Grundlage für diese Hypothese ist die Annahme, dass sich Kulturen der am weitesten fortgeschrittenen Kulturstufe angleichen, mit der sie in Kontakt stehen. Und das geht dank der Existenz von Zeitmaschinen nun recht schnell, wahnsinnig schnell sogar. Die Folge für unsere Welt nach Überwindung der Zeitschwelle: «Die gesamte zukünftige Geschichte des Universums – bis zu ihrem Schlusspunkt – [wird] in die nächsten paar Millisekunden komprimiert. Dann steht man dem Endzweck der ganzen Evolution, allen Werdens und aller Formen von Energie, Raum, Zeit und Materie unmittelbar gegenüber.»²⁸

Wir sehen uns einer optimistischen Fassung der Apokalypse gegenüber, die uns mit der absoluten Gegenwart von allem beglückt – Auferstehung der Toten und Begegnung mit dem großen Finale des Universums inklusive. Doch die Reiselust beschränkt sich ja nicht auf die wissbegierigen Menschlein der scheinbaren Gegenwart. Wenn die Linearität der Zeit aufgehoben werden kann, erhalten auch die von den Ablagerungen vergangener Äonen verschütteten Abgründe der Zeit die Chance, ihren gespeicherten Wahnsinn in unsere Gegenwart zu entlassen. Dann stellt die Zeit keinerlei Barriere mehr dar, dann ist die Gegenwart kein Reservat mehr, das einen vor den Altlasten der Vergangenheit schützt und Aufschub vor den Unvermeidlichkeiten der Zukunft gewährt. Die Furcht vor viel älteren mächtigen Bewohnern und unvorstellbar schrecklichen gottartigen Herrschern der Erde, der «großen Rasse», die nur zwischenzeitlich den Menschen das Feld überlassen haben, beschwören beispielsweise die albtraumhaften Geschichten des amerikanischen Schriftstellers Howard Phillips Lovecraft. Darin wird die Vergangenheit als permanente Bedrohung geschildert, die im Unterbewusstsein und in den Träumen der

Menschen bereits in unsere Welt vorgedrungen ist. Die «große Rasse», so Lovecraft, dokumentiert das Bewusstsein aller Lebensformen des Universums. In seinem Werk *Der Schatten aus der Zeit* schildert Lovecraft die Geschichte eines Mannes, den Albträume plagen, in denen er selbst einer dieser Chronisten ist, die vor Jahrmillionen in einem unterirdischen Verlies Aufzeichnungen vornehmen mussten. Und in der Realität entdeckt er den Zugang zu diesen Labyrinthen: «Wenn dieser Abgrund real war, dann war auch die große Rasse real – und ihre blasphemischen Projektionen und Übergriffe in dem kosmosweiten Strudel der Zeit waren keine Mythen und Albträume, sondern furchtbare, seelenvernichtende Wirklichkeit.»[29] Wer von der Zeitmaschine träumt, sollte darauf gefasst sein, sich auch mit solchen Bedrohungen auseinandersetzen zu müssen.

6. HYPOTHESE: DIE IDEALE ZEITMASCHINE BREMST UNSERE REISE DURCH DIE ZEIT

Tatsächlich existierende Phänomene eines veränderten Zeitablaufs sind mitunter erschreckende und fatale Realität für die davon betroffenen Menschen. So leiden junge Patienten des Hutchinson-Gilford-Syndroms unter einem teilweise um das zehnfache beschleunigten Alterungsprozess. Den vergreisten Zehnjährigen wird dabei der größte Teil der Zeitspanne, die gesunden Menschen als Lebenszeit zur Verfügung steht, von der seltenen Erbkrankheit gestohlen. Ihr Leben ist radikal verkürzt.

Die große Motivation der Zeitmaschinen-Fans besteht im Gegensatz zu diesem unfreiwilligen pathologischen Effekt eher darin, die Lebenszeit zu maximieren. Wer beispielsweise gewisse Zeitspannen außerhalb der normalen Zeit verbringen kann, wo vielleicht andere Gesetze der Alterung gelten – wer sozusagen eine Auszeit nimmt, während seine Mitmenschen weiter altern –, könnte Erfahrungsgewinn mit gleichzeitiger Lebensverlängerung kombinieren. So ließe sich auch das Heranpreschen der Zukunft ein wenig aufhalten. Man könnte innehalten, bevor man sich dem weiteren stoischen Aufeinanderfolgen der Ereignisse erneut stellen muss. Und dieses Innehalten lässt sich bis zum Äußersten denken: bis zum völligen Stillstand der Zeit oder bis zu einer derartig intensiven Anwesenheit in der Gegenwart, dass Vergangenheit und Zukunft völlig an Bedeutung verlieren.

Verbirgt sich demnach im wahrhaftigen synchronen Dahintreiben im Strom der Zeit der Schlüssel, mit dessen Hilfe man ihm vielleicht nicht beliebig entsteigen, ihn aber so reiten kann, dass man geschmeidig durch die Wellen zischt, um ganz woanders zu landen? Ist also das absolute Jetzt die offensichtlich schönste Zeitmaschine? Immer da und doch in ihrer Magie den meisten Menschen verschlossen? Liegt in der spirituellen Vereinigung aus Augenblick und Ewigkeit, wie sie manche Mystiker anstreben, das Tor in andere Zeiten? Und auf welche wissenschaftlichen oder parawissenschaftlichen Grundlagen könnte so eine Hypothese gegründet sein?

Wir betreten mit diesen Fragen die Grenzbereiche zwischen Psychologie, Philosophie, Physik und Magie. Die Übung, diese Disziplinen durcheinanderzuwirbeln, und damit auch Zeit und Raum, betreibt mit großer Begeisterung der aus der Gegenwart fortstrebende menschliche Geist.

7. HYPOTHESE: DIE IDEALE ZEITMASCHINE IST BEWUSSTSEINSTECHNOLOGIE

Wenn wir uns bei der Suche nach Zeitmaschinen an die Erkenntnisse der Physik halten, gehen wir das Risiko ein, dass Wurmlöcher in unserem Universum eventuell gar nicht existieren, dass sich auf der ersehnten anderen Seite eines Schwarzen Loches kein Universum und nicht mal eine andere Gegend unseres Raum-Zeit-Kontinuums befindet und damit jedenfalls Zeitreisen in die Vergangenheit mit der Brechstangenmethode niemals möglich sein werden. Aber es gibt ja noch andere, weniger material- und energieintensive Strategien, das Universum, Raum und Zeit sowie das Gewusel der menschlichen Existenz darin zu erforschen.

Viele magische und mystische Techniken versuchen beispielsweise, auch die subjektive Erfahrung von Zeit zu beeinflussen, beziehungsweise diese Zeitveränderung ist ein Nebeneffekt der spirituellen Aktivität. Das Repertoire reicht von Kurzbesuchen im Nirwana bis zu zügigen Astralreisen. Die Kontrolle der eigenen Träume oder das bewusste Herbeiführen von Visionen erschließt ebenfalls Dimensionen, in der die Zeitgesetze der Newton'schen Physik nicht die geringste Rolle zu spielen scheinen. Und wer sich jemals bei Evokationsexperimenten Dämonen gegenübersah, wundert sich nicht mehr, wie unendlich langsam die Zeit in so einem Bewusstseinszustand vergehen kann. Bei außersinnlichen Wahrnehmungen, mystischen Erlebnissen und Trancezuständen oder magischen Ritualen weicht das Zeitempfinden eben massiv vom alltäglichen Erlebnis der Zeit ab. Das kann sogar im äußeren Erscheinungsbild des intensiv praktizierenden Adepten deutliche Spuren hinterlassen. John Symonds, Biograf des legendären Magiers Aleister

Crowley, zitiert einen Zeitungsartikel aus dem Jahr 1914, in dem der Meister als außergewöhnlich wandelbar beschrieben wird: Manchmal «sah er aus wie ein siebzigjähriger Greis, dann wieder schien er gerade wie fünfundzwanzig. Er scheint sein Aussehen willkürlich verändern zu können. Eben erscheint er einem als ein alter Priester und im nächsten Moment als offensichtlich leicht effeminierter junger Mann, mit weichen, plumpen Händen.»[30] Mit welchen Methoden diese Effekte zu erzielen sind – Graf Dracula erzielte ähnliche Erfolge durch eine angemessene Blutzufuhr –, schildert Crowley selbst im Zusammenhang mit der wirksamsten und vormals mit ziemlich viel Geheimniskrämerei getarnten magischen Technik: der Sexualmagie. Dabei bemüht er einen außerordentlich erweiterten Liebesbegriff, für den der Magier die vieldeutigere griechische Vokabel Agape verwendet. Darin seien sowohl Anziehung und Abstoßung als auch Liebe und Hass enthalten. Um dauernde Ekstase und damit magische Erfolge zu garantieren, empfiehlt Crowley in seinem *Liber Aleph*, «Dinge [zu] suchen, welche für dich vergiftet sind – bis zum höchsten Ausmaß –, und sie durch Liebe zu deinen zu machen. Das, was dich anwidert, das, was dich anekelt, musst du in diesem Weg der Ganzheit assimilieren.»[31] Menschen, die diesem Prinzip aus der Boom-Ära des europäischen Okkultismus im ersten Drittel des vorigen Jahrhunderts auch in unserer Zeit folgten, machten in der Presse mitunter als «böse Psychosekten» Schlagzeilen, die ihren Mitgliedern unappetitliche Ekeltrainings aufhalsen. Eine drastische Interpretation, finden die Crowley-Fans. Schließlich ginge es doch um Liebe, «Love under will», wie der Meister zu sagen pflegte, und letztlich um ein mächtiges Instrument, das Bewusstsein zu vervollkommnen – und eventuell auch durch die Zeit zu schicken.

Wer sich jedenfalls den Exkrementen nur ausführlich genug widmet, der, so Crowley, «versteht, dass der Prozess des Alterns angehalten und umgekehrt werden kann durch den Gebrauch von Ekel und den Gebrauch von jungen Frauen ...».[32] Wer glaubt, Sexualmagie als Jungbrunnen sei etwas ausschließlich Angenehmes, unterliegt einem Irrtum. Im Übrigen wird auch eine der profaneren Disziplinen des Okkulten, nämlich die Kunst der Divination, des Orakelns und Wahrsagens, als der Transport von Wissen aus der Zukunft in die Gegenwart verstanden.

Die Methoden der sogenannten okkulten oder esoterischen Weltsichten anzuwenden, macht nach Meinung ihrer durchaus selbstkritischen Verfechter spätestens dann Sinn, wenn die rationalistisch-materialistischen akademischen Wissenschaften an ihre Grenzen stoßen. Dann heiligt der erkenntnistheoretische Zweck auf jeden Fall die magischen Mittel. Die Schwierigkeiten, das Phänomen Zeit zu erfassen, bieten daher durchaus ein angemessenes Einsatzgebiet des experimentellen Okkultismus. Der englische Magier und Mitglied des Golden Dawn Ordens Israel Regardie, für den Magie letztlich ein System sehr komplizierter psychologischer Techniken darstellt, behauptet in diesem Zusammenhang: «Wenn die Magie über Waffen verfügt, die durchdringender und schärfer sind als die der Wissenschaft, sollen wir diese dann ablehnen, weil die Magie das verrufene Haus ist, in dem sie aufbewahrt werden? ... Magie ist eine wissenschaftliche Methode und eine wohlfundierte Technik. Wenn sie uns hilft, vertrauter damit zu werden, was wir *wirklich* sind, so ist sie eine Wissenschaft – und eine sehr wichtige. Dem Wissenschaftler – sowohl dem Psychologen als auch dem Naturwissenschaftler – eröffnet sie ein völlig neues Universum von ungeheurer Weite und Tiefe.»[33]

Aber auch unfreiwillige außergewöhnliche psychische Phänomene stehen oft in Zusammenhang mit Veränderungen der Zeit, jedenfalls der subjektiv wahrgenommenen. Von Déjà-vus heißt es im ersten Teil der Film-Trilogie *Matrix* von den Wachowski-Brüdern beispielsweise, sie seien Fehler in der Matrix. Eine Behauptung, die durchaus schwer zu widerlegen ist. Zur Erinnerung: Die Matrix ist eine von intelligenten Maschinen erstellte Computersimulation, die das darstellt, was wir Menschen jeden Tag erleben. Die ganze Welt ist nur eine Illusion. Eine Idee und Befürchtung, die sich durch die letzten zweitausend Jahre Geistesgeschichte zieht. In diesem Zusammenhang scheint uns neu und erwähnenswert, dass nach Ansicht namhafter Vertreter des wissenschaftlichen Establishments, wie etwa des britischen Mathematikers John Barrow, die Matrix-Hypothese über unsere gemeinsame Realität gar nicht so unwahrscheinlich ist, wie sie auf den ersten Blick scheint. Es ist im Gegenteil sogar sehr plausibel, dass sie zutrifft. Unsere eigenen Fortschritte im Computersimulationsbereich deuten beispielsweise darauf hin. Auch der bereits als Zeitmaschinen-Konstrukteur aufgetretene Physiker und Träger des angesehenen Faraday-Preises Paul Davies unterstützt diese These. Gegenüber Spiegel Online betonte er: «Wenn ein Universum erst einmal eine zu solchen Simulationen fähige Intelligenz beherbergt, wäre die Zahl der simulierten Wesen praktisch grenzenlos.» Es sei «sehr wahrscheinlich», dass auch wir nur simulierte Wesen sind.[34]

WISSENSLÜCKEN UND VERBOTE

Carl Gustav Jung, der Déjà-vus eher mit dem kollektiven Unbewussten in Verbindung brachte, war einer der Väter der modernen Psychologie und Zeitgenosse Sigmund Freuds. Er hat sich intensiv mit ungewöhnlichen Bewusstseinszuständen beziehungsweise realen Phänomenen beschäftigt, die den gewöhnlichen Zeitablauf beeinträchtigen. Von ihm stammen die Lehre der Archetypen und die Idee des kollektiven Unbewussten. Ein Phänomen der Zeit, das sowohl neuartige Verbindungen schafft, als auch das Grundprinzip der Kausalität radikal in Frage stellt, ist in seinem Werk die sogenannte Synchronizität. Darunter versteht Jung die Verknüpfung von zwei oder mehr Ereignissen in Natur und Psyche, die nicht kausal, aber dennoch durch einen gemeinsamen Sinn verbunden sind. Es handelt sich dabei um Koinzidenzen, die explizit keine Zufälle darstellen. Aber kann es sinnvolle Muster und Zusammenhänge zwischen Ereignissen oder Symbolen jenseits der Kausalität geben? Verstößt das nicht gegen grundlegende Naturgesetze? Mag sein, aber das Phänomen Synchronizität ist zu vielfältig und zu alltäglich, um es zu ignorieren. Ein klassisches, von Jung selbst erwähntes Beispiel ist der Fall einer seiner Patientinnen, die ihm während einer Sitzung berichtete, sie habe von einem goldenen Skarabäus geträumt. Von einem Klopfen am Fenster irritiert, öffnete der Psychiater das Fenster und fing einen Scarabaeiden, konkret ein Exemplar der Gattung Cetonia aurata, den gemeinen Rosenkäfer, «die nächste Analogie zu einem goldenen Skarabäus, welche unsere Breiten aufzubringen vermochten»[35]. Alltäglichere Synchronizitäten sind der Telefonanruf eines Menschen, an den man gerade denkt, oder die Verkettung der Umstände, dass man ein Buch eines Mannes namens Hasselblatt liest, am selben Tag einen anderen realen Hasselblatt kennenlernt, um abends von einer sich verwählenden Frau am Telefon für einen Menschen namens Hasselblatt gehalten zu werden. Omen und Menetekel sind aus diesem Stoff gemacht.

Nahezu zeitgleich entdeckte Erfindungen können Synchronizitäten darstellen, aber auch die Analogien bestimmter Motive in den unterschiedlichsten Mythologien verschiedener Völker und Epochen.

Synchronizitäten regen uns an, fantasievoll der Tatsache nachzusinnen, dass die lineare Struktur der Zeit zumindest gelegentlich durch singuläre Anomalien, an denen häufig menschliche Wesen beteiligt sind, aufgehoben ist. Der theoretische Physiker F. David Peat hat versucht, dieses akausale Ordnungsprinzip aus der Perspektive des Naturwissenschaftlers zu begreifen. Er geht in diesem Zusammenhang bei seiner Definition der Zeit weit über Newton und Einstein hinaus: «Die Zeit besteht ... nicht aus einer einzelnen Ordnung der Abfolgen, sondern aus einem ganzen Spektrum von Ordnungen, von denen die Ewigkeit und die mathematische Ordnung der Reihenfolge (oder ein fließender Strom) nur zwei Aspekte sind. Das Bewusstsein selbst ist an keine einzelne dieser Ordnungen gebunden.»[36]

Linearität und Kausalität sind nur zwei von vielen Möglichkeiten, die Zeit zu erleben. Ist der Geist also auch frei, willentlich durch die Zeit zu reisen? Zumindest gibt es sehr viele Menschen, die den dazu nötigen Techniken große Zeitspannen ihres Lebens widmen. Mit unterschiedlichen Erfolgen, wie wir noch sehen werden.

Auch Psychiater Jung gelangte in seinen Arbeiten über den Tod zu radikalen Schlussfolgerungen zu den Komplexen Zeit und Bewusstsein: Er war nämlich überzeugt davon, dass telepathische Fähigkeiten der Psyche «unzweifelhafte Tatsachen» sind. Der Psyche würde die Raumzeitlichkeit daher nur als bedingte Eigenschaft anhaften. Denn das Wesen telepathischer Phänomene sei ja gerade ihre anscheinende Raumzeitlosigkeit, die nicht vorstellbar sei. Und das wiederum sei noch lange kein schlüssiges Gegenargument gegen diese Phänomene. Jung drückt sich diplomatisch, aber doch sehr tendenziös aus, wenn er angesichts der «Rätsel der Seele» im Jahr 1934 behauptet: «Sollte also jemand aus dem Bedürfnis seines innersten Gemütes oder aus Übereinstimmung mit uralten Weisheitslehren der Menschheit oder aus der psychologischen Tatsache des Vorkommens ‹telepathischer› Wahrnehmungen den Schluss ziehen, dass die Psyche zutiefst einer raumzeitlosen Seinsform teilhaftig sei und so mithin dem angehöre, was unzulänglich und symbolisch als ‹Ewigkeit› bezeichnet wird, so vermöchte ihm der kritische Verstand kein anderes Argument entgegenzusetzen als das wissenschaftliche ‹non liquet›.»[37] Nur weil keine Klarheit besteht (non liquet), müssen wir keinesfalls auf diese hübsche Idee verzichten. Wie bei allen kontrovers diskutierten Raum-Zeit-Theorien, stoßen wir also auch hier auf das Prinzip: Solange das Gegenteil nicht bewiesen ist, besteht keine schlechte Chance, dass die Theorie stimmt.

Unabhängig von wissenschaftlich haltbaren Begründungen für die Phänomene akausaler Natur oder gar der zeitlichen Diskontinuität, sind sie subjektiv auf jeden Fall Realität. Unsere Erfahrung ist eben in vielen Bereichen vielfältiger als das naturwissenschaftliche Begründungspotenzial dafür. Und wenn einmal Widersprüche auftreten, entscheiden sich selbst hard scientists gelegentlich für die Weltsicht der intuitiven menschlichen Wahrnehmung.

Dem 1990 verstorbenen Physiker John Stewart Bell, einem der führenden Vertreter der Quantenfeldtheorie, wird beispielsweise folgende Anekdote zugeschrieben. Einer seiner erklärten Fans, der Physik-Professor Jim Al-Khalili, begegnete ihm am Rande eines Vortrags in London. Im Gespräch outete sich Bell als Anhänger von David Bohms Interpretation der Quantenmechanik, die davon ausgeht, dass alles im Universum auf Quantenebene miteinander in Verbindung steht. Ein Atom auf der Erde kann eine Wirkung auf ein Atom am anderen Ende der Milchstraße haben. Dieses Phänomen nennt man Nicht-Lokalität oder Fernwirkung. Die Information wird dabei theoretisch schneller als Lichtgeschwindigkeit übertragen.* Jim Al-Khalili jedenfalls «fragte Bell, ob das nicht im Widerspruch stehe zu Einsteins Spezieller Relativitätstheorie. Er antwortete, dass er lieber die Spezielle Relativitätstheorie als die Realität selbst aufgebe.»[38]

Muss die Realität also einfach origineller, magischer und vielfältiger sein, als es stoische Rechenoperationen nahelegen? Manche hadern mit den Interpretationen der Quantentheorie, andere scheitern eben daran, sich die Welt vorzustellen, die Alice hinter den Spiegeln erlebte. Wir sind der Meinung: Am lustvollsten fühlt es sich aber an, beides, Theorie und Poesie, in einen Zusammenhang zu setzen.

Für den Umstand, dass es vielen Menschen schwerfällt, sich mit Wurmlöchern und Raum-Zeit-Anomalien anzufreunden oder eine Auffassung der Zeit zu akzeptieren, die den Rahmen der Alltagserfahrung sprengt, gibt es beispielsweise eine eindringliche literarische Parabel, die bereits mehr als hundert Jahre alt ist. In seinem Roman *Flatland – A Romance of Many Dimensions* von 1884 schildert Edwin Abbott die Geschichte eines alten Quadrats, das im Flächenland lebt. Diese Welt verfügt nur über zwei Dimensionen. Wesen aus einer dreidimensionalen Welt, die mal zu Besuch vorbeischauen, können nicht beweisen und den Flächenwesen auch nur schwer begreiflich

---

* Experimente zum Thema Fernwirkung finden sich in Kapitel 16.

machen, dass es ein Jenseits dieser Fläche gibt. Die Begegnung mit einer Kugel aus dem Raumland, die sich lotrecht durch die Fläche bewegt, muss dem beobachtenden Quadrat beispielsweise erscheinen, als tauche unvermittelt ein Punkt aus dem Nichts auf, der sich dann allmählich zum Kreis erweitert, wieder schrumpft und spurlos verschwindet. So wie sich eben eine die Fläche durchschneidende Kugel in der zweidimensionalen Projektion verhält. Die Analogie zum 3-D-Homo-sapiens ist frappierend. Unsere eigene kognitive Unfähigkeit, höherdimensionale Systeme als das zu erfassen, was sie wirklich sind oder wenigstens immanent zu sein scheinen, führt schließlich auch zu vielfältigen Hilfskonstruktionen und Interpretationen, die vielleicht mitunter nur so lächerlich klingen, weil sie eben hilflose Versuche sind, das Unvorstellbare begrifflich fassbar zu machen.

Der 1824 geborene schottische Physiker William Thomson, der den absoluten Nullpunkt definierte, ist der Begründer einer exotischen Theorie der Materie. Deren Anhänger betrachten die Elementarteilchen als Wirbel aus Energie. Diese Wirbeltheorie soll auch übernatürliche Phänomene erklären, die mit den Naturgesetzen scheinbar im Widerspruch stehen. In Anspielung auf Einsteins Äquivalenz von Masse und Energie wird dabei behauptet, die Energie in der Materie wirbele mit Lichtgeschwindigkeit herum. Unter der Annahme, dass diese Bewegung der Energie auch schneller als das Licht werden kann, definieren David Ash und Peter Hewitt einen neuen Typ von Energie, sogenannte Super-Energie, die gleichsam eine super-physikalische Welt bildet: das Reich der Geister, Dematerialisationen und anderer Absonderlichkeiten. Wer oder was die Lichtgrenze überschreitet, gerät in die Sphäre der Super-Energie. Verkettet sind die verschiedenen Bereiche des Universums dabei durch eine fünfte Dimension, die Dimension der Geschwindigkeit der Energie. Hier, so Ash und Hewitt, regieren die Götter. Für das Verständnis der Zeit bedeutet diese Theorie eine erstaunliche Simplifikation: «Zeit resultiert aus der Bewegung im Wirbel, und Raum ist eine Ausdehnung der Wirbelform. Stellen Sie sich den Wirbel vor als einen Strudel in einem Fluss. Seine Form wird von herumwirbelndem Wasser gebildet. Die Form des Strudels würde Materie und Raum entsprechen, das Herumwirbeln des Wassers entspräche der Zeit.»[39] Eine wesentlich poetischere Interpretation der Vorgänge, als sie Einstein in seiner Allgemeinen Relativitätstheorie formuliert. Dabei galt auch Einstein als kreativer Fantast. Aber weil er seine Ideen mathematisch unwiderlegbar untermauern konnte, musste man ihm auch die Meriten akademischer Genialität zuerkennen.

Hypothesen wie Wirbelstromtheorie oder auch Stringtheorie entstehen in den Köpfen fantasiebegabter Theoretiker, nicht in den Köpfen derer, die den Horizont des akademischen Establishments zum Maß aller Dinge machen. Für den Geist ist eben mitunter sehr viel mehr denkbar und möglich, als man in der Sprache der Mathematik ausdrücken kann. Das menschliche Gehirn ist daher mit seiner Suggestionskraft und seinen schöpferischen Fähigkeiten vielleicht die am leichtesten zu bedienende und zudem äußerst funktionstüchtige Zeitmaschine. Einfach weil es schon mal da ist. Ob diese uns durch das Universum der eigenen Vergangenheit hetzt, die Zukunft in vielerlei Versionen entwirft oder gar durch Abstraktion und Technik der physikalischen Dimension der Zeit mit grobem Werkzeug zu Leibe rückt.

Die Frage nach der Uhrzeit enthält schon den Keim einer Bastelei an den Grundfesten des Universums. Der menschliche

Geist, der sich als Bewusstseinsstrom selbst erkennen, also die Vierdimensionalität des eigenen Daseins erfahren kann, ist scheinbar zum Aufbegehren dagegen geschaffen und beinahe sogar dazu gezwungen. So wie schon Einjährige die räumliche Beschränkung im dreidimensionalen Raum – etwa durch das illegale Erklimmen von herrenlosen Trittleitern – überwinden wollen, schweift das Bewusstsein, das sich seiner eigenen Vergangenheit und einer ungeschriebenen Zukunft gewiss ist, vom erzwungenen Fokus auf das sich beharrlich neu konstituierende Jetzt ab, um sein Heil sprunghaft, mal beschleunigt, mal im Moment verharrend, aber frei vom trödelnden Diktat der zeitlichen Kontinuität, in allen Richtungen des Zeitpfeils zu suchen, der sich dabei zu einem fantastischen Feld unbegrenzter Möglichkeiten auffächert. Die konkrete Vision einer durch Ingenieurskunst umsetzbaren Physik der Zeitreise ist da nicht einmal die spektakulärste, aber sicher die provokativste. Man kann ihre Verfechter als Häretiker der Wissenschaft verunglimpfen oder als Genies feiern. Die Erfinder konkreter Zeitmaschinen zum Anfassen, die dem Begriff Maschine auch gerecht werden – und sich eben nicht als Bewusstseinstechnologie begreifen –, setzen sich dem härtesten aller Gegner aus: der unerbittlichen Konsensrealität und dem Diktat der scheinbar unverrückbaren Naturgesetze. Um diesem standzuhalten, ist dann wieder eine andere Art der Bewusstseinstechnologie nötig: Selbstvertrauen und sehr viel Frechheit.

Der Reiz der temponautischen Hardware ist für viele daher unwiderstehlich. Denn egal, ob man dem inneren Zeitempfinden mit Drogen, Meditation, magischen Ritualen oder einer Überdosis Fantasie zu Leibe rückt – keine dieser Techniken kommt in ihrer Kühnheit an die Option heran, physisch durch die Zeit zu reisen, so wie es uns Wells und seine Epigonen erläutern wollten. Wer schon einen gewöhnlichen transkontinentalen Jetlag mühselig findet, mag sich die Eindringlichkeit einer solchen Reise gar nicht erst vorstellen. Und schon ein einziger transtemporaler Ausflug dürfte auch unsere philosophische oder psychologische Auffassung von Zeit noch einmal völlig auf den Kopf stellen.

8. HYPOTHESE: DIE IDEALE ZEITMASCHINE REVOLUTIONIERT UNSERE VORSTELLUNG VON ZEIT

Man kann sagen, Physik ist reiner Symbolismus. Denn die komplexe Realität entzieht sich dem Zugriff der Messgeräte und offenbart sich dem Physiker gerade an den interessantesten äußersten Rändern von Mikro- und Makrokosmos nur in vielfältig interpretierbaren Bruchstücken. So erschließt sich der Makrokosmos lediglich in Strahlungsmustern, der Mikrokosmos in ausufernden Wellengleichungen. Die Zeitmaschinen-Hardware kann uns durch die Banalzeit transportieren, vielleicht sogar in das Restaurant am Ende des Universums. Aber die wirklich spannenden, noch entlegeneren Bereiche der Zeit auszuloten, blieb und bleibt dem menschlichen Gehirn allein vorbehalten: Anfang und Ende, Ewigkeit und Augenblick, das Geheimnis des Daseins im Zeitstrom. Welches Gerät sollte der Zeit auch eindringlicher zu Leibe rücken als unser eigener Geist, der ja ein Kind der Zeitlichkeit ist. Und dessen Auffassung von Zeit sich zudem auch mit ihrem eigenen Verstreichen ändert.

Schon lange bevor Einsteins Feldgleichungen begannen, den Zeitpfeil zu verbiegen, rückten Philosophen aller Epochen dem Phänomen Zeit mit unterschiedlichstem Handwerkszeug zu Leibe. Aus der Fülle an Hypothesen, Theoremen und Definitionen kondensieren sich zwei elementare Phänomene heraus. Erstens: Was man gemeinhin Zeit nennt, ist für die menschliche Existenz, für unser Denken und für die Stellung des Menschen in der Welt von immenser Bedeutung. Zweitens: Die Zeit entzieht sich sowohl in ihrer Grundsätzlichkeit als auch in ihrer Relativität einer schnellen und widerspruchsfreien Analyse. Auch die Vielfalt der Erfahrung von Zeit macht das Gebiet nicht überschaubarer. Aber nur weil die Zeit sich auch in der Philosophie gelegentlich als Mysterium gebärdet, ist es überhaupt möglich, der Zeitmaschine eine Chance zu geben.

In der frühen Antike sind der Zeit zunächst nur die veränderlichen Gegenstände unterworfen. Zeit steht damit im Gegensatz zum unveränderlichen, also ewigen Sein (Parmenides) beziehungsweise zum Zeitlosen (Platon). Als dauerndes Werden regiert sie dagegen bei Heraklit gleich die gesamte Wirklichkeit. Die ersten Ansätze der klassischen physikalischen Zeitvorstellung entwirft Aristoteles. Seine Zeit verläuft linear und kontinuierlich und hat, indem sie als Maß, etwa für Bewegungen im Raum, dienen kann, objektiven Charakter – eine Idee, die später Isaac Newton weiterentwickelt. Augustinus schließt sich der aristotelischen Vorstellung von Zeit als Einheit aus Vergangenheit, Gegenwart und Zukunft ebenfalls an, stellt jedoch eine Verbindung zur menschlichen Seele her und leistet damit einen frühen Brückenschlag zu psychologischen Zeitvorstellungen: Lediglich die Gegenwart existiert außerhalb der Seele, Vergangenheit und Zukunft kommen dagegen nur als subjektive Zeiterfahrung vor. Immanuel Kants bereits erwähnte grundsätzliche Absage an einen objektiven Charakter von Zeit und Raum führt den idealistischen Zeitbegriff in die Philosophie ein.

Zeit wird in der Folge immer mehr zur menschlichen Existenzgrundlage, aber auch zum Existenzproblem. In der Phänomenologie erlangt sie eine besondere Bedeutung. Für deren Begründer Edmund Husserl ist Zeit ein Bewusstseinsphänomen, das Erfahrungen erst möglich macht. Und Martin Heidegger betont, dass Zeit weder subjektiv noch objektiv ist, sondern als Zeitlichkeit schlicht den Grundmodus des menschlichen Daseins darstellt, in dessen Horizont sich der Mensch entwirft. Seine spätere Definition der Zeit als vierdimensionales Ereignis schließt sogar den Bogen zu den Zeitvorstellungen der theoretischen Physik.

DER EINBRUCH DER ZEIT IN DAS BEWUSSTSEIN

Seit sich Physiker wie Einstein durch ihre Theorien zum für das menschliche Bewusstsein so wichtigen Phänomen der Zeit äußern, kommen auch die Humanwissenschaften nicht umhin, ihrerseits die Argumente der Physik zu berücksichtigen. Der Psychologe Jean Gebser beispielsweise bindet in seiner Theorie vom Ende der Neuzeit und einer notwendigen Abkehr von Fortschrittsdenken und Materialismus hin zu einer aperspektivischen Welt auch astronomische und physikalische Argumente ein. In erster Linie wendet er sich dabei gegen die Deklassierung der Zeit zur Rechengröße, wodurch Zeit als Qualität und Intensität unberücksichtigt bliebe. Mit Quantentheorie und Einstein, so Gebser, habe aber ein wahrer Einbruch der Zeit in unser Bewusstsein stattgefunden, der auch ein Zerbrechen der dreidimensionalen Welt bewirkt. Damit werde das Ende der Neuzeit und einer perspektivischen Weltsicht eingeleitet. In der Kunst zeigt sich dieses Zerbrechen beispielsweise in Surrealismus, Kubismus und Dadaismus, in der Tiefenpsychologie durch eine Inflation des Bewusstseins und in der Physik ganz handfest durch die Atombombe.

Jenseits magischer und mythischer Geborgenheit ist der rationale Mensch der Erstarrung der Zeit hilflos ausgeliefert, was sich in der verbreiteten Behauptung, keine Zeit zu haben, andeutet: auch ein erstes Zeichen eines Bewusstseinswandels. Denn zerstörerisch muss dieses Einbrechen der Zeit gar nicht unbedingt sein, es kann uns auch eine Bewusstwerdung von Zeitfreiheit, vom Achronon ermöglichen. Es wirkt nur bedrohlich auf die dem Rationalen verhafteten und dadurch haltlos gewordenen Menschen. Nach Gebser waren nämlich nur die Menschen der magischen und mythischen Zeitalter geborgen. Der «mentale» und später rationale Mensch dagegen verfügt nur noch über eine fiktive Geborgenheit, was ihm zudem bewusst ist, sodass er am Abgrund zu stehen glaubt. «Der Einbruch der Zeit muss auf alle, die noch am Rationalen als einem ausschließlich gültigen Prinzip festhalten, wie eine letzte Zerstörung der Systeme und Vorstellungen wirken, welche sie als gesichert ansahen.»[40]

Der Raum, so Gebser, absorbiert die Zeit, denn wer keine Zeit hat, hat auch keinen Raum. Das ist seine Schlussfolgerung aus der geschäftigen Floskel, «keine Zeit zu haben», die für ihn im obigen Sinn nämlich Erstarrung bedeutet – und eben nicht die gemeinhin damit assoziierte gehetzte Betriebsamkeit im Leerlauf.

Andererseits löst die Zeit, die die Welt nur noch in Abschnitte unterteilt, ihrerseits den Raum auf. Für Gebser liegt die Perspektive des menschlichen Bewusstseins nun in der Befreiung, die dieser Zerstörungsprozess und die Erkenntnis dessen bedeutet: Der Mensch sei frei, «wenn er realisiert, dass ‹Zeit› alle bisherigen Zeitformen mitmeint. [...] Der Mut, die prärationale magische Zeitlosigkeit und die irrationale mythische Zeithaftigkeit neben dem mentalen Zeitbegriff als wirkend anzuerkennen, ermöglicht den Sprung in die arationale Zeitfreiheit. Diese ist nicht etwa ein *Freisein von* früheren Zeitformen, die ja jeden Menschen mitkonstituieren. Sie ist zuerst einmal ein Freisein zu ihnen.»[41]

In diesen Überlegungen findet sich ein völlig neuer Aspekt des Zeitmaschinen-Motivs. Der Komplex aus Zeit und Bewusstsein ist selbst diese Maschine, die einem Transformationsprozess unterliegt. Ein Prozess, an dessen Ende die Entfesselung des Bewusstseins liegen kann, das sich von den Ketten der eigenen Vorstellung von Zeit löst.

Sehr weit entfernt von den antiken Ursprüngen einer Philosophie der Zeit haben sich auch zwei französische Denker. Sie zeigen, dass auch die vorderste Front der Geisteswissenschaften mit dem Zeitbegriff ähnlich respektlos umgeht wie die Avantgarde der Physik. Es handelt sich dabei um den bis 1990 in Chicago lehrenden Geschichtsphilosophen Paul Ricœur sowie den am Ostersonntag 1955 verstorbenen Jesuitengelehrten Pierre Teilhard de Chardin. Dieser im Grenzgebiet zwischen Theologie und Philosophie angesiedelte Anthropologe, der unter anderem an der Entdeckung des archäologisch bedeutsamen Pekingmenschen im Jahr 1927 beteiligt war, schaffte eine ungewöhnliche Verbindung aus Spiritualität und Wissenschaft, die er – lange vor New Age und holistischen Trends in der Wissenschaft – Hyperphysik nannte. Für eine Philosophie der Zeit ist dabei interessant, dass er nicht-materialistisches Denken und Evolutionstheorie unter einen Hut bringt. Künftig werde sich die unumkehrbare Evolution nur noch in der Noosphäre, dem Bereich des Geistes, abspielen. Und dort durch die schöpferische Kraft der Liebe auf den sogenannten Omega-Punkt zusteuern. Ziel und Antriebskraft dieser Bewegung zugleich, so Teilhard de Chardin, sei Christus als geistiges Zentrum.

Eine interessante Analogie findet sich dabei zum Denken des Physikers Frank Tipler. Der Punkt Omega ist für ihn das Ergebnis nahezu unendlich schneller Informationsverarbeitung in der Endphase des Universums. Dieses Universum, quasi als Supercomputer begriffen, simuliert alle denkbaren Wirklichkeiten und erzeugt im Gegensatz zu seiner bisweilen angenommenen zeitlichen Begrenzung subjektiv Ewigkeit. Die dort und dann herrschende Unendlichkeit an Information setzt Tipler mit Gott gleich.[42]

Damit wird die Theologie zu einer Unterdisziplin der Physik. Die Zeitschrift «Nature», Nadelöhr wissenschaftlicher Großtaten, nannte Tiplers Buch allerdings ein «Meisterwerk der Pseudowissenschaft»[43]. Das bedeutet aber nicht, dass er mit seiner Theorie in der akademischen Welt unten durch ist. Tipler selbst zitiert auf seiner Website zur Rechtfertigung seinerseits den ebenfalls bereits erwähnten Quantentheoretiker David Deutsch, der sich enthusiastisch über Tiplers Hypothesen äußert.[44]

Tiplers kühner Entwurf ähnelt dabei der Eschatologie des Kieler Philosophen Hermann Schmitz, der als Schöpfer einer «neuen Phänomenologie» gilt. Nach dessen Ansicht endet die Zeit damit, dass keine Zukunft mehr hereinbricht, also in dem Moment, wenn der bekannte Ablauf aus Vergangenheit, Gegenwart und Zukunft an ein Ende gelangt ist und zu einer Omnipräsenz von allem je Dagewesenen kulminiert. Das ist die moderne Sicht auf die Mythen von der Auferstehung der Toten.

Die etablierte Naturwissenschaft unterstellt wissenschaftlich verpackten, eher philosophischen und esoterischen Theorien wie jener vom Omega-Punkt oft ein großes Maß an Fiktionalität – Pseudowissenschaftlichkeit eben. Aber diese scheinbare

Fiktionalisierung ist vielleicht sogar die beste Methode, sich der Zeit zu nähern. Der oben erwähnte französische Geschichtsphilosoph Paul Ricœur analysiert in seinem Buch *Temps et récit* beispielsweise die Diskrepanz zwischen erlebter und kosmologischer Zeit, woran seiner Meinung nach jede Phänomenologie der Zeit, also jedes unmittelbare Erfassen, scheitert. Seine Alternative: ein narrativer, also erzählender Ansatz, aus dem sich auch die Identität des Menschen erklärt.

Die meisten Denker verzichten angesichts der Vielfalt der Ansätze und Hypothesen, sich dem Wesen der Zeit zu nähern, auf eine Hilfskonstruktion, die auch nur annähernd der Metapher der Zeitmaschine entspricht. Denn experimentelle Zeitphilosophie ist nicht auf die konkrete Möglichkeit physikalisch-realer Zeitreisen angewiesen, sondern kann sich den Fragen widmen, die sich zwangsläufig stellen, wenn die Zeitmaschine mehr als ein Fantasma zu sein beginnt. Sobald wir uns auf den Trip mit der konkreten Maschine einlassen können, weil alle technischen und philosophischen Bedenken ausgeräumt sind, fangen die eigentlichen Probleme erst an. Wenn man sich nämlich überlegt, was genau diese Maschinen mit der uns bekannten Zeit anstellen können oder sollten und wie konkret sie sich eigentlich in ihr bewegen.

9. HYPOTHESE: DIE IDEALE ZEITMASCHINE IST KOMPLIZIERTER, ALS ES AUF DEN ERSTEN BLICK SCHEINT

Mit den bisherigen philosophischen oder physikalischen Überlegungen, wie ein Universum beschaffen sein muss, in dem Zeitreisen möglich sind, und der Frage, ob wir zufällig in so einem leben, ist es nicht getan. Sobald die Frage nach der Zeitmaschine positiv beantwortet ist, woran einen niemand hindern kann, stellt sich das Problem, was wir nun hypothetisch damit anfangen wollen – und dann wird es wirklich ernst.

Zum Beispiel wird von Zeitmaschinen-Fans gerne vernachlässigt, dass eine Zeitreise immer auch eine Reise durch den Raum ist. Das heißt, die Gegend, von der aus man aufgebrochen ist, wird zu einem anderen Zeitpunkt an einer völlig anderen Stelle des Universums eingetroffen sein. Wo sich die Erde heute im Sonnensystem befindet, ist morgen nur ein unwirtliches Fleckchen kalten Weltalls. Die Bewegung der Planeten, des Sonnensystems, ja der ganzen Galaxis macht es ziemlich schwierig, auch dort wieder anzukommen, wo man gestartet ist.

Selbst der genaue Modus der Zeitreise ist noch lange nicht geklärt. Sehen wir die Zukunft wie in einem Zeitrafferfilm auf uns zu- und an uns vorbeirauschen oder verschwinden wir einfach aus der Gegenwart, um schlagartig in einer anderen Zeit wiederaufzutauchen? Und wie lange dauert die Reise, etwa ein Trip ins Mittelalter? Kommen wir subjektiv im gleichen Augenblick an, in dem wir gestartet sind, oder hängen wir eine erfahrbare Zeitspanne lang gewissermaßen zwischen den Zeiten? Dauert eine Reise ins antike Sparta genauso lange wie ein Ausflug ins Kambrium – also eine gute halbe Milliarde Jahre tiefer in die Vergangenheit?

Die Antwort mag von der Vorstellung von der Reiseroute abhängen. Nutzen wir hyperdimensionale Verbindungen, wie etwa Wurmlöcher, oder bewegen wir uns auf der Zeitlinie, jedoch um einen bestimmten Faktor beschleunigt? In letzterem Fall könnten die ersten Zeitmaschinen noch sehr langsame Gefährte sein, und eine Reise ins Jahr 1950 würde dann vielleicht immer noch fünf Jahre dauern. Das wäre aus heutiger Perspektive zwar eine wissenschaftliche Sensation, aber bei weitem keine Leistung, die eine florierende Zeit-Touristik-Branche begründen würde.

Eine weitere wichtige Frage ist die nach dem Verhältnis zwischen subjektiver Zeit und Außenzeit. Das heißt, wenn wir eine Zeitmaschine besteigen, um ein halbes Jahr Urlaub am Hofe Ludwigs des Vierzehnten zu verbringen, kehren wir dann um ein halbes Jahr gealtert eine Millisekunde, nachdem wir aufgebrochen sind, wieder zurück? Oder drastischer formuliert: Kann uns ein Leben voller ausschweifender Zeitreisen aus Sicht eines Beobachters in unserer ursprünglichen Zeit binnen einer Sekunde in einen Greis verwandeln, weil wir an einem bestimmten Tag aufbrachen, um dann für die Dauer von 80 Jahren unserer Lebenszeit zwischen Holozän und 25. Jahrhundert hin- und herzugondeln? Sollte man also bei einer Zeitreise lieber um genau die Zeitspanne in die Zukunft verschoben wieder zurückkehren, die man subjektiv in einer anderen Zeit verbracht hat, weil man sonst im Vergleich mit den eigenen Freunden einfach immer älter wird? Oder verfügt eine Zeitmaschine eher über Nebenwirkungen im Sinne eines Jungbrunnens? Erhält man also die Zeit, die man außerhalb der eigenen ursprünglichen Gegenwart verbringt, quasi geschenkt, weil man ja nicht älter sein kann, als man laut Kalender tatsächlich ist?

Vielleicht verändern wir uns durch die Zeitreise sogar auf sehr unerwünschte Weise: So könnte eine Umkehrung des Zeitpfeils bei einer Reise in die Vergangenheit auch eine Reise in die Vergangenheit unseres eigenen Ichs bedeuten, und zwar eine Reise, die wir am eigenen Leibe verspüren. Das heißt, wir erreichen die originalen Olympischen Spiele vielleicht als Embryo oder benehmen uns als Dreijährige bei der Krönung von Karl dem Großen daneben.

Ein Problem, das aus der Struktur unseres Gedächtnisses und dessen Zusammenhang mit den Kausalgesetzen entstehen kann, hängt mit dem Erinnerungswert von Zeitreisen zusammen. Eine kosmologische Hypothese verdeutlicht, welche Verwirrung uns blühen kann, wenn wir die Gegenwart verlassen – und auch dorthin wieder zurückkehren wollen.

Das Universum expandiert. Und zwar seit dem Urknall. Gemäß dem zweiten Hauptsatz der Thermodynamik nimmt dabei die Entropie, also die Unordnung, permanent zu. Nun gibt es aber die Hypothese, dass das Universum sich an seinem Ende auch wieder in sich zusammenzieht, zusammenstürzt. Dadurch würde die Ordnung allerdings wieder zunehmen. Damit diese Hypothese dennoch ihre Berechtigung hat, muss man nur postulieren, dass im Moment maximaler Expansion, wenn das Universum wieder zu schrumpfen beginnt, sich der Zeitpfeil umkehrt. Die Zeit läuft rückwärts. So jedenfalls eine Hypothese von Stephen Hawking aus den achtziger Jahren.

Für einen Besucher dieses entscheidenden Wendepunktes in der Zeit entsteht ein sonderbarer Effekt. Denn eine Stunde vor der Umkehr des Zeitpfeils erwartet er diesen Moment noch. Eine Stunde danach wartet er immer noch oder schon wieder, denn obwohl der Moment der Zeitumkehr bereits stattgefunden hat, liegt er aus Sicht des Besuchers ja nun immer noch in der Zukunft, da sich mit der Zeitumkehr Vergangenheit und Zukunft vertauscht haben. Kann er sich also an diesen Moment erinnern? Oder müssten die den Gesetzen der Kausalität unterworfenen neurochemischen Prozesse der Erinnerung auf die Zeitumkehr reagieren, indem sie eben nicht wissen, was die Zukunft bringt?

Ähnliche Effekte könnten konkret physisch vorwärts und rückwärts durch die Zeit reisenden Menschen blühen. Also nicht nur heillose Verwirrung, sondern massive Amnesie und ernsthafte Probleme, sich seiner eigenen Identität zu versichern. Für reine Bewusstseinsreisen gelten jedoch mit ziemlicher Sicherheit eigene Gesetze – fragen Sie einfach den nächsten Astralreisenden, dem Sie begegnen.

Das Gedankenexperiment vom expandierenden Universum und dem umgedrehten Zeitpfeil ist aufschlussreich, aber leider physikalisch nicht ganz korrekt gedacht. Hawking selbst hat es revidiert. Weder muss die Entropie des Universums zu seinem Ende hin abnehmen, noch muss sich der Zeitpfeil umkehren. Das ist nämlich nur denkbar, wenn man einen übergeordneten Zeitpfeil als Bezugssystem voraussetzt, so jedenfalls der Physiker Jim Al-Khalili.[45] Dieser Meta-Zeitpfeil wird aber von Hawking verschwiegen. Macht nichts; die Idee und ihre denkbaren Folgen inspirieren, auf beliebige Zeitreisen übertragen, ja wieder zu interessanten Problemstellungen.

Mit erheblich pragmatischeren, aber ebenso überlebenswichtigen Fragen beschäftigt sich der im Grenzbereich zwischen populärwissenschaftlicher Ernsthaftigkeit, Satire und Science-Fiction angesiedelte *Führer für Zeitreisende*[46]. Welche rechtlichen Probleme ergeben sich beispielsweise aus Zeitreisen? Sozialversicherungsbetrug durch beschleunigten Renteneintritt von Leuten, die ihr Lebensalter in der Antike sammelten, nicht aber hinter dem Schreibtisch verbrachten, gehört ebenso dazu wie das illegale Mitnehmen von Souvenirs aus der Vergangenheit. Das Buch, das als Reiseführer konzipiert ist, verknüpft pragmatische Tipps zur Kleiderordnung vergangener Jahrhunderte mit einer Fülle von Zeitmaschinen-Modellen, die so fiktiv wie visionär sind. Handliche Zeitgürtel, die Gefahren (Durchfall, Prügel von Einheimischen, schlechtes Wetter) einer tatsächlichen Reise vermeidende Chronovisionsgeräte, aber auch an Straßenkreuzer angelehnte Luxusschlitten der Temponautik stehen in diesem Buch zum Einsatz bereit. In dem Werk aus dem Jahr 1994 wird bereits eine Omnipräsenz von Wurmlöchern vorausgesetzt, und abgesehen von reichlich viel kreativem Unsinn deutet der Zeitreiseführer mit einem fiktiven Vorwort von H. G. Wells eine subtil bedrohliche Komponente des Zeitreisens an. Die Begegnung mit sich selbst als Quelle unvermeidlicher Ungewissheit: «Obwohl es sehr viel Spaß macht, kann es auch beunruhigende Folgen haben, sich selbst in der Kindheit zu besuchen. Viele Zeitreisende werden seither das schleichende Gefühl nicht mehr los, beobachtet zu werden.»[47] Die Paranoia der Gegenwart als Folge der eigenen zukünftigen Neugier.

IST DIE IDEALE ZEITMASCHINE WIRKLICH EINE MASCHINE?

Nun zur vielleicht prinzipiellsten Frage der selbstinduzierten Zeitreise. Bei einem Blick auf die Vielfalt der Konstruktionen, physikalischen Ideen und technologischen Extravaganzen wundert man sich, warum es eigentlich in den Augen vieler Menschen ausgerechnet Maschinen sein müssen, die uns durch die Zeit transportieren sollen? Zeitreisen durch Bewusstseinstechnologie haben den Zeitmaschinenbegriff nicht verdrängen können. Fordert das scheinbar organische Verstreichen der Zeit einen massiven Kontrast, den nur die Maschine als Inbegriff des Artifiziellen bieten kann? Kreiert die von intelligenten Wesen geschaffene Technik ein Reservat der Zeitlosigkeit im Strom der Zeit, einen Hauch von Ewigkeit des intelligenten Lebens, wie die Science-Fiction-Visionen von jahrmillionenalten Artefakten suggerieren, zum Beispiel in Stanley Kubricks Film *2001 – Odyssee im Weltraum*?

Die Vorstellungen, dass der Geist eine Maschine sein könnte, dass die Mensch-Maschine den Gesetzen der Logik oder gar der empirischen Wissenschaften folgt, wie es psychologische Hilfskonstruktionen und die Bastler der Künstlichen Intelligenz gern annehmen, wird nach und nach ergänzt oder sogar abgelöst durch den Glauben an den Geist der Maschinen*, an sich selbst reproduzierende virtuelle Welten, an die bereits erwähnte Befürchtung, in der Matrix zu leben.

Die Frage nach diesem Geist in der Maschine, genauer in der Zeitmaschine, stellt man jedoch am besten jenen Leuten, die sie relativ unbeschwert beantworten können, da sie ihre

---

* Der Vater des Modebegriffs Cyberspace, der US-Autor William Gibson, schildert die Verschmelzung der beiden Maschinen am Beispiel des virtuellen Entertainments: «Wenn man sich einmal die Körperhaltung der Kids beim Videospielen ansieht, gibt's da eine Feedback-Schleife von Teilchen: Die Photonen treten aus dem Schirm heraus direkt in die Augen des Burschen über, und die Neuronen bewegen sich durch seinen Körper, und die Elektronen bewegen sich durch den Computer. Auf der Teilchenebene gibt es dieses geschlossene System. Außerdem hatte ich von Gesprächen mit Leuten über Computer her den Verdacht, dass jeder auf irgendeiner Ebene, ohne es je wirklich zu sagen, das Gefühl zu haben schien, dass hinter dem Bildschirm ein Raum war.» (William Gibson, zitiert in: Falko Blask, *Baudrillard zur Einführung*, Hamburg 2002, Seite 34)

Konstruktionen nicht der Konsensrealität zur Überprüfung vorlegen müssen. Die «wissenschaftliche Phantastik», um den alten DDR-Begriff für Science-Fiction-Literatur zu bemühen, arbeitet sich seit mehr als 100 Jahren daran ab. Aber kann die ideale Zeitmaschine nur eine Fiktion sein?

II. DER MYTHOS LEBT
KULTURGESCHICHTE DES ZEITREISENS

3. ZEITAGENTEN AM ENDE DES UNIVERSUMS
SCIENCE-FICTION-VISIONEN IN WELTLITERATUR UND FILM

> «Ich habe Dinge gesehen, die ihr Menschen niemals
> glauben würdet. Gigantische Schiffe, die brannten,
> draußen vor der Schulter des Orion. Und ich habe
> C-Beams gesehen, glitzernd im Dunkel, nahe dem
> Thannhäuser-Tor. All diese Momente werden verloren
> sein … in der Zeit, so wie … Tränen im Regen.»
>
> Letzte Worte des sterbenden Replikanten Batty
> in Ridley Scotts *Der Blade Runner*

Sie ähnelte zwar eher dem Fahrrad eines frühen psychedelisch angehauchten Aussteigers als der bedeutendsten Erfindung der Menschheit, und über ihre Funktionstüchtigkeit lässt sich nicht einmal streiten, aber H. G. Wells' Originalzeitmaschine konnte zumindest eine phänomenale Wirkung hinterlassen. Sie hat das Genre der Science-Fiction-Literatur auf eine Weise beschleunigt, wie es kaum einer anderen literarischen Vision je gelang. Plötzlich war die Linearität der Zeit kein Dogma mehr. Die Zeitmaschine wurde zum Vehikel einer völlig neuen Klasse dramaturgischer Effekte. Waren Zeitsprünge in der prä-Well'schen Literatur allenfalls auf Träume oder Visionen beschränkt, ließ sich mit dem Postulat, dass Zeitreisen möglich sind, fortan jedes noch so entlegene Gedankenexperiment einer verzwickten Realität jenseits herkömmlicher Vorstellungen von Zeit und Raum glaubhaft durchinszenieren. Und in mehr als hundert Jahren absolvierte die Elite der Science-Fiction-Autoren auch dankbar einen mentalen Salto nach dem anderen.

Der Meister selbst legte dabei mit der Kurzgeschichte *The New Accelerator* bereits 1901 eine sehr innovative Variation der Zeitmanipulation vor: Einem Wissenschaftler gelingt es, den Zeitstrom radikal zu verlangsamen, indem er eine entsprechende Substanz einnimmt. In dieser so nun quasi eingefrorenen Welt kann er sich relativ frei bewegen, wenn man einmal davon absieht, dass die immense Reibungshitze durch den aus Sicht der Normalzeitigen rasend schnell Agierenden sein Leben permanent gefährdet.

Das Motiv der Zeitverzerrung wird in der Folge immer wieder aufgegriffen, zum Beispiel auf eher wenig belustigende Weise in David I. Massons *Travellers Rest*, einem Roman, in dem die Welt von einem Zeitgradienten durchlaufen wird. An unterschiedlichen Orten verstreicht die Zeit mit unterschiedlicher Geschwindigkeit. Im Roman herrscht Krieg zwischen den Menschen und einem mysteriösen Gegner; und während an der Zeitfront nur Sekunden verstreichen, vergehen im zivilen Hinterland Jahre. Diesem Krieg ist also nicht zu entkommen, egal, für wie lange man sich vom Einsatz beurlauben lässt, und angesichts der immensen Beschleunigung oder Verlangsamung

Exzellente «wissenschaftliche Phantastik» – so nannte man in der DDR Science-Fiction.

der Zeit könnte sich die Menschheit hier sogar selbst als Gegner gegenüberstehen.

AM ANFANG: DAS ENDE DER KAUSALITÄT

Die ersten Science-Fiction-Autoren mit der Lizenz, ihre Protagonisten durch die Zeit reisen zu lassen, ergötzten sich aber vor allem am Spiel mit Zeitparadoxien und dem dadurch erweiterten Universum an spannenden Handlungssträngen und erstaunlichen Wendungen, die die Aufhebung klassischer Kausalität möglich machte. Exemplarisch dafür sind die Werke von Ray Cumming und Ralph Milne Farley. Die Autoren beschäftigen sich mit den Folgen von durch Zeitreisen ausgelösten paradoxen Situationen oder setzen sich gerade rigoros über solche scheinbaren Widersprüche hinweg und kreieren damit eine andere Realität. Je nachdem, ob sie sich der bereits erläuterten Viele-Welten-Hypothese in Anlehnung an Hugh Everett anschließen, diese verweigern und auf die Kausalität in einem unveränderlichen Universum und eine kontinuierliche Geschichte setzen oder sogar völlig neue Zeitgefüge ersinnen. Everett-kompatibel sind etwa H. Beam Pipers *Parazeit*-Storys. Darin hat «jeder Moment seine eigene Vergangenheits-Zukunfts-Linie von Ereignissequenzen»[48]. Die gesamte Zeit ist immer allgegenwärtig. Ein sogenanntes Ghaldron-Hesthor-Versetzungsfeld ermöglicht das Umherirren von einem Zeitkontinuum ins nächste – eine Erfindung, die die Menschen letztlich den Marsianern zu verdanken haben. Die Freizügigkeit der Realität und ihrer Bewohner kennt in diesem Genre eben kaum Grenzen.

Strenger geht es dagegen im Universum von Ray Bradbury

zu. Dessen berühmte Erzählung *A Sound of Thunder* macht die Menschen sogar zu Sklaven ihrer eigenen Schusseligkeit bei Reisen in die Vergangenheit. Zeitreisen werden daher nur unter sensiblen Sicherheitsvorkehrungen durchgeführt. Dennoch gibt es Dinosauriersafaris, bei denen keimfreie Großwildjäger auf einem Antigravitationsband durch die Urzeit laufen, um speziell ausgesuchte, ohnehin todgeweihte Saurier zu jagen. Ein Expeditionsteilnehmer verlässt jedoch den kausal-sterilen Pfad, zertritt einen Schmetterling und findet daher bei der Rückkehr eine wenn auch nur minimal veränderte Welt vor: anderer Wahlausgang, leichte Veränderung der englischen Sprache. Ein Klassiker der Kausalitätsparanoia.

Noch exzessiver gestalten sich Eingriffe ins Raum-Zeit-Kontinuum, wenn es um die Begegnung mit sich selbst, mit dem eigenen transtemporalen Doppelgänger geht. David Gerrolds Roman *The man who folded himself*[49] treibt dieses Motiv auf die Spitze. Der Erbe einer praktischen Gürtel-Zeitmaschine hilft sich in allen möglichen Zeiten selbst dabei, reich zu werden, und erfährt nebenbei, dass die geänderte Realität immer auch Bestandteile ihrer vorherigen Eigenheiten behält. Dadurch weitgehend unbesorgt, feiert unser Held Partys mit seinen zahlreichen Alter Egos, erlebt homosexuelle Verhältnisse mit sich selbst und zeugt mit einer weiblichen Variante seines Ichs letztlich jenen Knaben, der einst (von ihm nämlich) die Maschine erbte.

Robert Heinleins klassische Erzählung *All you Zombies* aus dem Jahr 1964 schildert ebenfalls eine Welt, die ausschließlich von Variationen und zeitlichen Ausformungen eines einzigen Ichs bevölkert wird. Dieser aus Zeitschleifen resultierende Solipsismus, dessen Ich sich selbst zeugt, gebiert und verschlingt, gehört zu den philosophischeren Varianten der SF-Zeitreise.

An der Schnittstelle zur herkömmlichen Paranoia wird hier die Persönlichkeitsstörung als Folge eines heimtückischen Universums abgemildert oder verschärft. Die Eskalation der Willensfreiheit in einem Universum unbegrenzter Möglichkeiten kann scheinbar nur ins Absurde münden, wobei sich hier der Hinweis aufdrängt, dass Sex mit sich selbst seit jeher auch ohne üppige Verwerfungen der Raumzeit möglich ist.

Ebenfalls seit Beginn der literarischen Zeitreisen begeistern sich SF-Autoren für die Möglichkeit, die Weltgeschichte entscheidend zu beeinflussen – in den USA besonders gern den Ausgang des amerikanischen Bürgerkriegs*. Aber auch Visionen einer Welt, in der Hitler-Deutschland den Krieg gewonnen hat**, Besuche bei historischen Persönlichkeiten und Ausflüge in prähistorische Gefilde sind beliebt. Oft vertauschen sich hierbei Ursache und Wirkung der historischen Abläufe. Die Welt, wie wir sie kennen, konstituiert sich erst dadurch, dass ein Beobachter in eigentlich eine andere Geschichte bedingende Abläufe mehr oder weniger versehentlich eingreift. In Michael Moorcocks Roman *Behold the Man* muss ein zeitreisender Besucher von Jesus Christus selbst in dessen Rolle schlüpfen, weil es der Mann allein gar nicht zum Religionsstifter bringen konnte; auch andere Zeitreisende finden sich immer wieder gerne an prominenter Stelle der Geschichte wieder: Hitler, Napoleon, Cäsar.

Verblüffend oft richten die literarischen Temporaltouristen immensen Schaden an. Mit am folgenschwersten in Sever Gansowskis *Vincent van Gogh* aus dem Jahr 1971. Hier hindern

---

* Zum Beispiel Ward Moore, *Der Große Süden*, 1953.
** Am berühmtesten ist sicherlich Philip K. Dicks, *Das Orakel vom Berg*, München 2000.

aufdringliche Zeittouristen sogar Kolumbus an der Entdeckung Amerikas. Und in Wolfgang Jeschkes von den Eindrücken des Kalten Krieges geprägten Roman *Der Tag der letzten Schöpfung* (1980) schicken US-Militärs Freiwillige fünf Millionen Jahre in die Vergangenheit zurück, um dort (beziehungsweise dann) Erdöl zu sichern, damit es später nicht den Arabern in die Hände fallen kann. Bei den daraus resultierenden Scharmützeln und weiteren Veränderungen der Geschichte entsteht ein heilloses Chaos; denn selbstverständlich sind gegnerische, der Zeitreise ebenfalls fähige Kräfte bereits dort. Und die Meister der Zeitreisetechnologie fummeln obendrein im großen Stil am Verlauf der Historie herum. Die in der Vergangenheit eintreffenden Söldner stellen daher «mit Bestürzung fest, dass wir aus ganz verschiedenen Zukünften stammen».[50] Der Verlust der gemeinsamen Geschichte offenbart sich ausgerechnet an jenem entlegenen Ort, der sich Millionen Jahre vor jeder Geschichte befindet. Statt der gemeinsamen Vergangenheit fehlt den in der Zeit Gestrandeten die kollektive Zukunft. Denn die Historie hat durch menschliche Eingriffe ihre Kontinuität eingebüßt. Die Idee von der einen Gegenwart ist damit endgültig verloren.

Bei so viel Verantwortungslosigkeit ist es kein Wunder, dass auch die strenge Exekutive schon früh ein Bestandteil der Zeitreisefiktionen wird. Zeitpolizisten und Zeitagenten versuchen, die Geschichte, wie wir sie kennen, zu schützen. Charles L. Harness (zum Beispiel *Time Trap*, 1948) und Robert Silverberg (zum Beispiel *Zeitpatrouille*, 1969, oder *Hawksbill Station*, 1970, die Geschichte eines Gefängnisses für politische Häftlinge eine Milliarde Jahre in der Vergangenheit) gehören zu den Autoren dieses Subgenres, das die Idee vom menschlichen Kontrollzwang über die Zeit auf die Spitze treibt. Einer der desillusionierteren Aspekte des Zeitreisemotivs. Denn wenn selbst die Vergangenheit, die Grundlogik des Daseins oder gar die Ewigkeit vor menschlichem Schabernack geschützt werden müssen, bleibt weder für einen Schöpfer des Universums noch für ein irgendwie geartetes inneres Geheimnis seiner vollendeten Schönheit und transzendentalen Sinnhaftigkeit irgendeine Legitimation. So schützen Zeitpolizisten letztlich nur die mickrige Vorstellung von Realität, von der ihre menschlichen Auftraggeber besessen sind.

DIE FANTASTISCHEN BAUANLEITUNGEN

Zurück zu den Anfängen, es begann mit Paradoxien und Eingriffen in die Historie. Ein anderer Trend der frühen Timetravel-SF: Gigantomanie. Statt schlichtem Fahrraddesign mussten es in John Russel Fearns *Liners of Time* (1935) schon üppigere Maschinen und in Barrington J. Bayleys *The Fall of Chronopolis* (1974) bereits ganze Festungen sein, die sich durch die Zeit bewegen. Bei so viel Vertrauen in die Technologie stellt sich natürlich die Frage nach den Möglichkeiten, diese Konstrukte auch in der Realität zu verwirklichen.

Selbst wenn man sich nicht auf das Gedankenexperiment einlässt, dass manche Science-Fiction-Autoren selbst Zeitreisende sein könnten, die uns unter dem Deckmäntelchen der Literatur wichtige Hinweise auf die Zukunft oder gar technologische Tipps geben wollen, kann gute Science-Fiction gerade bei einem derart fantastischen und existenzielle Dimensionen berührenden Thema wie Zeitreisen eventuell sogar helfen, die momentanen technischen Probleme im Zeitmaschinenbaugewerbe zu lösen. Denn erstens lesen sich sowohl die relativ konservativen Spekulationen etablierter Koryphäen der theoretischen Physik als auch die kühnen Gedankengänge sogenannter new scientists mitunter wie fantastische Literatur. Und zweitens scheint die Technologie der Zeitmaschine noch so weit vom Einbau direkt neben dem Satellitennavigationssystem am Armaturenbrett entfernt, dass ein wenig spekulatives Denken diesem Thema nur weiterhelfen kann. Auch wenn dabei im Extremfall so unerbittlich spekuliert und fabuliert wird, dass angesichts der Horrorvisionen mancher Autoren die Forschung an der Zeitmanipulation besser strengen gesetzlichen Regeln unterworfen werden sollte, wenn auch nur ein Fünkchen davon Wahrheit werden sollte. Gegen das notwendige Regelwerk zur Vermeidung von Zeitverbrechen wirken selbst heutige Reizthemen wie Embryonenschutz und Genfood-Verordnungen merkwürdig zahnlos.

Doch das Privileg der moralischen Bewertung haben derzeit noch jene an sich gerissen, die sich bei ihren Visionen auch über (scheinbare) Naturgesetze hinwegsetzen. Und sowohl die Sozialutopie des transhistorischen Science-Fiction-Romans als auch seine technologischen Entwürfe sind gar nicht so weit von den sogenannten hard sciences entfernt, wie manche Jünger der heiligen Lehrstühle glauben mögen. Die Methoden ähneln sich. Das Etikett ist ein anderes. «Die Science-Fiction ist Erzählung der Hypothese, der Konjektur oder der Abduktion, und in diesem Sinne ist sie ein wissenschaftliches Spiel par excellence, da jede Wissenschaft durch Konjekturen oder Abduktionen* vorgeht»[51], behauptet beispielsweise Fabulierge-

---

* Als Abduktion definierte der Zeichentheoretiker Charles Sanders Pierce bereits 1903 einen Hypothesenbildungsprozess, der als Einziger neue Ideen in die Wissenschaft einführt; und zwar durch zunächst problematische Theorien, die Spuren folgen, Intentionen berück-

nie und Semiotiker Umberto Eco und weicht damit von der gängigen literaturwissenschaftlichen SF-Interpretation ab, für die «die Frage nach der außerliterarischen Realisierbarkeit beispielsweise neuer Techniken ... gänzlich irrelevant [ist]».[52]

Wie nun? Ran ans Perry-Rhodan-Regal und nach Bauanleitungen suchen oder lieber nicht? In Isaac Asimovs Roman *Das Ende der Ewigkeit* (1955) findet sich auf jeden Fall eine verlockend einfache und konkrete Lösung für eine Kernproblematik des Zeitreisens. Zeitmaschinen der meisten Bauarten benötigen nach heutigem Stand der Wissenschaft nämlich vermutlich nahezu unendlich viel Energie. Asimovs Roman-Lösung: Nach der Erfindung des sogenannten Zeitfeldes gelingt es den Menschen, ein zunächst sehr «dünnes» dieser Felder bis in jene ferne Zukunft reichen zu lassen, in der die Sonne zur Supernova[*] wird, und die dabei frei werdende Energie anzuzapfen. Die zeitreisende Zivilisation nutzt die Apokalypse als Tankstelle. Eine zweite Erkenntnis dieses Romans würde den nationalen Ethikrat allerdings dazu bewegen, jede For-

---

    sichtigen, aber auch neue Begriffe schaffen. Abduktion bedeutet im Gegensatz zur Deduktion, verkürzt gesagt, von Schlussfolgerungen auszugehen und dann erst die zugehörigen Prämissen zu ermitteln. Sie ähnelt damit einer detektivischen Logik. Von modernen Vertretern der Wissenschaftstheorie wird die Abduktion als angemessene Nachfolgerin der klassischen Methoden von Deduktion und Induktion propagiert (vgl. Uwe Wirth, *Abduktion und ihre Anwendungen*, in: Zeitschrift für Semiotik, Band 17, 1995, Seite 405ff.). Dass für die angebliche Entführung von Erdenbewohnern durch Außerirdische ebenfalls gerne der Begriff Abduktion verwendet wird, ist in diesem Zusammenhang zwar erstaunlich, aber nicht relevant.

*   Nach dem augenblicklichen Forschungsstand der Astrophysik droht unserer Sonne allerdings ein Schicksal als roter Riese mit gewaltigem Durchmesser, relativ kühler Oberfläche und starker Leuchtkraft, der die inneren Planeten einschließlich der Erde schlucken wird.

schung an Zeitmaschinen unter Androhung von Höchststrafen zu untersagen. Denn Zeitreisen ruinieren die Evolution des Menschen. In Asimovs Werk haben findige Wissenschaftler die sogenannte Ewigkeit installiert, eine Art transtemporaler Fahrstuhl, der vom 27. bis weit über das 100 000. Jahrhundert hinausreicht und nicht nur dem intertemporalen Handel dient, sondern auch Techniken der Realitätsveränderung durch Eingriffe in die Zeitabläufe ermöglicht. Und diese Manipulationen finden quasi am Fließband statt. Bei Zehntausenden von Jahrhunderten gibt es eben einiges zu reparieren. Dringlichstes Ziel der Zeitwächter: die Entwicklung der Nukleartechnologie zu verhindern, um die Menschen vor atomarer Verwüstung zu schützen, und den Siegeszug der Raumfahrt und damit scheinbar sinnlose Ressourcenverschwendung zu unterbinden. Kaum jemand in Asimovs Roman wundert sich aber darüber, dass die Menschen all dieser verschiedenen Jahrtausende sich relativ ähnlich geblieben sind. Die Unterschiede liegen höchstens in modischen Details, Variationen der Sitten und Gebräuche oder in der Frage, ob Holz oder doch eher Wände aus reiner Energie gerade die Innenarchitektur dominieren.

Alles im Lot, wäre da nicht dieses abrupte Ende der Menschheit etwa um das 150 000. Jahrhundert. Und eine für die Zeitchirurgen nicht einsehbare und betretbare Zeit, einige Jahrmillionen zuvor. Der schrecklichen Wahrheit kommt schließlich einer der Zeittechniker auf die Spur: Die Menschen sterben aus, weil sie die Zeit beherrschen. Sie haben durch ihr Sicherheitsdenken und ihren Kontrollzwang jede Abweichung von einer bestimmten Norm verhindert und damit die Evolution zum Stillstand gebracht. Und es wäre nicht Herr Asimov, wenn seine Schlussfolgerungen nicht pangalaktisch wären: Dadurch, dass die Zeitenfummler die Raumfahrt behindern, ist die

Milchstraße bereits komplett besiedelt, als es den Menschen doch noch gelingt, ihren mickrigen Planeten zu verlassen. Nur eine radikale Abschottung der Speerspitze des Humankapitals gegenüber dem nivellierwütigen Plebs konnte diesen Sprung überhaupt noch ermöglichen, oder wie es der die Grenzen seiner Macht erkennende Realitäts-Rechner Twissel formuliert: «Wir kontrollieren die Zeit nur bis zum 70 000. Jenseits davon liegen die verborgenen Jahrhunderte. Warum sind sie verborgen? Weil der entwickelte Mensch nichts mit uns zu tun haben will und uns von seiner Zeit ausschließt?»[53] Ein Reservat für die Geniestreiche der Evolution, die auf einen ungehinderten Fluss auch fataler Kausalitäten durch eine lineare Zeit angewiesen zu sein scheint.

Es sind oft alltägliche Vorrichtungen oder Gegebenheiten, die in einer weiterentwickelten Form als Zeitmaschine dienen. Isaac Asimovs «Kesselschächte» durch die Jahrhunderte sind ein Beispiel, ähnlich assoziationsreich ist die Ausnutzung der menschlichen Schlafperiode, um Lebenszeit zu sparen und dennoch durch die Zeit voranzukommen. Während aber der Tiefschlaf als Mittel, um bei interstellaren Reisen das jahrelange Rumgondeln durch den Weltraum erträglich zu gestalten, legitim scheint, ist er als rein biologische Zeitkapsel, um Jahrhunderte in einer Art Stasis zu überdauern, eher antiquiert. Woody Allens Film *Sleeper* aus dem Jahr 1973 als humoristische Speerspitze und Laurence Mannings Roman *The man who awoke* von 1933 als spirituelle Vision bilden hier angenehm geistreiche Ausnahmen.

Seit Wells das Diktat der uns stetig mit sich schleppenden Zeit brach, donnern Helden der utopischen Literatur mit allen möglichen Vehikeln vorwärts und rückwärts durch die Zeit, um dort zumeist heillose Verwirrung zu stiften. Zudem wimmelt es von mehr oder weniger unfreiwilligen Reisen durch die Zeit: Unfälle, Zeitrutsche durch nukleare Katastrophen oder die angeborene, krankhafte Fähigkeit zum Zeitreisen sind nur einige Beispiele. Oft müssen aber Neologismen, vage Andeutungen oder Physikfantasien der eher kühnen Art für die Erläuterung der Funktionsweise der jeweiligen Zeitmaschine herhalten. Allzu konkret dürfen die Autoren nicht werden, um sich nicht im schlimmsten Fall der Lächerlichkeit preiszugeben. Ein cooler Jargon und eine gewisse Selbstverständlichkeit sind daher unerlässlich. Bis hin zur Banalisierung des Zeitreisens, wie sie Kurt Mahr demonstriert: «Mit Sorgfalt stellte er die Koordination seines Zielpunkts auf der Konsole ein. Dann aktivierte er das Zeitfeld. Der Zylinder begann zu zittern und zu brummen. Lichter glitten über die Schalttafel und bildeten eine Minute lang ein wirres flackerndes Muster.»[54]

Da kann es zumindest aus literarischer Perspektive klüger sein, die Physik der Zeitreise – jedenfalls den konkreten Funktionsmechanismus – ganz zu unterschlagen. Jack Finneys *Das andere Ufer der Zeit* begnügt sich beispielsweise ausschließlich mit Psychotechniken, um den Helden ins 19. Jahrhundert zu schicken, was die Glaubwürdigkeit des Romans enorm steigert. Denn keine bezweifelbare Technikfiktion behindert die Fantasie des Lesers dabei, dem Protagonisten in die Vergangenheit zu folgen.

DIE MELANCHOLIE DER ZEITMASCHINE

Ob Zeitfahrrad oder waffenstarrende Festung, ob handtaschenfähig oder nur mit einem Großkraftwerk zu betreiben: Bei allem Aufwand, der getrieben wird, um fiktive Reisende durch die Jahrhunderte zu schicken, sind die Zeittouristen in vielen SF-Geschichten nicht gerade glückliche Menschen. Es scheint, als hätte ein moderner Technik-Skeptizismus Einzug gehalten unter den Autoren, die ihre Helden auf Achterbahnfahrten durch die Raumzeit schicken; auf jeden Fall breitet sich eine tiefverwurzelte Beunruhigung dabei aus, den Menschen seiner angestammten Zeit zu entreißen. Reisen in die Vergangenheit enden mit der physischen und psychischen Überforderung durch die brachialen Zustände dort: von Sauriern zerfetzt, von mittelalterlichen Waffen niedergestreckt, durch den Vorzeit-Lifestyle gerädert. Und wer diese Vergangenheit ändert, kehrt vielleicht in eine Gegenwart zurück, in der die Erde ein toter Planet ist. Aber auch wenn es nicht ganz so schlimm kommt, gilt häufig: Reisen in die Zukunft zerrütten die Psyche. Selbst wenn sie in scheinbar ideale Zustände führen, wie sie Hal Bregg in Stanislav Lems Roman *Rückkehr von den Sternen* (früher unter *Transfer* veröffentlicht) nach zehnjährigem Raumflug vorfindet. Die Menschheit ist friedlich, wohlhabend und sozialer Probleme entbunden, aber auch gleichgültig und einem zwecklosen Dasein ausgeliefert. Die fatale Langeweile der kommunistischen Idealgesellschaft. Bregg stößt überall auf Ablehnung. Er ist ein Relikt einer vergangenen, ehrgeizigeren Zeit. Dazu kommt die berufliche Krise. Denn die Raumfahrt wurde abgeschafft. Der Abenteurer findet erst an der Stätte seiner Kindheit Trost, wo er über seine Rolle als Entwurzelter meditieren kann und die Erinnerung an seine eigene ferne Vergangenheit ihm Identität schenkt.

Weniger melancholisch, aber in ihrer Absurdität umso fesselnder sind die vom gleichen Autor ersonnenen Zeiteskapaden des Weltraumfahrers Ijon Tichy, dessen *Sterntagebücher* das Zeitreisemotiv mehrfach zelebrieren. So steuert Tichy eine

Zeitschleife an, um durch die zu erwartende Begegnung mit sich selbst einen dringend nötigen Helfer mit dem richtigen Knowhow für die Reparatur seiner Rakete zu gewinnen. Allerdings scheitert das ganze Projekt daran, dass sich die inflationär erscheinenden verschiedenen Tichys aller Altersklassen heillos zerstreiten: «Ein Mensch, der eine ganze Woche lang nichts anderes getan hat, als sich selbst zu schlagen, hat wenig Anlass, stolz darauf zu sein.»[55] Lem beschreibt dabei auch eine tückische Eigenschaft der Zeitschleife. Sie erzeugt eine «zeitlich gefleckte» Rakete, in der an manchen Orten Gegenwart herrscht, an anderen bereits Zukunft. Durchaus irritierend, wenn man mit seinem morgigen Ich vor der Toilette zusammenstößt.

Auf einer anderen Reise des Weltraumgondlers Tichy zeigt sich eine besonders makabre und zumeist völlig unterschätzte denkbare Eigenschaft einer Zeitmaschine. Sie schickt den Zeitreisenden und Erfinder auch in die eigene Zukunft, verschwindet also mit ihm aus der Gegenwart, um ihn dabei in Sekundenbruchteilen vergreisen zu lassen.

Verblüffenderweise nehmen SF-Autoren offensichtlich mit Vorliebe eine sehr kritische Haltung gegenüber Zeitmaschinen ein. Gertrud Lehnert-Rodiek sieht «Zeit und Realität, als wie objektiv auch immer sie gelten mögen, in den meisten Zeitreisegeschichten [als] höchst gefährdete und zerbrechliche Phänomene», die so «leicht zum Spielball menschlicher Hybris [werden]».[56] Schon die Erfindung eines Chronovisors, also eines Geräts, das es ermöglicht, lediglich in die Vergangenheit oder Zukunft zu sehen, ohne dorthin zu reisen, kann dabei Anlass für globale Katastrophen sein.

Es scheint, als wäre es eine grundsätzliche Häresie, der eigenen Lebenszeit entrinnen zu wollen, als führte die Beherrschung der Zeit unabdingbar in die existenzielle Katastrophe.

Und das gilt selbst für so zeitresistente Gebilde wie den Vatikan. In Carl Amerys Roman *Das Königsprojekt*[57] hat Leonardo da Vinci persönlich eine Zeitmaschine konstruiert, die die Kurie seit Jahrhunderten nutzt, um die Vergangenheit nach ihren Vorstellungen zu verändern. Allerdings nur in begrenztem Umfang, da ansonsten unerwünschte Effekte auftreten: Die Zeitreisenden verschwinden nämlich einfach unterwegs. Solch eine elegante Weigerung der Realität, sich allzu weit von ihrem Originalzustand zu entfernen, thematisiert unter anderen schon Asimov in seinem bereits erwähnten *Ende der Ewigkeit*. Dort verebben die Effekte von Realitätsveränderungen nach einer gewissen Zeit. Ihre Auswirkungen sind zeitlich begrenzt. Andere Autoren schildern die Unveränderbarkeit gewisser Aspekte der Realität drastischer. Wer ermordet zu werden droht und dies durch Eingriffe in die Zeitlinie verändern will, wird vielleicht vom Blitz getroffen oder begeht Selbstmord. Er wird sein Schicksal erfüllen.

Der Vatikan jedenfalls wird in Amerys Roman auch nicht glücklich mit seiner Macht. Das wertvolle Vehikel geht dank institutionstypischer Intrigen verloren. Und verloren geht auch das Individuum, das ja ein Kind seiner Zeit ist, wenn es ebendiese Zeit zu massiv zu beeinflussen versucht.

Die Mörder Mohammeds von Alfred Bester ist die fatale Geschichte eines Mannes, der sich quasi als Cleaner der Weltgeschichte betätigt und reihenweise historische Persönlichkeiten eliminiert, aber immer wieder eine unveränderte Gegenwart vorfindet, in der jedoch für ihn selbst schließlich kein Platz mehr ist. Die These: Da man nur seine eigene Vergangenheit ändern kann, hat er sich selbst ausgelöscht. So gesteht ihm einer, dem Ähnliches widerfahren ist: «Wir haben Zeitmord begangen. Wir sind Geister geworden.»[58]

KINO: DELOREANS UND TERMINATOREN

Trotz ihrer komplexen Möglichkeiten mehrdimensionaler Darstellung, optischer Tricks aus dem Computer und der Chance, auf der konstant voranschreitenden Linie der gespielten Filmzeit die fiktive Realzeit tanzen zu lassen, bleibt die Filmkunst merkwürdig blass, wenn sie das Phänomen der Zeitreise beleuchten will. Eine bedeutsame Ausnahme ist sicher die *Terminator*-Trilogie, die das Spiel mit scheinbaren Zeitparadoxa auf die Spitze treibt, indem etwa im ersten Teil John Connor seine eigene Zeugung veranlasst, indem er (als Erwachsener) aus der Zukunft einen Retter für seine Mutter schickt, die sich in diesen schließlich verliebt. Auch wenn die permanente Flucht vor dem ebenfalls aus der Zukunft stammenden Terminator, der in John einen künftigen Revolutionsführer gegen die Herrschaft der Maschinen weiß, kaum Zeit dafür lässt. Im zweiten Teil steigert sich dieser paradoxe Schöpfungsgedanke sogar noch. Selbstschaffener Vaterersatz wird dieses Mal die altbekannte, von Schwarzenegger verkörperte Maschine aus der Zukunft, da der zukünftige erwachsene John sie persönlich erstens vom ursprünglichen Ziel, Menschen zu töten, umprogrammiert und ihr zum Zweiten – nun als kleiner Junge in der Gegenwart – Manieren und Menschlichkeit beibringt. Der neue Gegenspieler der Menschen und des mit ihnen verbündeten antiquierten Androiden ist der berüchtigte T-1000, eine Flüssigmetallkonstruktion von überlegener Flexibilität und Unzerstörbarkeit, die sich den Zynismus gönnt, die meiste Zeit als Polizist durch den Film zu hetzen.

Dass die Zeitreisenden mit Blitzen und splitternackt in der Gegenwart erscheinen, reduziert das Konkrete des Zeitmaschinen-Motivs dabei auf eine angenehme Essenz. Wichtig ist nur, dass sie reisen, nicht wie. Dieser Trip ist obendrein einer ohne Rückfahrkarte, was den Erfolgsdruck der Missionen dramatisch steigert. Hauptmotiv der Protagonisten sind in den *Terminator*-Filmen vor allem die Versuche, die Zukunft zu beeinflussen und zu verändern. Gleichzeitig werden aber subtile Manipulationen der Erwartungen des Zuschauers auch als filmische Methode angewandt, wie der Filmtheoretiker Georg Seeslen analysiert: «Alles, was zu sehen ist, ist eine Wiederkehr des Bekannten, aber dieses Bekannte ist nicht mehr ganz dasselbe, offenbart überraschende Innenansichten hinter der gleichen Oberfläche, und alles hat sich nicht um die eine, die wir erwartet haben, sondern gleich um zwei Umdrehungen weiterentwickelt.»[59]

Mit etwas mehr Leichtigkeit aber ebenso viel Tempo versucht Marty McFly in drei Teilen von Robert Zemeckis *Back to the Future*, zurück in die Zukunft zu gelangen beziehungsweise in der Vergangenheit dafür zu sorgen, dass seine eigene Zukunft nicht den Bach runtergeht. Über besonderen Charme verfügt in diesen Filmen vor allem die Zeitmaschine selbst: der DeLorean, ein flügeltüriger, sechszylindriger Sportwagen aus dem Jahr 1981 mit extrem hohem Spritverbrauch, dessen Hersteller in den achtziger Jahren zur Kultfigur avancierte, der aber dennoch vom Markt verschwand. Der Clou des Gefährts: die Umbauten, die Doc Brown – ein genialer Erfinder in Martys Achtziger-Jahre-Gegenwart – in seiner Garage an ihm vornimmt und deren auffälligster der legendäre Fluxkompensator* ist, der das Auto bei Erreichen einer Geschwindigkeit von 88 mph durch die Zeit katapultiert. Damit es nicht wie ein

---

* Versehen mit den abstrusen Aufschriften «Disconnect Capacitor Drive Before Opening» und «Shield Eyes From Light».

schnödes High-Tech-Spielzeug aussieht, schmückte das Filmteam den Wagen unter anderem mit Panzerteilen und einer modifizierten Krups-Kaffeemühle als Teil des Atomantriebs.

Back to the future hält ontologisch an einer einzigen Realität fest, deren Logik keinesfalls gefährdet werden darf. Filmisch bebildert wird die Bedrohung dieser bekannten Realität durch verblassende Fotos aus Gegenwart oder Zukunft, wenn sich die Dinge in der jeweiligen Vergangenheit ungünstig entwickeln. So etwa bei Martys Versuch, seine Eltern als Paar wieder zu vereinen, nachdem sich fatalerweise seine Mutter in den zeitreisenden eigenen Sohn verliebt hat, der eine wesentlich bessere Figur macht als der trottelige Typ, der sein Vater geworden ist. Diese Fotos sind sozusagen ein Indikator für die logischen Auswirkungen einer Zeitreise.

Dass Zeitreisen keineswegs nur Spaß machen, sondern eine Strafexpedition für den Abschaum der Gesellschaft sein können, demonstriert dagegen der Film *Twelve Monkeys* von Terry Gilliam aus dem Jahr 1995. Der Sprung durch die Zeit verursacht dem dazu gedungenen Sträfling James Cole in der Gegenwart der neunziger Jahre schwerwiegende Desorientierung und mittelfristig erhebliche Zahnprobleme, da seine Auftraggeber ihn durch die Zeit über Sender im Gebiss aufspüren und in die Zukunft zurückholen können. Seine Mission besteht darin, Informationen über ein todbringendes Virus zu beschaffen, das fünf Milliarden Menschen ausradieren wird. Folgerichtig verbringt der Besucher aus der Zukunft (gespielt von einem bis zur Selbstextraktion seiner Zähne herrlich zerrütteten Bruce Willis) viel Zeit in der Psychiatrie oder damit, verletzt und verwirrt durch die neunziger Jahre zu stolpern. Als einer der wenigen Stoffe bietet *Twelve Monkeys* so auch einen Ausweg aus dem Dilemma vieler Temporaltraveller. Sie leiden nämlich darunter, in einer ungläubigen Gegenwart nicht als Zeitreisende anerkannt zu werden. Die Lösung für dieses Problem ist, die gängige Hypothese, man sei paranoid und halluziniere, einfach anzuerkennen und sich diesem Glauben an die eigene Paranoia dankbar hinzugeben. Nach wiederholtem Reisen vor und zurück durch die Zeit verkündet Cole seinen Auftraggebern, mittlerweile restlos überzeugt davon, dass Zeitreisen nicht möglich sind: «Ich bin geisteskrank, und ihr seid meine Geisteskrankheit.» Er deutet damit vielleicht das Schicksal vieler tatsächlicher Zeitreisender in unserer Zeit an. Wo sonst sollten jene landen, die sich als Abgesandte aus Zukunft oder Vergangenheit zu erkennen geben, als in den modernen Institutionen zur Wahrung der Konsensrealität.

Vor diesen Meilensteinen des Zeitreisekinos hatten weder Hollywood noch Konkurrenten ernsthaft Interessantes zum Thema auf die Leinwand gebracht. Einmal abgesehen von George Pals ambitionierter Verfilmung des Wells-Stoffs aus dem Jahr 1960 mit Rod Taylor als ziemlich smartem Zeitreisenden, die sich aber leider recht weit von der Literaturvorlage entfernt. Nicholas Meyers *Flucht in die Zukunft* (1979) mit einem schrulligen Malcolm McDowell als H. G. Wells lässt den «Vater der Zeitmaschine» den Serienkiller Jack the Ripper ins 20. Jahrhundert verfolgen. Und Terry Gilliams Komödie *Time Bandits* hetzt sechs irre Zwerge, die über eine Karte verfügen, in der Zeitlöcher verzeichnet sind, durch die Absurditäten der Weltgeschichte.

Das neue Jahrtausend kann dagegen noch nicht mit genialen Umsetzungen des Themas aufwarten. Vielleicht ist es der Schock der nicht eingetretenen Millenniums-Apokalypse, der die Zeitfantasien lähmt. *Minority Report* droht uns lediglich mit einer Zukunft, in der alles anders, aber die Marken dieselben sind, und kann ansonsten nur mit präkognitiver Verbrechensbekämpfung dienen. Das scheint symptomatisch. Eines kann Leinwand-Science-Fiction nämlich nur äußerst selten leisten: die eindringliche Vermittlung des existenziellen Erschauerns, der Ahnung von der tiefen Beunruhigung, die die Erschütterungen des Zeitflusses auslösen. Der Appell an kollektive Gewissheiten vom Ende aller Zeiten, Bedrohungen aus den Abgründen der Zeit oder schlicht der gähnenden Leere der Ewigkeit bleiben der Literatur vorbehalten: ob bei Giorgio Manganelli sonderbare Männer eine Glocke für das Jüngste Gericht bestellen, die der Baumeister mit fatalen Folgen erklingen lässt[60], oder ob abgründige Schriften und Spuren vormenschlicher Zivilisationen, wie sie H. P. Lovecraft gerne zitiert und andeutet, durch die Albträume der Getriebenen geistern.

DAS NEUE MILLENNIUM

In der Literatur bringt das Ende des 20. Jahrhunderts nach einer kleinen Schwächephase die Zeitmaschinen jedenfalls plötzlich wieder prominent in Stellung – fast als wären Jahrhundertwenden wie geschaffen für die Reflexion über die Reisen durch die Zeitalter. 1995, hundert Jahre nach dem Stapellauf von H. G. Wells' Ur-Zeitmaschine, lässt Stephen Baxter in seinem Roman *Zeitschiffe* den guten alten Ur-Zeitreisenden aus Wells' Feder noch einmal antreten. Fotos will jener nun von einer erneuten Reise in die Zukunft mitbringen – dieses Mal ins Jahr 657208. So will er den Skeptikern beweisen, welch fatale Spaltung in Schlachtbank-Eloi und Metzger-Morlocks den Menschen droht. Doch es kommt völlig anders. In erneuter Anspielung auf die Viele-Welten-Theorie von Hugh Everett landet der Zeitreisende nicht in der Zukunft, die er schon kennt, sondern in einer übermächtigen Morlock-Zivilisation, in der ihm sein spontanes aggressives Verhalten gegenüber den vermeintlichen Bösewichten verständlicherweise nicht zum Vorteil gereicht. Er trifft scheinbar paradiesische Verhältnisse an: keine Kriege, Platz für alle, Nationen sind nur flüchtige Gebilde. Doch er flieht zurück – in eine Vergangenheit, die es nicht mehr gibt. Zusammen mit dem Historiker Nebogipfel* reist er durch ein mehrdimensionales Universum relativer Zeit und multipler Welten, um festzustellen, dass sein eigenes zukünftiges Ich durch Verbreitung der Zeitmaschinentechnologie einen handfesten Chrononautenkonflikt verursacht hat beziehungsweise verursachen wird, der den Ersten Weltkrieg ins Endlose zieht und die britische Heimat des Zeitreisenden in eine Diktatur verwandelt, aus der er nur ins Prähistorische flüchten kann. Aber auch das Paläozän wird in Scharmützel verwickelt, sodass der Held und Nebogipfel back to the future durchstarten, um in der Zukunft nur noch Maschinen vorzufinden. Diese wiederum gönnen den Chrononauten eine nahezu spirituelle Reise an die Ursprünge unseres Universums oder Multiversums. Nach Wells' tristen Endzeitvisionen ist dies ein geradezu schöpferisch vitaler Gegenentwurf, für den Baxter allerdings auch zeitweise ermüdende 700 Seiten benötigt. Physikalisch auf der Höhe der kosmologischen Forschung weist dieser Roman einen Trend zur Pseudo-Glaubwürdigkeit

---

* Eine Anspielung auf den Helden und Zeitreisenden aus H. G. Wells' 1888 veröffentlichter erster Zeitreisegeschichte *The Chronic Argonauts*: Dr. Moses Nebogipfel, der wiederum auf den biblischen Moses-Berg anspielt. Wells vernichtete alle Exemplare dieser Story, soweit sie ihm in die Hände gerieten, und verdammte den Zeitreisenden fortan zur Anonymität.

in der Science-Fiction. Durch diesen physikalischen Realismus geht aber auch die visionäre Kraft des Genres teilweise verloren. Den Höhepunkt erreicht diese Entwicklung mit Michael Crichtons Roman-Veröffentlichung *Timeline* (1999), in der auch der berüchtigte Quantenschaum der theoretischen Physiker der Neuzeit zum Einsatz kommt. Dieses Exemplar echter Hard-Science-Fiction nutzt naturwissenschaftliche Präzision als Mittel, um glaubwürdige Technologie einzuführen. Hier gepaart mit dem klassischen Historiendrama, in dem Zeitreisende zwischen Angst vor mittelalterlichen Sitten und Todesarten und der noch größeren Furcht, die Geschichte zu verändern, hin- und hergerissen werden.

Zeitmaschinen sind einerseits Thema von literarischen oder filmischen Fiktionen, andererseits sind beide Medien selbst bereits Instrumente, die Zeit zu manipulieren. Im Fall der Literatur wird das «Zeitfeld» durch die Grammatik geschaffen, im Film ist es vor allem die Schnitttechnik, die uns den Gesetzen der langweiligen Realzeit entreißt. Die moderne Filmtheorie diagnostiziert in der Filmkunst sogenannte Chronozeichen, unter anderem die Ordnung der Zeit betreffend. Für Gilles Deleuze ist «diese Ordnung ... nicht durch Sukzession geprägt ... Sie betrifft die inneren Bezüge der Zeit in topologischer oder Quantengestalt. Dieses erste Chronozeichen hat zwei Gestalten: einerseits die Koexistenz aller Vergangenheitsschichten mit der topologischen Transformation dieser Schichten und die Überwindung des psychischen Gedächtnisses in Richtung auf ein Welt-Gedächtnis.»[61] Andererseits, so der französische Denker, werden simultane Gegenwartsspitzen selbst durch Vergangenheit, Zukunft und andere Gegenwarten angereichert. Die völlige Zerstückelung und Neukonstitution der Raumzeit als finales Schicksal des Mediums Film, das eigentlich nur angetreten war, die Realität ein wenig zu verdichten. Im Selbstverständnis zwischen Bewusstseinstechnologie und dem eigenen Anspruch, die Zeit zu beherrschen, zerrissen, ist der Zeitmaschinencharakter der Filmkunst aber gering ausgeprägt. Vielleicht gelingt es ihr deshalb nur selten, die Vision einer viel mächtigeren Technologie ansprechend umzusetzen, die uns wirklich in andere Dimensionen entrücken kann.

4. DAS FERNSEHEN ALS ZEITMASCHINE
DIE BILLIGE FLUCHT AUS DEM JETZT

«Alles so schön bunt hier.»

Nina Hagen

1918 erhielt Max Planck den Nobelpreis für seine Quantentheorie, und 1921 konnte Albert Einstein seinen für die Entdeckung des «photoelektrischen Effekts» entgegennehmen. Er hatte auf der Basis von Plancks Berechnungen schon 1905 gefolgert, dass die kleinen Lichtpakete, die Planck einfallsreich «Quanten» nannte, Elektrizität erzeugen müssten, wenn sie auf Metall aufprallten. Etwas später stellte sich im Laborversuch heraus, dass er tatsächlich wieder einmal recht gehabt hatte.

Auf dem photoelektrischen Effekt beruht unser Fernsehen: Fernsehkameras können die Bilder, die durch die Linse eintreffen, auf einer Oberfläche festhalten. Das heißt, sie halten nur die Elektrizitätsmuster fest, die das Licht beim Auftreffen erzeugt. Diese werden dann in Rundfunkwellen umgewandelt und vom Sender ausgestrahlt.

Obwohl Einsteins Erkenntnisse auf unseren Alltag im Grunde kaum Auswirkungen haben und wir uns im Newton'schen Weltbild sehr geborgen fühlen dürfen, spüren wir, dass wir das Ticken der Uhr nicht als Maß aller Dinge akzeptieren müssen. Die Linearität des Daseins füllt uns nicht aus. Sollten wir wirklich nur über *ein* Leben, nur über *einen* Ort, nur über *eine* Geschwindigkeit verfügen? Auch wenn unser Körper noch daran gebunden ist, der Geist ist es nicht.

Solange Sendeanstalten, Kabelnetz- und Satelliten-TV-Betreiber uns mehr als dreißig Programme zeitgleich zur Verfügung stellen, sind wir mit Paralleluniversen üppig bedient. Nun kommt es darauf an, wie wir diese Vielfalt nutzen.

SPIRITUS TELEVISIONIS

Die probate Zeitmaschine ist meistens schwarz, verfügt über einen Bildschirmdiagonale von 50 bis 70 Zentimetern, und man muss weder Ingenieurwissenschaften noch Physik studiert haben, um sie fehlerfrei bedienen zu können. Der Geist springt in die Kiste und darin von einer Welt zur nächsten. Oder springen die Welten in den Geist? Subjektiv lässt sich das oft nicht unterscheiden.

Nebenbei fällt der Körper des Fernsehzuschauers in einen angenehmen Lähmungszustand, bei dem alle Sorgen von ihm abzufallen scheinen und nur noch der Daumen auf der Fernbedienung beweglich bleibt.

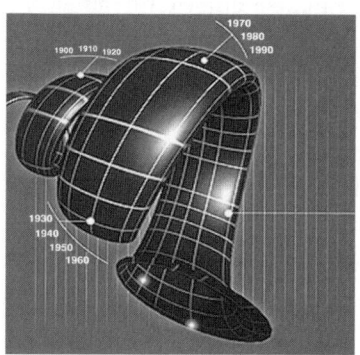

Zeitschleife – Vergangenheit, Gegenwart und Zukunft berühren sich.

Die Glotze ist das real existierende mattschwarze Wurmloch zu einem anderen Universum. Statistisch lässt jeder Deutsche fast vier Stunden lang täglich* seinen Geist durch Raum und Zeit flitzen.

DIE GERINGE BEGEISTERUNG FÜR FERNSEH-ZEITREISEN

Dieser enorme Vorteil wird von den Zuschauern wenig euphorisch wahrgenommen. Die Möglichkeiten geistiger Reisefreiheit der Zeitmaschine Fernsehen werden nur selten adäquat gewürdigt. Die Mehrheit der Fernsehenden macht sich nicht bewusst, dass es eine grandiose Erleichterung ist, ohne Sauerstoff auf den Machu Picchu zu klettern, ohne kugelsichere Weste durch Groszni zu donnern und ohne bleibende Schäden am Kölner Karneval teilzunehmen. Zunehmend äußern sich Fernsehzuschauer stattdessen unzufrieden über das Programm: zu viele Wiederholungen, zu wenig Substanz. Dennoch geben sie nicht auf; der Fernsehkonsum nimmt kontinuierlich zu. Getrieben von der Hoffnung, doch noch irgendwo etwas Unterhaltsames oder Interessantes zu erwischen, steuern sie eine fremde Welt nach der anderen an, zappen bis zum Umfallen. Sie nehmen immer länger nicht an ihrer realen Zeit teil, indem sie sich einfach aus der eigenen Alltagswelt ausklinken. Die Deutschen sehen so viel fern wie noch nie.

Die Flucht aus dem Hier und Jetzt ist vielleicht der wichtigste Grund für Besuche anderer Universen hinter der Bildschirmoberfläche. Die einen tun es, weil sie ihrer eigenen Raumzeit voller Kummer und Sorgen entfliehen wollen, die anderen aus Faulheit, Langeweile und Gewohnheit; und dann gibt es

---

* Nach einer Studie von ARD und ZDF aus dem Jahr 2004 sieht jeder Deutsche durchschnittlich 230 Minuten täglich fern.

noch die kleine Gruppe, die angeblich fernsieht, weil sie die vielfältigen Angebote für die Erweiterung ihres eigenen (Ereignis-)Horizontes nutzen will. Nachgewiesen wurde in diesem Zusammenhang, dass formal gebildete Zuschauer weniger fernsehen als Ungebildete, Frauen mehr als Männer und Alte mehr als Junge.

KALTER ENTZUG – EIN HISTORISCHES EXPERIMENT

Das Verhältnis der modernen Menschen zum Fernseher ist schizophren: Einerseits verteufeln ihn viele als wichtigsten Schritt zum Untergang des Abendlandes, und andererseits will kaum einer auf das Medium verzichten.

In den siebziger Jahren fand ein legendäres Experiment statt, in dessen Rahmen man zwei Familien den Fernseher einfach weggenommen hat. «Vier Wochen ohne Fernsehen» hielten Studenten der Publizistik der FH Berlin für eine ausreichend lange Zeit, «um den Testfamilien ihre Abhängigkeit vom Fernsehen erfahrbar zu machen und deren Ursachen erkennen zu lassen»[62]. In dieser Hinsicht gelang das Experiment, die fernsehlose Zeit nutzten die Familien, um sich zu langweilen und zu streiten. Das Vakuum, das vom Fernseher hinterlassen wurde, konnte durch keine andere sinnvolle Beschäftigung ausgefüllt werden. Die Familien wären sogar auseinandergebrochen, wenn man ihnen das Gerät nicht zurückgegeben hätte. Nach dem Ende des Experiments zog eine der Mütter ein denkwürdiges Fazit: «Jetzt haben die Abende wieder einen Sinn.»

LIEBGEWONNENE FREUNDE AUS ZWEITER HAND

Pünktlich zur immer gleichen Zeit, sonntags um 18.40 Uhr, besuchen seit 1985 gelegentlich bis zu fünf Millionen Zuschauer eine fiktive Straße in München: die Lindenstraße. Sie treten dabei, ähnlich wie in Lewis Carrolls Roman *Alice hinter den Spiegeln*, in ein Land ein, das auf den ersten Blick ungefähr so aussieht wie ihre eigene Welt: der Supermarkt an der Ecke, der hässliche Hauseingang, das griechische Restaurant gegenüber, ein Bus biegt um die Ecke, ein Mofa knattert vorbei … Auf den zweiten Blick stellt sich heraus, dass das Leben hier dichter, komprimierter und geballter verläuft als in der eigenen Nachbarschaft. Die Lindenstraße ist Deutschlands erste wöchentliche Soap Opera.

Die Figuren der Soap sind Ersatzfreunde oder Wahlverwandte, an deren Entwicklung der Zuschauer teilhaben, über die er sich aufregen, sorgen und amüsieren kann, ohne die Gefahr einzugehen, jemals dafür ausgegrenzt zu werden. Die im realen Leben üblichen und am eigenen Leibe extrem lästigen Nebeneffekte wie Diskussionen, Streit, Mitleid, Ratlosigkeit, Empörung, Verletzungen, Krankheiten und Enttäuschungen bleiben immer Probleme der Serienhelden, nicht die eigenen – das macht sie konsumierbar.

Die teils gewöhnlichen, teils bizarren Schicksale der Protagonisten nur von Woche zu Woche verfolgen zu können, ist vielen Fans nicht genug; sie wollen täglich eine neue Dosis. «Gute Zeiten Schlechte Zeiten» (GZSZ), Deutschlands erste tägliche Soap Opera, hat hierbei den größten Erfolg. Ungefähr vier bis fünf Millionen Zuschauer verfolgen seit 1992 täglich alle Einzelheiten mit.

Daily Soaps faszinieren vielleicht nur dadurch, dass es sie

gibt: Sie sind zuverlässig und ungefährlich – und was ist heute noch zuverlässig und ungefährlich? Die Fans dieser und anderer Serien berichten, dass sie sich mental und teilweise sogar körperlich unwohl fühlen, wenn sie eine Episode verpassen: ein Anzeichen von Sucht, vergleichbar mit der Sehnsucht nach einer geliebten Person.

Je häufiger man jedoch einer Person begegnet, umso stärker wächst sie einem ans Herz, egal, ob man sie eigentlich mag oder nicht, allein die Vertrautheit lässt sie näher rücken. Je länger eine Serie läuft, umso beliebter die Mitspieler. Auch jene, die einen schlechten Charakter darstellen, werden über kurz oder lang in diese Wahlverwandtschaft integriert, siehe J. R. (Dallas), Jo Gerner (GZSZ) oder Olaf Kling (Lindenstraße). Wie die schwarzen Schafe der eigenen Familie gehören auch die Schurken und Schlampen irgendwie dazu.

Eine Serienfolge zu verpassen, heißt für die Süchtigen, den Anschluss zu verpassen oder sogar aus dem System ausgeschlossen zu sein. Bizarrerweise legen Soap-Fans ihre realen Termine und Verabredungen häufig so, dass sie nicht mit der Ausstrahlung kollidieren. Die Fernsehsendung hat Priorität vor eigenen Freunden und Unternehmungen. Das eigene Leben wird in die Glotze verlagert. Hier gilt durch Schnittfolge und Dramaturgie ein eigenes Raum-Zeit-Kontinuum, dem sich der Zuschauer gerne anpasst. Das Aussteigen aus der eigenen Welt ist für viele sogar wichtiger als das Einsteigen in eine andere, bessere Welt. Sie wollen «einfach nur mal abschalten» – und dafür schalten sie den Fernseher an.

DIE NEUE NÄHE DER GESCHICHTE

Fernsehen ist auch ein Mittel, um der Enge der eigenen vier Wände zu entkommen und beispielsweise in achtzig Minuten um die Welt zu reisen. Und nicht nur das: Es katapultiert den Zuschauer auch relativ unbeschadet durch die Epochen: Geruchsneutral und ungezieferfrei am Hofe von Ludwig XIV., gesättigt und gesund durch das Warschauer Ghetto und ohne Astronautendiplom auf die Raumstation Deep Space Nine. Es gibt keine Grenzen. Wir können durch das Fernsehen fast alle Stilrichtungen, Moden, Sitten und Mahlzeiten kennenlernen, die Menschen vor uns geprägt haben oder nach uns prägen könnten. Was dabei nicht fundiert aufbereitet werden kann, wird eben erfunden. Die Grenze zwischen Realem und Fiktion verläuft dabei oft undeutlich. Die Fernsehwirklichkeit ist die Wirklichkeit der Fernsehmacher und nicht die der Zuschauer. Egal, wie «lebensnah» eine Dokumentation auch angelegt ist, man bekommt immer die Weltsicht der Fernsehleute vorgesetzt. Paradoxerweise behaupten diese aber, dass sie ihre Sendungen so gestalten, wie es der Zuschauer will.

Eine besondere Form der Fernsehzeitreise strahlte 2002 der SWR aus. Das *Schwarzwaldhaus 1902* war nicht nur für die Protagonisten ein Experiment, auch die Fernsehanstalt betrat damit Neuland. Die Berliner Familie Boro lebte einen Sommer lang auf einem alten Bauernhof im Schwarzwald, und zwar unter genau denselben Voraussetzungen, die für eine Bauernfamilie 1902 gegolten hätten. Das Haus wurde auf den Stand um die Jahrhundertwende zurückgebaut, und erst nach und nach wurden dem Ehepaar, seinen zwei Töchtern und dem Sohn bewusst, was es heißt, ohne Shampoo, ohne Waschmaschine,

Staubsauger, Kosmetik und Fast Food zurechtzukommen. Auch das Filmteam musste sich an die strengen Regeln halten; nur das heutige Kameraequipment war erlaubt. Im nahegelegenen Supermarkt gab es ein Regal mit Waren, die damals üblich waren, und die Boros zahlten die Preise von 1902 in Reichsmark. Sechs Millionen Zuschauer verfolgten die vierteilige Reihe – ein Überraschungserfolg.

Dermaßen motiviert startete die ARD 2005 ein weiteres Experiment dieser Art: *Abenteuer 1900 – Leben im Gutshaus*. Hier durften gleich 20 Personen, eine kinderreiche Familie und das Personal, einen Flashback erleben. Eines der Hauptprobleme stellte die fehlende Elektrizität dar, denn ohne Kühlschrank gab es unter anderem kein frisches Fleisch, und um den Haussegen zu retten, ließ die Hausdame eines Tages ein Schwein schlachten. 1900 gab es auch noch keine Bolzenschussgeräte – die Verwandlung des Borstenviehs in Schnitzel und Würstchen war so nicht nur für die Bewohner des Gutshauses ein dramatischer Höhepunkt.

DAS FERNSEHEN ALS DROGE

Das Fernsehen erzeugt durch seine Programmierung eine gewisse Struktur im Alltagsleben; die festen Zeiten von Sportsendungen, Nachrichten und Lieblingsserien regeln den Alltag. In Deutschland ist die Zeit ab 20 Uhr traditionell mit den Nachrichten verbunden, und spätestens dann schalten auch Berufstätige den Apparat ein; die Kinder sind im Bett, die Hausarbeit ist erledigt, und dann ist *Feierabend*. Von Feiern kann aber keine Rede sein, denn die Zeit bis zum Schlafengehen wird in dem oben beschriebenen passiven, leicht rauschhaften

Zustand überbrückt, in dem kein Zwang zum Nachdenken mehr herrscht: Die Reflexion über das eigene Dasein ist auf Stand-by. Fernsehen hat die Religion als «Opium fürs Volk» abgelöst. Vielleicht weitgehend hirnlos, aber relativ billig und systemerhaltend. Wer fernsieht, revoltiert nicht ernsthaft, sondern liefert als braver Demonstrant sogar noch selbst Fernsehbilder.

Für die Stabilität unserer Gesellschaft wäre es vermutlich eine nicht unerhebliche Bedrohung, wenn es plötzlich, aus welchen Gründen auch immer, flächendeckend kein Fernsehen mehr gäbe. Sieht man einmal ab von den seltenen Momenten, in denen die Inhalte aufregend, angsteinflößend, rührend oder witzig sind, verursacht Fernsehkonsum keine wirklich bemerkenswerten Gefühlsregungen; Volksaufstände kann er nicht auslösen.

Bisher wenig untersucht ist der Faktor Armut im Zusammenhang mit Fernsehkonsum; doch es liegt auf der Hand, dass kostenintensive Freizeitalternativen wie Restaurantbesuche, Volksfeste, Partys, Theater und Ähnliches ausfallen und durch virtuelle Vergnügen ersetzt werden, wenn Ebbe in der Familienkasse herrscht.

95 Prozent aller deutschen Haushalte besitzen mindestens einen Fernseher. 2004 gaben die Bundesbürger ungefähr drei Milliarden Euro für Fernsehgeräte aus – bei gleichzeitig verschlechterten Konjunkturdaten[63]. Dass die Menschen mehr fernsehen, je schlechter es ihnen wirtschaftlich geht, ist bekannt. Merkwürdig erscheint uns aber, dass sie bei sinkender Kaufkraft sogar noch Geld für neue Fernseher ausgeben.

Das Massenmedium Fernsehen entwickelt Programme – oder metaphorisch gesprochen: Zeitreisen für den Massenmenschen. Da ist es kein Wunder, dass dieser kleinste gemeinsame Nenner nicht immer dazu geeignet ist, den Einzelnen dauerhaft fröhlich zu stimmen; dennoch sind die asozialen Folgen von TV-Sucht ein wachsendes Problem.

Dass in Deutschland zu viel ferngesehen wird, ist einer der Gründe, warum im April 2004 eine kleine Gruppe Besorgter den Verein «Mediarisk» gegründet hat. In Deutschland sei die Mediensucht galoppierend auf dem Vormarsch: «Wenn wir allein bei den Onlinesüchtigen von einer Betroffenenzahl von 3 bis 5 Prozent der Webnutzer ausgehen müssen, dann sprechen wir im Jahre 2004 bereits von über einer Million Abhängigen. Darüber hinaus sind aber diejenigen, die ‹fernsehsüchtig› [...] sind, in diesen wissenschaftlichen Studien und Statistiken noch nicht erfasst. Unsere Erfahrungen mit Menschen, die ihr gesamtes soziales Umfeld bereits durch ihr Fehlverhalten mit den Medien verloren haben, machten die Gründung unseres Vereins dringend erforderlich.»[64] Der Verein leistet Aufklärungsarbeit an Schulen, berät Mediensüchtige, gründet regionale Selbsthilfegruppen und unterstützt die wissenschaftliche Erforschung dieses Phänomens.

ZEITSPRÜNGE BEIM TV-ZEITREISEN

Teilweise exzessive TV-Werbung gehört seit der Einführung des Privatfernsehens zu den unangenehmen Begleiterscheinungen des Fernsehkonsums. Die ungeliebten Werbeblöcke sind jedoch spätestens seit der Erfindung des Harddisk-Rekorders für den Zuschauer kein Problem mehr. Durch diese Technologie ist jeder in der Lage, einen Film bereits anzuschauen, noch während man ihn aufzeichnet. Die Aufnahme wird dabei zu Beginn der Ausstrahlung gestartet, und man setzt sich einfach etwa eine Viertelstunde später vor den Fernseher, der immer dann «vorspult», sobald Werbung gesendet wird. Die Werbeblöcke werden einfach in Echtzeit übersprungen. Die werbefinanzierten Sender müssen sich daher neue Wege einfallen lassen, um ihren Kunden glaubhaft zu machen, dass sie ihr Geld nicht für die Ausstrahlung weitgehend ignorierter Werbebotschaften ausgeben.

Ein interessanter Effekt, der bereits aus der Ära des klassischen analogen Videorekorders bekannt ist, stellt sich bei manchen Zuschauern ein, die viele Sendungen aufzeichnen, um sie zeitversetzt anzusehen, weil sie vielleicht am Tag der Ausstrahlung keine Zeit haben: Sie sehen viele der aufgezeichneten Sendungen *niemals* an. Sie löschen sie auch nicht, sondern konservieren sie für einen späteren Moment der Langeweile oder der passenden Stimmung – der eventuell nie eintritt.

Eine sehr schöne Zeitreise kann man erleben, wenn man die Aufzeichnung einiger Folgen seiner Lieblingsfernsehserie aus Kindertagen, aus der die Werbeblöcke herausgekürzt worden sind, anschaut. Wir empfehlen Zeitmaschinen-Fernsehserien oder Catweazle.

5. STARGATES UND TIME TUNNELS
ZEITMASCHINEN IN FERNSEHSERIEN

«*Zeit ist das Feuer, in dem wir brennen.*»
Mr. Spock, erster Offizier des Raumschiffs Enterprise

Zeitmaschinen sind die perfekte Basis für eine Fernsehserie: Ist erst einmal die Maschine da und ein Team, das sie bedient oder nutzt, kann in jeder Folge ein neues fantastisches Epochenabenteuer geschehen, ohne dass Drehbuchautoren und Storyliner sich allzu sehr den Kopf zerbrechen müssen, wie sie die Geschichte spannend machen könnten. Und da Zeitreisen einerseits durch die historischen Gegebenheiten des jeweiligen Zieles und andererseits durch die physikalischen Transporteigenschaften der Zeitmaschine und ihrer jeweils unbedingt zu beachtenden Grenzen eine unerschöpfliche Quelle für unterhaltsame Storys hergeben, wundert es uns, dass Zeitmaschinen im Fernsehen nicht noch üppiger gedeihen. Hier können die ungelösten wissenschaftlichen Probleme, die Zeitmaschinen und Zeitreisen in unserer Realität heute noch aufwerfen, schamlos ignoriert werden, und man kann sich austoben in der Fiktion technologischer, biologischer und soziologischer Welten, die nie ein Mensch zuvor gesehen hat. Zeitmaschinen-Fernsehserien ermöglichen den Rausch der straflosen Grenzüberschreitung, sie ziehen uns weiter und immer weiter hinter den Horizont der eigenen Fantasie. Selbstverständlich zu dem Preis, dass die Gesetze der Logik oft verletzt werden, aber das soll uns in diesem Kapitel nicht weiter stören. Wer sich nicht mit Wonne den meistens freierfundenen Gesetzmäßigkeiten und Begriffen hingeben kann, tut sich schwer; der Sinn des Ganzen erschließt sich nur, wenn man nicht allzu viel darüber nachdenkt – und manchmal auch dann nicht. Während andere Serien dem jetztzeitlichen Bezugssystem ihrer jeweiligen Gegenwart unterworfen sind, haben Zeitmaschinen-Fernsehserien nur ein Limit: das Budget, das der Produktionsfirma zu ihrer Realisierung zur Verfügung steht.

DER OLDIE – DR. WHO (1963–1989 + 2005)

Als Mutter aller Science-Fiction-Serien gilt die in Deutschland weniger bekannte Mammutserie *Dr. Who*. Sie wurde ab 1963 von der BBC in 695 Folgen produziert und hat im englischsprachigen Raum den gleichen Kultstatus wie *Raumschiff Enterprise* (Start 1966) bei uns.

Die Zeitmaschine, die der Namensgeber der Serie benutzt, der immer nur «der Doktor» genannt wird, heißt TARDIS (Time And Relative Dimensions In Space). Sie sieht von außen aus wie eine im England der sechziger Jahre übliche Notrufzelle. Dabei handelt es sich nicht nur optisch um ein Raumwunder, denn innen ist sie wesentlich größer, sondern auch technologisch: Formidabel ausgestattet düst der Doktor mit ihr durch Zeit und Raum. Wie sie genau funktioniert, erfährt man nicht, außer dass die Zeitraumschiffe der TARDIS-Bauart normalerweise über eine Tarnvorrichtung (Chameleon-Device) verfügen, mit der sie ihre äußere Erscheinung der Umgebung anpassen können und ihren Insassen dadurch unauffälliges Reisen ermöglichen. Die TARDIS, die der Doktor seinerzeit für die Abreise von seinem Heimatplaneten geklaut hat, ist allerdings kaputt, sie kann ihre äußere Gestalt seit der ersten Landung nicht mehr verändern. Nebenbei hatte diese Eigenschaft den praktischen Nebeneffekt, dass die BBC Produktionskosten sparen konnte.

Der Charme der TARDIS liegt vor allem darin, dass sie völlig unberechenbar ist und jede Menge Macken an den Tag legt, die den Doktor in Schwierigkeiten bringen. Auch sein Schallschraubenzieher, der Sonic Screwdriver, ist als Werkzeug nicht immer hilfreich, wenn die TARDIS mal wieder spinnt.

Der Doktor selbst gehört der fremden Rasse der Time Lords an und muss sich im Laufe seiner insgesamt neun Inkarnationen mit zahlreichen Gegnern herumschlagen. Seine Abenteuer bestreitet er allerdings nie allein, sondern mit ständig wechselnden Gefährten. Zu den nichtmenschlichen Begleitern gehören unter anderem der weibliche Time Lord Romana und der Computerhund K-9. Wenige Kenner der SF- und Fantasy-Literatur wird es wundern, dass der geniale Autor der in fünf Bänden erschienenen Trilogie *Per Anhalter durch die Galaxis*, Douglas Adams, für einige Folgen als Drehbuchautor tätig war. Der skurrile Humor der Serie überzeugte auch Zuschauer, die dem Thema Zeitreisen eigentlich nichts abgewinnen können. Trotzdem wurde die Serie 1989 eingestellt. 16 Jahre lang blieb der Doktor verschwunden, bis er am 26. März 2005 in seinen neunten Körper schlüpfte und mit seiner aktuellen «Assistentin» Rose nach England zurückkehrte. Die TARDIS hat ein neues Innendesign erhalten, aber äußerlich ist sie ganz die alte Notrufzelle geblieben; ihr Chameleon-Device konnte schon damals nicht repariert werden – und wieso sollte dies in der Zwischenzeit möglich geworden sein?

VOLLGAS DURCH DEN SUBRAUM
– *RAUMSCHIFF ENTERPRISE* (1966–2001)

Das Raumschiff Enterprise ist sowohl ein Raumschiff als auch ein Zeitschiff: Einsteins Relativitätstheorie zufolge passiert nämlich im Grenzbereich der Lichtgeschwindigkeit Folgendes: Die Zeit eines sich schnell bewegenden Objektes vergeht für den ruhenden Beobachter anders als für den im Raumschiff bewegten Beobachter. So verrinnt, während das Raumschiff durchs All rast, für die Besatzung die Zeit langsamer als für die Erdenbewohner. Es wäre also sinnvoll, sich auf maximal ein Viertel der Lichtgeschwindigkeit zu beschränken, damit verlören die Helden nur einen Alterstag pro Monat im Vergleich zu den Erdenbewohnern. Aber da das nun einmal nicht reicht, um all die vielen fremden Welten zu erkunden, und sich im Bereich der Lichtgeschwindigkeit die Masse der Enterprise ins Unendliche steigern würde, bedient sie sich einer raffinierteren Methode. Anstatt das Schiff zu beschleunigen, verbiegt der phänomenale Warp-Antrieb (*to warp* heißt: «verformen, verzerren») den Raum: Vor dem Raumschiff wird er komprimiert, dahinter gedehnt. Diese lokale Verformung umschließt das Schiff und heißt Subraum-Feld oder Warp-Feld.

Der Antrieb, mit dem die Crew der U. S. S. Enterprise (NCC-1701) unter dem Kommando von Captain Kirk durch Zeit und Raum rast, heißt in den ersten Folgen noch Sol-Antrieb. Später in *Star Trek – The Next Generation* unter Captain Picard nennt man ihn auch in der deutschen Synchronisation Warp-Antrieb.[*]

---

[*] Selbstverständlich kann sich die Enterprise auch langsamer bewegen: Standard Orbit (sowohl eine Geschwindigkeit, 6000 Meilen pro

Die Einheit Sol 1 beziehungsweise Warp 1 entspricht einfacher Lichtgeschwindigkeit, danach steigen die Faktoren allerdings nicht linear, sondern exponential an. Brachte es die Enterprise A nur auf eine Maximalgeschwindigkeit von Sol 6, so ist die Enterprise D schon mit Warp 9 und mehr unterwegs, wobei man erwähnen muss, dass in der Serie im 24. Jahrhundert eine neue Warpskala eingeführt wurde. Sie nähert sich von Warp 9 asymptotisch Warp 10 und endet dort. Hier ist technologisch für die Enterprise Schluss: Um schneller zu werden, würde sie nicht nur unendlich viel Energie brauchen, sondern auch das Subraum-Feld, das sie umschließt, vernichten. Aber wahrscheinlich bräche vorher wieder mal der Warp-Kern im Maschinenraum.

In ihm findet die für den Antrieb notwendige Materie/Antimaterie-Fusion statt, mit der das Subraum-Feld erzeugt wird. Unverzichtbar zur M/A-Fusion ist das seltene Dilithium – ein Kristall, das die kontrollierte Fusion ermöglicht. Da Antimaterie auf keinen Fall mit Materie, zum Beispiel den Tankwänden, in Kontakt kommen darf, um sich nicht sofort in Energie umzuwandeln, muss sie mit einem Magnetfeld eingedämmt werden.* Zwar ist der Kristall, der die Antimaterie in Schach hält, wiederum Materie, aber was soll's: Dieser Spezialkristall wird erst für Antimaterie durchlässig, wenn man ihn einem hochfrequenten elektromagnetischen Feld im Megawatt-Bereich

---

   Stunde, als auch die Position, die ein Schiff der Föderation üblicherweise im Orbit eines Planeten der M-Klasse einzunehmen pflegt) und Impulsgeschwindigkeit sind Unterlichtgeschwindigkeiten, die mit «normaler» Fusionsenergie erreicht werden, die man in den Fusionsreaktoren an Bord herstellt.

* Bei den zahlreichen Energieausfällen an Bord ist das ein spektakuläres Sicherheitsproblem, das aber kaum thematisiert wird.

STARGATES UND TIME TUNNELS 113

Geschwindigkeit	km/h	Lichtgeschwindigkeit 299792458 m/sec.	Erde zum Mond 384 392 km	Durch das Sonnensystem 12 Mio. km	Zum nächsten Stern 5 Lichtjahre
Standardorbit	9600	<0,00001	42 h	142 Jahre	55 335 Jahre
1/4 Impuls	67,5 Mio.	0,0625	21,52 sec.	176 h	80 Jahre
1/2 Impuls	135 Mio.	0,125	10,76 sec.	88 h	40 Jahre
voller Impuls	270 Mio.	0,25	5,38 sec.	44 h	20 Jahre
Warp 1	1 Milliarde	1	1,34 sec.	11 h	5 Jahre
Warp 2	11 Mill.	10	0,13 sec.	1 h	6 Monate
Warp 3	42 Mill.	39	0,03 sec.	17 min.	2 Monate
Warp 4	109 Mill.	102	0,01 sec.	7 min.	18 Tage
Warp 5	229 Mill.	214	0,006291 sec.	3 min.	9 Tage
Warp 6	421 Mill.	392	0,003426 sec.	2 min.	5 Tage
Warp 7	703 Mill.	656	0,002050 sec.	1 min.	3 Tage
Warp 8	1,1 Trill.	1024	0,0013113 sec.	39 sec.	2 Tage
Warp 9	1,62 Trill.	1516	0,000887 sec.	26 sec.	1 Tag
Warp 9,2	1,77 Trill.	1649	0,000816 sec.	24 sec.	1 Tag
Warp 9,6	2,05 Trill.	1909	0,000704 sec.	20 sec.	23 h
Warp 9,9	3,27 Trill.	3053	0,000440 sec.	13 sec.	14 h
Warp 9.99	8,48 Trill.	7912	0,000170 sec.	5 sec.	6 h
Warp 9,9999	214 Trill.	199 516	0,000007 sec.	0,2 sec.	13 min.
Warp 10	unendlich	unendlich	0	0	0

Geschwindigkeit	Durch einen Sektor 20 Lichtjahre	Durch die Föderation 10 000 Lichtjahre	Durch die Galaxie 100 000 Lichtjahre	Zur nächsten Galaxie
Standardorbit	2 Mio. Jahre	1 Mill. Jahre	11,17 Mill. Jahre	223 Mill. Jahre
1/4 Impuls	320 Jahre	160 000 Jahre	1,5 Mio. Jahre	32 Mio. Jahre
1/2 Impuls	160 Jahre	80 000 Jahre	800 000 Jahre	16 Mio. Jahre
voller Impuls	80 Jahre	40 000 Jahre	400 000 Jahre	8 Mio. Jahre
Warp 1	20 Jahre	10 000 Jahre	100 000 Jahre	2 Mio. Jahre
Warp 2	3 Jahre	992 Jahre	9921 Jahre	198 425 Jahre
Warp 3	1 Jahr	257 Jahre	2568 Jahre	51 360 Jahre
Warp 4	2 Monate	98 Jahre	984 Jahre	19 686 Jahre
Warp 5	1 Monat	47 Jahre	468 Jahre	9357 Jahre
Warp 6	19 Tage	25 Jahre	255 Jahre	5096 Jahre
Warp 7	11 Tage	15 Jahre	152 Jahre	3048 Jahre
Warp 8	7 Tage	10 Jahre	98 Jahre	1953 Jahre
Warp 9	5 Tage	7 Jahre	66 Jahre	1319 Jahre
Warp 9,2	4 Tage	6 Jahre	61 Jahre	1213 Jahre
Warp 9,6	4 Tage	5 Jahre	52 Jahre	1048 Jahre
Warp 9,9	2 Tage	3 Jahre	33 Jahre	655 Jahre
Warp 9.99	22 h	1 Jahr	13 Jahre	253 Jahre
Warp 9,9999	53 min.	18 Tage	6 Monate	10 Jahre
Warp 10	0	0	0	0

Warp-Reichweitetabelle. (www.trekblog.de)

aussetzt. Das heißt, die Antimaterie strömt kontrolliert durch die Kristallstruktur, anstatt mit ihr zu reagieren. Die Kristalle befinden sich in der Reaktionskammer im Maschinenraum.

Nach den beiden ersten Enterprise-Generationen gelangten zwei Spin-Offs ins Fernsehen: *Raumstation Deep Space Nine* und *Raumschiff Voyager,* und weil die Macher nicht noch eine weitere, noch spätere Zukunftsvision realisieren wollten, gingen sie einfach zurück aus der Zukunft – in die Vergangenheit[*], also in die Zeit *vor* Kirks Enterprise: zum Vorläufermodell Enterprise NX-01 unter dem Kommando von Kapitän Jonathan Archer. Dabei handelt es sich um das erste Warp-Raumschiff, das Menschen je gebaut haben. Dort gehen die Türen noch per Knopfdruck auf.

Da Warp-Felder manchmal unangenehme Gravitationsverschiebungen und Subraum-Risse erzeugen konnten, hat die Regierung («Föderation») in der Serie eine Zeitlang ein allgemeines Tempolimit verhängt: Auch die schnelleren Raumschiffe durften nicht schneller als Warp 5 fliegen, höchstens im Notfall – der natürlich in jeder Folge mindestens einmal eintrat. Im Jahr 2371 war die Warp-Technologie so verbessert worden, dass die Beschränkung wieder aufgehoben werden konnte.

Das durch den Warp-Antrieb erzeugte Subraum-Feld ist übrigens nicht zu verwechseln mit den Subraum-Verzerrungen, die die feindliche Zivilisation der «Borg» durch aggressive Tachyonen-Impulse verursacht. Diese Verzerrungen sind künstliche Wurmlöcher und ermöglichen den Borg eine zwanzigmal höhere Reisegeschwindigkeit als die, die der Enterprise durch ihren Warp-Antrieb zur Verfügung steht.

---

[*] Der Einfall ist nicht neu, wir kennen ihn von *Star Wars,* hier kam 25 Jahre nach der Trilogie plötzlich die *Star Wars Episode 1* in die Kinos.

Im Gegensatz zu den Enterprise-Raumschiffen handelt es sich bei der Fiktion von Raumstation Deep Space Nine um ein stationäres Objekt. Es wurde neben dem konstant geöffneten Wurmloch in der Nähe des Planeten Bajor installiert. Fast in Nullzeit gelangt man durch dieses Loch in den sogenannten Gamma-Quadranten, der normalerweise 70000 Lichtjahre entfernt liegt. Mit diesem Serien-Setting wird die uns bekannte Physik schon ordentlich überdehnt. Hier hat der Kosmos bereits alle raumzeitlichen Schranken eingebüßt.

Das Raumschiff Voyager ist ungefähr mit der gleichen Technik wie die Enterprise ausgestattet, wurde aber, so die Story, durch ein Unglück in den berüchtigten Gamma-Quadranten geschleudert und muss ohne Wurmloch die Distanz auf herkömmlichem Wege zurücklegen, um wieder nach Hause in den Alpha-Quadranten zu kommen. Trotz Warp-Antrieb wird diese Reise immer noch siebzig Jahre dauern. Kommunikation zwischen den Quadranten ist auch nicht möglich, die Crew ist sich also recht bald bewusst, dass sie ihre Verwandten und Freunde wohl nie wiedersehen wird. Denn der Warp-Antrieb ist zwar schnell, aber längst noch nicht schnell genug. Zur nächsten Galaxie, dem Andromedanebel in 2,7 Millionen Lichtjahren Entfernung, wären auch die schnellsten Schiffe der Sternenflotte noch sehr lange unterwegs: bei Warp 5 noch über neuntausend Jahre.

Im Star-Trek-Universum gehört der sogenannte Transporter zur Serienausstattung aller Raumfahrzeuge: Das ist die wunderbare Anlage, mit der gebeamt wird. Die Idee zu dieser genialen Fortbewegungsart basiert ähnlich wie bei Dr. Who auf dem Zwang zur Sparsamkeit. Als die Star-Trek-Produzenten über die enormen Kosten für die optischen Effekte brüteten, die bei der allwöchentlichen Landung der Enterprise auf fremden Planeten entstehen würden, hatte Gene Roddenberry, der Urheber der Serie, die geniale Lösung: Die Besatzung der Enterprise wird einfach auf die Planetenoberfläche projiziert, indem man sie mit einfachen filmischen Mitteln an einem Ort verschwinden und an einem anderen wieder auftauchen lässt – billiger geht es nicht. Das Beamen auf der Enterprise funktioniert nicht in Nullzeit, sondern es vergehen circa fünf Sekunden, bis das Objekt am Ziel wieder materialisiert wird. Wir möchten – weil es so schön ist – die Beamtechnik des Transporters kurz schildern und erklären, warum er trotz der fünf Sekunden Beamdauer in unserer Zeitmaschinen-Sammlung seine Existenzberechtigung hat.

Vor jeder Teleportation wird der obligatorische Systemcheck durchgeführt. Dann gibt der Operator die Zielkoordinaten ein. Die Entfernung und die relative Bewegung bezüglich des Zielortes werden durch die Zielscanner überprüft. Wenn alle Werte gecheckt sind und die Person auf der Plattform in Position steht, schiebt der Transportertechniker die roten Sensorenregler manuell nach oben. Bevor die jeweilige Person dann mit Hilfe der sogenannten Phasentransitionsspulen in einen subatomar unverbundenen Materiestrom umgewandelt werden kann, muss erst noch ein ringförmiger Eindämmungs- oder Sperrstrahl (RSS) um sie herum aufgebaut werden, Molekularbildscanner zeichnen dann ihren Quantenzustand auf. Hierbei kommt der Heisenberg-Kompensator zum Einsatz, der die Unschärfe der Quantenpositionen ausgleicht*. Dann wird der Materiestrom im Musterpuffer, einer gewissen Tokamak-Ap-

---

* Auf die Frage, wie er denn funktioniere, soll Michael Okuda, Technik-Designer der ersten Stunde, nur geantwortet haben: «Sehr gut, danke der Nachfrage.»

paratur*, zwischengespeichert, bis Dopplerkompensatoren die relative Bewegung zwischen Emitterphalanx und Zielort ausgeglichen haben. Erst dann wird der Materiestrom an eine der Transporter-Emitterphalanxen an der Außenseite des Schiffes übertragen. Auch hier schützt ein ringförmiger Sperrstrahl (RSS) den Materiestrom, der dann zum Zielpunkt gesendet wird. Über ihn wird die Rematerialisierung der Person eingeleitet; das geht dann ganz einfach durch eine Funktionsumkehr der Phasentransitionsspulen und Molekularbildscanner. Nicht alle Aspekte dieser Theorie sind sinnleere Worthülsen einer künstlichen Science-Fiction-Pseudowissenschaft. Der Versuch der Star-Trek-Macher, neben einer inneren Logik auch Anspielungen auf die tatsächlichen Debatten der Astro- und Quantenphysik einzubauen, zeugt vom Bestreben, den Boden der irdischen Tatsachen nicht ganz zu verlassen, er baut eine gewisse Suggestivkraft auf und verleitet auf einer nur für Insider zugänglichen Metaebene zum Schmunzeln.

Der Transporter wandelt also, so die Serienphysik, das Objekt in einen subatomar unverbundenen Materiestrom um. Dieser Materiestrom wird zusammen mit der Information über den Quantenzustand der Person an den Zielort gebeamt, an dem die Teilchen nach dem gespeicherten Muster wieder zusammengesetzt werden. Ganz einfach. Allerdings kann es auch zu Fehlfunktionen kommen: Dann besteht für die Person die

---

* Tokamaks sind nicht nur fiktive SF-Apparaturen, sondern real existierende Fusionsreaktoren: In Deutschland wird zurzeit an zwei großen Tokamaks geforscht: ASDEX Upgrade am Max-Planck-Institut für Plasmaphysik in Garching bei München und TEXTOR am Forschungszentrum Jülich. Der Enterprise-Tokamak hat allerdings mit dem Fusionsreaktor an Bord nichts zu tun, sondern dient als Strukturspeicher für die Transporter-Informationen.

Gefahr der Persönlichkeitsspaltung oder – nicht weniger verwirrend – des Sprungs in ein Paralleluniversum.

Dass es sich beim Beamen à la Enterprise gegebenenfalls doch um eine Zeitreise handelt, erschließt sich aus den möglichen Reichweiten dieser Technologie. Während die Transporter der Föderation nur 4000 Kilometer und mit dem Nottransporter auch mal 15 000 Kilometer weit beamen können, erreichen andere technologisch weiter fortgeschrittene Spezies in der Serie mit ihren Transportern weit beeindruckendere Leistungen. Die Sikarianer können mit ihren Transportern Tausende von Lichtjahren weit beamen, und, soweit bekannt ist, stellen die legendären Iconianischen Portale diese enorme Leistung noch in den Schatten. Transporter, die Tausende von Lichtjahre oder weit mehr in wenigen Sekunden überbrücken, sind nichts anderes als extrem effiziente Zeitmaschinen. Dass die Serienautoren diese Technologie Außerirdischen und nicht irdischen Ingenieuren zuschreiben, ist bezeichnend für den philosophischen Überbau von *Star Trek*: So weit sich auch die Menschheit entwickelt haben mag, zeigt sie dennoch Respekt gegenüber dem Unbekannten.

Das Spiel mit der Zeit wird in manchen Folgen auf die Spitze getrieben – leider nur selten erlauben Störungen im Raum-Zeit-Kontinuum die Begegnung der zeitreisenden Besatzungsmitglieder mit sich selbst. In der Folge *Gestern, heute, morgen* der Next-Generation-Staffel springt Captain Picard durch die Zeit: Zunächst ohne erkennbaren Grund wird er munter in drei unterschiedliche Epochen seines eigenen Lebens versetzt; in der ersten Zeit übernimmt er als junger Captain gerade die Enterprise. Die zweite Zeit ist die Gegenwart, und er verfolgt mit der Enterprise ein romulanisches Schiff in die neutrale Zone im Devron-System, und in der dritten Zeitebene ist er schon ein alter, kranker Mann im Ruhestand, der Weintrauben anbaut. Seine jeweiligen Erinnerungen an die Erlebnisse in den anderen Zeiten sind jedoch nicht immer vollständig. Mühsam versuchen er und der Zuschauer, sich ein Bild zu machen. Nach und nach stellt sich heraus, dass er durch einen ominösen Tachyonen-Scan im Devron-System, zu dem er in allen drei Zeiten den Befehl gegeben hat, eine Raum-Zeit-Anomalie ausgelöst hat. Die Impulse konvergierten in einem Punkt und durchbrachen die Subraumbarriere; die Anomalie wuchert nun in umgekehrter Richtung durch das Raum-Zeit-Gefüge. Commander Data, ein bleichgesichtiger Androide mit positronischem Gehirn, trägt auch nicht gerade Erhellendes bei, wenn er behauptet, dass die Anomalie eine «Mehrphasen-Temporal-Konvergenz innerhalb des Raum-Zeit-Kontinuums» sei, in dem Anti-Zeit existiere, und die Kollision von Zeit und Anti-Zeit erzeuge einen Riss im Raum. Das ist ein schönes Beispiel dafür, wie die Star-Trek-Autoren mit Hilfe einer pseudowissenschaftlichen Terminologie und Anspielungen auf tatsächliche physikalische Theorien ein kohärentes Weltbild erzeugen, das eine glaubwürdige Fiktion konstruiert.

Es klafft also eine Art Wunde in der Raumzeit, und sie wird größer. Hinter all der Verwirrung steckt ein Wesen namens Q, das gottähnliche Fähigkeiten, aber einen schwierigen Charakter besitzt. Q will Picard testen, und wenn der Captain versagt, erlischt die Existenz aller Menschen, weil die Anomalie bis zum Ursprung biologischen Lebens auf der Erde zurückreichen wird und diesen dann oder damals verhinderte oder verhindern wird. Picard muss also, um den Spuk zu beenden, die Anomalie rückgängig machen und in allen drei Zeiten seine Mitmenschen von seinen seltsamen und in ihren Augen völlig irrationalen Entscheidungen überzeugen. Nach etlichen

Zeitsprüngen zu seinen Crews, in denen er sich von Mal zu Mal besser erinnert, orientiert und organisiert, kann er endlich die richtigen Befehle zur Reparatur der Anomalie geben, diesmal präzise aufeinander abgestimmt. Und plötzlich stehen sich die Schiffe aus allen drei Zeiten unter ihrem jeweiligen Captain mitten in der Anomalie gegenüber und reparieren den Riss. Dabei explodieren die Vergangenheits- und die Zukunftsenterprise, und auch die Gegenwartsenterprise scheint jeden Moment in die Luft zu gehen; doch da löst Experimentator Q den Zauber auf, gratuliert Picard zur Rettung der Menschheit und schenkt ihr eine weitere Gnadenfrist.

REISE OHNE WIEDERKEHR – *TIME TUNNEL* (1966–1967)

Die amerikanische Regierung will im Jahr 1968 ein teures Forschungsprojekt möglicherweise einstampfen, obwohl es bereits 70 Milliarden Dollar verschlungen hat. Zwei Wissenschaftler, Dr. Tony Newman und Dr. Doug Phillips, arbeiten in einer Anlage, die sich über 800 Stockwerke erstreckt und in der 12 000 Mitarbeiter tätig sind. Offenbar aus Gründen der Geheimhaltung hat man die komplette Anlage in der Wüste von Arizona versenkt. Das Projekt «Tic-Toc» ist ein Zeittunnel, mit dem Menschen in die Vergangenheit und Zukunft geschickt werden sollen. Kurz vor der Fertigstellung steht die Finanzierung auf der Kippe, und Tony betritt als freiwilliges Versuchskaninchen den Zeittunnel, um zu demonstrieren, dass die Forschungsgelder einem vernünftigen, sinnvollen und praktischen Zweck dienen; Doug folgt ihm. Doch dann zeigt sich eine tückische Schwäche der Maschine: Die beiden Zeitreisenden können zwar in historische Epochen geschickt, aber nicht in die Gegenwart zurückgeholt werden. Damit beginnt für die beiden eine haarsträubende Odyssee durch Zeit und Raum, bei der sie immer zur falschen Zeit am falschen Ort erscheinen.

Die erste Reise führt Tony und Doug sogleich auf die Titanic, kurz bevor sie mit dem Eisberg kollidiert. Später treffen die beiden so illustre Persönlichkeiten wie Abraham Lincoln, Marco Polo, König Artus und Odysseus. Obwohl sie bei den Reisen in die Vergangenheit ja wissen, was passieren wird, haben Tony und Doug keinen Einfluss auf den geschichtlichen Ausgang der Ereignisse. Meistens werden sie eingesperrt, und die Spannung der Geschichte besteht darin, dass sie sich rechtzeitig vor Eintreffen der Katastrophe aus ihrem Verlies befreien müssen. Doch der Zeittunnel wird auch in die Gegenrichtung genutzt: Wesen aus der Zukunft und der Vergangenheit gelangen ins Labor nach Arizona, wo Kollegen ununterbrochen versuchen, den Time Tunnel zu reparieren, damit es endlich gelingt, die beiden Helden wieder zurück in die Gegenwart zu holen. Immerhin entwickeln sie dabei ein Verfahren, mit dem sie die beiden Verschollenen anpeilen können. Aber jedes Mal, wenn sie den Tunnel aktivieren, um Tony und Doug zurückzuholen, schleudern sie sie in eine andere Zeit.

Wie der geheimnisvolle Time Tunnel richtig funktioniert, wissen selbst die beteiligten Wissenschaftler nicht, aber dieses Problem ist gerade der dramaturgische Clou der Serie. Der spiralförmige Eingang zum Time Tunnel dreht sich, und die jeweilige Reise der Jungs nimmt sich optisch sehr spektakulär – geradezu psychedelisch – aus. Abgesehen davon, dass den beiden nie jemand ihre Herkunft abkauft, geraten sie zwar in aufregende Abenteuer, aber niemals unter logischen Stress. Völlig ohne Konsistenzprobleme begegnet Tony einmal sogar sich selbst, als sie einen Tag vor dem japanischen Angriff auf Pearl Harbor landen. Tony stammt von dort und überlebte damals das Bombardement. Wie sich aber herausstellt, nur durch das Zutun des erwachsenen Tony.

DER RETTENDE ENGEL –
ZURÜCK IN DIE VERGANGENHEIT (1989–1993)

Die Erklärungsnöte, in die ein Zeitreisender auf seiner Mission geraten kann, sind auch für *The Quantum Leap (Zurück in die Vergangenheit)* das Salz in der Suppe. Dr. Sam Beckett fällt als Zeitreisender zwar sowieso nicht sonderlich auf, weil nur sein Geist in die Körper anderer Leute transferiert wird[*], aber die Mitmenschen dieser Geschöpfe wundern sich doch manchmal sehr, warum ihr Freund, Lehrer, Geschäftspartner, Schulkamerad oder auch ihre Mutter sich plötzlich so seltsam verhält. Sam muss immer sein ganzes Geschick aufbringen, um schnellstmöglich herauszufinden, wer er ist, wie die Aufgabe der jeweiligen okkupierten Person auf Erden lautet und was er tun kann, um diese zu erfüllen, ohne dabei ins Irrenhaus, ins Gefängnis oder ins Leichenschauhaus zu kommen. Der ausgetauschte echte Geist der Person, in die Sam geschlüpft ist, sitzt so lange in der «Wartekammer», einem virtuellen Aufent-

---

[*] Darüber gibt es unterschiedliche Meinungen. Autor und Schöpfer der Serie Don Bellisario meint, dass es sich um eine körperliche Reise handelt, weil Sam auch im Körper eines Blinden sehen und im Körper eines Beinamputierten laufen kann, dennoch sind die meisten Leapers, so nennen sich die Fans der Serie, davon überzeugt, dass es sich um Geistreisen handeln muss, weil andere immer den ursprünglichen Körper sehen.

haltsraum, und darf erst wieder zurück in seinen Körper, wenn Sams Auftrag erfüllt ist. Wenn die Person in der Wartekammer in einen Spiegel sieht, sieht sie Sam!

Für Dr. Sam Beckett ist die Lebensspanne eine Schnur, die einen Anfang (die Geburt) und ein Ende (den Tod) hat. Wenn man dieses Band zusammenrollt wie einen Ball, berühren sich einzelne Tage der Lebenszeit. Durch diese Berührungspunkte, so die fiktive Theorie, kann ein Mensch von Jahr zu Jahr «leapen», also springen. Sams Maschine, die dies bewerkstelligen soll, ein Gerät mit dem lächerlichen Namen «Quantensprungzeitbeschleuniger», steht schon kurz vor der Beendigung aller Tests. Ebenso wie das Projekt «Tic Toc» *(Time Tunnel)* ist auch das Projekt «Quantum Leap» gefährdet, weil die Regierung das teure Unterfangen nicht länger finanzieren will. Auch Sam testet seine Zeitmaschine vorzeitig, um zu beweisen, dass es sich um ein weiterhin förderungswürdiges Projekt handelt. Er steigt also ein und verschwindet. Als er aufwacht, findet er sich in der Vergangenheit wieder, im Spiegel sieht er das Gesicht eines Piloten der Air Force, der in wenigen Tagen bei einem Testflug ums Leben kommen wird (der Fernsehzuschauer sieht allerdings immer den Darsteller von Sam: Scott Bakula in seinen jeweiligen Verkleidungen). Seine einzigen Führer auf dieser Reise sind Al, ein Projektbeobachter aus seiner eigenen Zeit, der ihm als Hologramm erscheint, und Ziggy, ein Computerprogramm; beide versorgen Sam mit Informationen über die Epoche und das Schicksal der Person, in die Sam springt: Aus unbekannten Gründen weiß Ziggy immer, was in deren Leben schiefgelaufen ist und durch Sam korrigiert werden muss. Nur Sam ist in der Lage, Al als Hologramm zu sehen und zu hören, und wenn er mit ihm spricht und dabei beobachtet wird, wirkt er wiederum völlig übergeschnappt. Und so passiert es, dass er mindestens einmal pro Folge für verrückt gehalten wird. Sam rettet ein Schicksal nach dem anderen, springt von Existenz zu Existenz, immer darum bemüht, das zu korrigieren, was im Leben dieser Personen danebenging. Wenn ihm das gelingt, springt er wieder in eine andere tragische Figur, aber jedes Mal hofft er, dass er endlich in seinem eigenen Körper und seinem eigenen Leben landet.

Während seiner Sprünge begegnet Sam auch illustren Persönlichkeiten in ihren frühen Jahren: zum Beispiel Steven King, Sylvester Stallone und Marilyn Monroe. Einmal springt er sogar in Elvis, kurz vor dessen musikalischem Durchbruch, und muss nicht nur dafür sorgen, dass der spätere King wirklich den alles entscheidenden Gesangswettbewerb gewinnt, sondern auch dafür, dass eine fiktive Freundin der großen Legende auch ihre große Chance als Sängerin bekommt.

Im Prinzip kann Sam nur während seiner eigenen Lebenszeit, also vom Moment seiner eigenen Geburt an, in die Körper anderer Leute springen, er hätte ihnen also praktisch auch schon als normaler Mensch begegnet sein können. Aber durch eine genetische Kapriole gerät Sam eines Tages sogar auch einmal in seinen eigenen Körper als kleiner Junge.

Warum Sam überhaupt von Schicksal zu Schicksal springen muss, weiß man nicht. Es gibt zwei Vermutungen, die eine besagt, dass er einfach Menschen helfen will, und die andere besagt, weil Gott es so will: Es sei nun einmal Sams Aufgabe im Leben.

DAS WURMLOCH ALS SAUGSPUCKER – *SLIDERS* (1995–2000)

Die Story ist wieder mal simpel: Der Physikstudent Quinn Mallory entdeckt ein nicht näher beschriebenes Tor, das den Transfer zu parallelen Dimensionen unserer Realität ermöglicht. Nachdem er ein Gerät (Timer) entwickelt hat, mit dem er dieses Tor öffnen kann, startet er zusammen mit seiner Freundin, einem Physikprofessor und einem Soulsänger einen Reiseversuch (Slide). Weil aber, genau wie der Time Tunnel, auch die Timer-Wurmloch-Methode keinen Rückweg beinhaltet, sliden die vier in immer neue parallele Welten, die auf derselben Zeitebene wie unsere Gegenwart liegen, aber andere geschichtliche Entwicklungen genommen haben. So erlebt die Gruppe ein Amerika, das immer noch unter der Herrschaft der Briten steht oder von der Sowjetunion erobert wurde oder in dem es immer noch Dinosaurier gibt.

Nach dem tragischen Tod des Professors in der dritten Staffel der Serie stößt eine Soldatin als neue Reisepartnerin zu den Sliders, und es geht nicht mehr vorrangig um die Rückkehr nach Hause, sondern um die Verfolgung eines verbrecherischen Bösewichts quer durch die Dimensionen.

Wie das Dimensionstor genau funktioniert, erfährt auch der treuste Zuschauer in keiner einzigen Folge, nur die Technik des Timers ist gelegentlich Thema: So kann das Team selbst in allergefährlichsten Situationen nicht einfach einen neuen Sprung wagen, es muss immer so lange in einer Dimension bleiben, bis die im Timerdisplay ersichtliche Frist abgelaufen ist. Dann öffnet sich ein Wurmloch und saugt die Sliders in sich hinein, um sie in einer anderen Dimension wieder auszuspucken. Allerdings muss der Timer vorher genau auf die Personenzahl und die dafür benötigte Energiemenge programmiert werden, viel mehr kann man mit dem Gerät auch nicht beeinflussen, die Sliders müssen sich auf die Gutmütigkeit des Schicksals verlassen – einmal landen sie beispielsweise tief unter Wasser.

Die Idee zu *Sliders* stützt sich auf die Viele-Welten-Theorie als Interpretation der Quantenmechanik, nach der sich das Universum immer dann in Paralleluniversen aufspaltet, wenn sich mehrere Entscheidungsalternativen auftun. Das gilt in dieser Serie für Elementarteilchen ebenso wie für den Makrokosmos. Demnach kann es parallele Universen geben, in denen Deutschland den Zweiten Weltkrieg gewonnen hat; eines, in dem Aschenbrödel den Prinzen nicht heiratet; und eines, in dem Michael Schumacher Busfahrer geworden ist. Die Sliders treffen auf Universen, in denen San Francisco unter einer tiefen Eisdecke liegt, Albert Einstein den Bau der Atombombe verhindert oder Männer Kinder zur Welt bringen können.

Manchmal erscheint es den Sliders so, als ob sie endlich wieder in ihrer Heimatdimension angekommen wären, aber dann müssen sie doch wieder enttäuscht feststellen, dass Unterschiede existieren. Die Idee der Dimensionsreise schützt nicht nur sie, sondern auch die Autoren und die Macher der Spezialeffekte davor, sich darüber Gedanken machen zu müssen, was passierte, wenn sie sich selbst begegneten. Vielleicht auch gut so, wer weiß, ob man die Sliders im Doppelpack überhaupt noch ertragen könnte.

DER EINSAME REITER – *SEVEN DAYS* (1998–2001)

In dieser Zeitmaschinen-Serie dürfen wieder Außerirdische mitwirken. Das Projekt «Backstep» basiert auf Technologie-Erkenntnissen, die aus einem abgestürzten UFO gewonnen wurden. Es ist eine Zeitmaschinen-Kapsel namens Sphere, die es durch Veränderung des menschlichen Gravitationsfeldes einem einzelnen Passagier ermöglicht, in der Zeit zurückzureisen – allerdings nur maximal sieben Tage weit.

Pilot dieser Zeitmaschine ist nun Frank Parker – ein abgehalfterter ehemaliger Elitesoldat und CIA-Agent, der im Gegensatz zu sonst üblichen amerikanischen Helden einige Charakterzüge besitzt, die ihn zwar für seine Kollegen unbeliebt, für den Zuschauer aber erfrischend sympathisch machen: Er ist überheblich, sarkastisch, sexistisch, unberechenbar und gelegentlich aggressiv. Bei einem Einsatz in Somalia war er mehrere Tage lang in einer Höhle eingeschlossen, was ihn erheblich traumatisierte. Daher säuft Parker und hat nach eigener Aussage «schon in jeder großen Stadt dieser Welt besoffen herumgelegen». Er besitzt jedoch eine ganz wichtige Eigenschaft, die ihn als Einzigen für die Zeitmissionen qualifiziert: Er ist fast schmerzunempfindlich – für den brutalen Flug der Zeitkapsel, bei dem gewaltige Beschleunigungskräfte auftreten, eine unbedingte Voraussetzung. Trotzdem entlässt ihn die Kapsel jedes Mal mächtig ramponiert.

Die maximale Rückreisedistanz gab der Serie ihren Namen. Das Schema ist immer das gleiche: Ein katastrophales Unglück geschieht, die Backstep-Leute werden beauftragt, es rückgängig zu machen, Parker reist dafür sieben Tage in die Vergangenheit, dringt zu den Verursachern vor und macht diese unschädlich. Manchmal braucht er die Hilfe seines Backstep-Teams, und dann meldet er sich bei den Ahnungslosen, die mit business as usual beschäftigt sind, mit einem Passwort. Dadurch weiß der eingeweihte Kreis, dass Parker nicht fantasiert, sondern etwas Schreckliches geschehen wird und er jetzt dringend die Welt retten muss. Nach einigen Jahren Erfahrung ist das Passwort offenbar gar nicht nötig: Parker latscht in einer Folge mit seinem lädierten Raumanzug und ein paar Schrammen im Gesicht erschöpft durch das Büro, und eine Kollegin fragt mitleidig: «Na? Wieder ein Zeitsprung?»

Zurückspringen in seine Heimatzeit muss er erstaunlicherweise nicht, er bleibt einfach in der jeweiligen Realität, deren friedlichen Fortgang er gerettet hat. Um Konsistenzproblemen aus dem Weg zu gehen, sorgen die Autoren dafür, dass Parker sich selbst aus dem Weg geht. Seinen jeweils sieben Tage jüngeren Ichs begegnet er jedenfalls nie.

Dass er nur zwischen zwölf Stunden und sieben Tagen zurückdonnern kann, hat mit der Menge des verfügbaren außerirdischen Treibstoffes zu tut. Mit Hilfe des fremden Elements wird ein Impuls erzeugt, der das Licht krümmt und so eine temporale Verschiebung um die Sphere erzeugt.

Parker hat von Beginn der Serie an keine Zeit zum Üben. Schon bei seinem ersten Einsatz geht es ums Ganze. Bei einem Giftgasanschlag auf das Weiße Haus werden der US-Präsident, sein Vize und der russische Präsident getötet. Die nun führerlose US-Regierung ringt sich dazu durch, die Operation Backstep zu starten: Parker soll in die Vergangenheit reisen und von dort aus den Kampf gegen die Terroristen aufnehmen, um deren tödliche Pläne zu vereiteln. Gemeinsam mit der höchst attraktiven, aber seine Avancen stets abweisenden russischen Astrophysikerin Dr. Olga Vukavitch und dem Rest des Teams nimmt er diese schier unlösbare Aufgabe erfolgreich in Angriff. Später verhindert der Agent Naturkatastrophen, Epidemien, Kriege, weitere Attentate oder Unfälle. Immer wenn das Schicksal der Welt auf dem Spiel steht, sind Parker und sein Spezialistenteam zur Stelle – und niemals erfährt die Welt davon, dass sie von ihnen gerettet worden ist.

ÄGYPTOLOGISCHER MUMMENSCHANZ – *STARGATE* (SEIT 1997)

Die Science-Fiction-Serie *Stargate SG-1* basiert auf dem Kinofilm *Stargate* von Roland Emmerich aus dem Jahr 1994. Sie handelt von einem runden Sternentor, das in den zwanziger Jahren in der ägyptischen Wüste entdeckt wurde und dessen Funktion viele Jahre später von Archäologen im Auftrag des amerikanischen Militärs halbwegs entschlüsselt werden konnte. Die erste Mission zur Erkundung dessen, was sich dahinter verbirgt, war im Kinofilm zu sehen, und die Serie zeigt nun ein interstellares Reiseabenteuer nach dem anderen. Im Auftrag des amerikanischen Militärs reisen insgesamt zwölf Stargate-Teams zu Forschungszwecken durch das Tor, um die fremden Welten zu erkunden, aber meistens ist es das Team SG-1 (Stargate Team Nummer 1) unter McGuyver-Darsteller Richard Dean Anderson als Colonel Jack O'Neill, dessen Erlebnisse der Zuschauer verfolgen darf. Das Team arbeitet unter der Schirmherrschaft einer selbstverständlich streng geheimen Organisation namens SGA.

Das Stargate-Transportsystem wurde von einer fremden (außerirdischen) Kultur vor etwa 10 000 Jahren erbaut, um Lebewesen über eine große Entfernung hinweg zu transportieren. Es gibt Tausende dieser Stargates im ganzen Universum. Dabei handelt es sich um runde Portale, die ein Objekt von einem Punkt im Weltraum unverzüglich zu einem anderen transportieren können, indem sie ein künstliches Wurmloch zwischen zwei ausgewählten Stargates generieren. Dafür aktiviert man sechs von 38 Symbolen (Chevrons), jedes repräsentiert eine Sternenkonstellation bzw. einen Punkt im Raum. Sechs Punkte braucht man, um einen exakten Ort in einem dreidimensionalen Raum zu bestimmen. Eine Gate-Adresse besteht aus sieben Symbolen – den sechs genannten Symbolen, um den Zielort zu bestimmen, und einem siebten Symbol für den Ursprungspunkt. Obwohl jedes Tor diesen Punkt selbst darstellt und ihn praktischerweise fix eingebaut haben könnte, ist es unerlässlich, ihn jedes Mal zusätzlich zu aktivieren. Die Zielwahl funktioniert ungefähr so, wie man bei einem Telefon eine bestimmte Rufnummer anwählt, um verbunden zu werden. Die Symbole des Tores drehen sich tatsächlich wie auf einer Wählscheibe. Dann reagiert das beeindruckende Objekt, und es erscheint erst einmal die «Kawoosh» – eine sehr ungesunde Plasmawelle –, kurz bevor das Wurmloch passierbar wird. Wie eine waagerechte Fontäne schießt der Strahl aus dem Tor, und alles, was die «Kawoosh» berührt, löst sich in seine Moleküle auf.

Nachdem sich die Entladung wieder vollständig abgebaut hat, entsteht eine blau schimmernde, halb durchsichtige Oberfläche, die man Ereignishorizont nennt, in Anlehnung an das gleichnamige Phänomen eines Schwarzen Loches, jenseits dessen Raum und Zeit ebenfalls verzerrt werden. Allerdings ist der Ereignishorizont eines Schwarzen Loches wesentlich gesundheitsgefährdender als der eines Stargates: Hier kann man Hände und Beine beliebig in den Ereignishorizont stecken und wieder herausziehen, erst wenn man ihn komplett passiert hat, wird man in seine Moleküle aufgelöst und beschleunigt. Das Wurmloch ist erst stabil, wenn sich der Ereignishorizont vollständig aufgebaut hat, nur dann ist ein Übertritt in die andere Welt möglich. Die Reise an sich verläuft nicht wie in anderen Wurmlochszenarien in einer wilden Tunnelfahrt, sondern mit nur einem einzigen unspektakulären Schritt durch eine dünne durchlässige Scheibe. Das Wurmloch kann dabei maximal 38 Minuten geöffnet bleiben.

Wenn man ein Stargate angewählt hat, kann man dieses nicht einfach in beide Richtungen passieren. Versucht man es trotzdem, würde man aus ungenannten, wahrscheinlich dramaturgisch relevanten Gründen sofort sterben. Das Tor muss sich also zwischendurch einmal deaktivieren, um erneut als Rückweg benutzt werden zu können. Außerdem benötigen die Stargate-User eine Art Rückwählfernbedienung, eine DHD (Dial Home Device). Die DHDs ähneln großen Pilzen, auf deren Hut wieder die zu aktivierenden Symbole sitzen. Als das erste irdische Stargate 1928 in der Wüste von Gizeh ausgegraben wurde, fand man kein DHD in der Nähe. Es erforderte viele Jahre militärisch-wissenschaftlicher Forschung, bevor ein kompliziertes Computersystem zur Verfügung stand, mit dem man das Stargate auch ohne DHD endlich erstmals aktivieren konnte.

In den bisherigen Episoden erleben die größtenteils militärisch ausgebildeten Expediteure, begleitet von einigen Wissenschaftlern, haarsträubende Abenteuer, in denen sie auf fremde Rassen, Völker und Kulturen stoßen und den Guten helfen, weiterzuexistieren, oder sich vor den Bösen retten müssen. Manchmal kommt es auch vor, dass Wesen von der anderen Seite[*] auf

---

[*] Meistens handelt es sich dabei um Angehörige eines Volkes, das

die Erde kommen und hier Unruhe stiften. Gegen ungebetenen Besuch hat man vor das irdische Sternentor einen Schutzschild, die Iris, gebaut, die die Öffnung abschirmt. Jedes SG-Teammitglied hat eine Art Garagentoröffner dabei, der ein Signal aussendet, um die Iris zu öffnen. Dieses Gerät darf natürlich niemals in die Hände der Feinde gelangen. Trotzdem gelingt es gelegentlich einigen Wesen, sich hindurchzumogeln, dies gibt dem nicht reisenden Stargate-Bodenpersonal die Gelegenheit, auch ab und zu mal ein Abenteuer zu erleben und damit die detailverliebte Story noch ein gutes Stück verwirrender zu machen.

Um das Durcheinander auf die Spitze zu treiben, kommt in der achten Staffel der Erfolgsserie (ein Ende ist nicht abzusehen) zu der ohnehin spektakulären Raumreise durch die Stargates noch ein «Zeitraumschiff» hinzu, das eines Tages gefunden wird. Mit ihm kann SG-1 nun auch noch in der eigenen Zeit vor und zurück reisen. Bei seiner ersten Mission mit diesem Schiff passiert das Unfassbare: SG-1 scheitert auf ganzer Linie, die Zeitlinie wird verändert, und einige Teammitglieder verlieren sogar ihr Leben. Weil dieser Kollaps der Geschichte auch das Ende der Serie bedeuten würde, bediente sich das Autorenteam eines dramaturgischen Kniffs, der selbst die Vorstellungskraft der eingefleischtesten Fans bis über die Zumutbarkeitsgrenze hinaus strapaziert: Die Kommandozentrale hat nur deshalb den Verdacht, dass etwas schiefgelaufen ist, weil das Ursprungsteam vor seiner Abreise ein Video über sich und seinen Auftrag gedreht hat. Glücklicherweise vergaß es nicht, darauf alle wichtigen Informationen über Zeitlinien-

---

«Goa'uld» genannt wird und sich im Laufe der gegenseitigen Besuche zu den beliebtesten Feinden der Menschheit entwickelt.

manipulationen festzuhalten. In der nun vergeigten Zeitlinie fristen die SG-1-Mitglieder eine langweilige und frustrierende Existenz und sind deshalb einverstanden, trotz fehlender Ausbildung einen Ausflug mit dem Zeitschiff zu unternehmen, um die Dinge wieder zurechtzubiegen. Es wird niemanden erstaunen, dass ihnen dies trotz aller Konsistenz- und Kausalitätsprobleme gelingt.

DIE PERFEKTE ZEITMASCHINEN-SERIE?

Wir lernen also, dass es nicht reicht, einfach eine Zeitmaschine zu besitzen, man muss sie auch bedienen können. Einige Elemente scheinen darüber hinaus unverzichtbar zu sein: eine buntgemischte Truppe unterschiedlicher Charaktere, die auch auf einer gewöhnlichen Stadtrundfahrt schon aufgrund ihrer Zusammensetzung in Schwierigkeiten kommen würde, völlig unabhängig von Raum und Zeit. Ein Mitglied der Gruppe sollte nicht menschlich sein, aber übermenschliche Fähigkeiten besitzen. Dann muss es einen Auftrag oder ein Problem geben, das niemals endgültig gelöst werden kann: die Bekämpfung des Bösen, die Erforschung der Galaxis, die Reparatur der Zeitmaschine, die Rettung der Menschheit vor sich selbst – oder am besten all das kombiniert. Günstig beeinflusst wird die Spannung durch eine möglichst geheime Behörde, die dem Team im Nacken sitzt und permanent mit Entzug der Fördermittel droht. Mit dem spannendsten Aspekt des Zeitreisens scheint man aber leider in Serien sehr sparsam umgehen zu müssen: der Begegnung der Zeitreisenden mit sich selbst. Auch schauspielerisch wäre das eine Herausforderung. Wir bedauern das sehr und schlagen daher vor, eine Serie zu entwickeln, die nur darauf beruht, dass ein Zeitreisender sich mindestens einmal pro Folge selbst begegnet.*

---

* Als Zeitmaschine empfehlen wir eine mannshohe Werbeflasche aus den Geheimlabors von Coca-Cola, die er gestohlen hat. Er wird unterstützt von einem Team, das aus seiner Schwiegermutter und seiner älteren Schwester besteht, und einer Katze, die versucht, ein Mensch zu sein. Dabei ist ihm das Finanzamt auf den Fersen, weil er vergaß, die Spekulationsgewinne zu versteuern, die ihn nach seiner ersten Reise reich machten. Anstatt der Zahlungsaufforderung nachzukommen, versucht der Held in allen Epochen zu verhindern, dass seine Aktien Gewinne abwerfen. Gegenspieler ist natürlich der Coca-Cola-Konzern selbst, der einen skrupellosen Killer mit einer zweiten Flasche hinter ihm herschickt. Die zweite Flasche ist weiterentwickelt als die erste, aber beide haben interessante Schwächen, zum Beispiel ist die Flasche innen genauso groß wie außen.

6. UNENDLICHE GESCHICHTEN UND UNERKLÄRTE PHÄNOMENE

HISTORISCHE ZEITMASCHINEN UND ZEITREISEEPISODEN

«*I want to believe.*»
Leitspruch der UFO-Gläubigen

Sämtliche Zeitmaschinen-Projekte, die auf der Erde in Angriff genommen worden sein sollen, obliegen aus nachvollziehbaren Gründen, wie dem hohen finanziellen Aufwand und der vermutlich hervorragenden militärischen Nutzbarkeit, der Kontrolle des Militärs und der Rüstungsindustrie – und damit der Geheimhaltung. Verschwörungstheorien über die dunklen Machenschaften des militärisch-geheimdienstlichen Komplexes sind zurzeit der Renner, obwohl ihr Sujet eher finster, bedrohlich und absolut humorfrei ist.

Wir wissen, dass Menschen nicht immer den Kant'schen Imperativ zur Maxime ihres Handelns machen, sondern Machthunger, Geldgier und Eitelkeit ihre Entscheidungen beeinflussen. Nicht nur Drehbuchautoren und Verschwörungstheoretiker glauben, dass es unter Politikern, Militärs und Industriellen Charakterschweine gibt, die aus niederen Motiven die Menschheit belügen und bereit sind, über Leichen zu gehen, nur um ihre Interessen zu schützen, welche auch immer das sein mögen. Inzwischen haben auch eine Menge gewöhnlicher

Leute den Verdacht, dass sie als Bürger irgendwie betrogen werden und dass «da oben» Machenschaften im Gange sind, die nicht nur ihrer Gesundheit schaden.

Verschwörungstheoretiker, Schriftsteller und Drehbuchautoren ahnen, dass die Motive der Bösewichte etwas mit Macht, Feindseligkeit und Waffen zu tun haben könnten, doch weil ihre Beweise nicht reichen, verarbeiten sie ihren Verdacht fiktional – und so werden aus Verschwörungstheoretikern Autoren und aus Autoren Verschwörungstheoretiker. Diejenigen, die kein schriftstellerisches Talent haben, gehen mit ihren abstrusen Verdächtigungen zornig in den Untergrund und nerven die Internetgemeinde mit ihren schlechtverfassten Texten. Und die anderen werden mit ihren Geschichten reich und berühmt.

DIE SISYPHUSARBEIT DER AUFKLÄRER

Wer die Fernsehserie *Akte X* verfolgt hat, erkennt das immer wiederkehrende Muster: Ein unerklärliches Phänomen taucht auf, und die Agenten, die zur Aufklärung des Falles geschickt werden, erhalten auf jede gefundene Antwort zwei neue Fragen. Der Zuschauer, immer auf Augenhöhe mit den im Dunkeln Tappenden, fiebert der Lösung entgegen. Während der Recherchen werden die Helden von mysteriösen Figuren an ihrer Arbeit gehindert, Zeugen verschwinden, werden mundtot gemacht oder tatsächlich getötet, auch die Ermittler selbst werden dauernd an Leib und Leben bedroht, entführt, eingesperrt, eingeschüchtert und mit Krankheitserregern infiziert. Am Ende der meisten Fälle stellt sich heraus, dass die eigene Regierung oder wenigstens eine Organisation, die von Steuergeldern finanziert wird, um jeden Preis verhindern will, dass die Wahrheit ans Licht kommt. Die beiden Agenten schreiben ihren Bericht, der von niemandem je gelesen wird.

Aber immer mehr Menschen wollen einfach nicht glauben, dass umhergeisternde Gerüchte bloß fiktional sind. Und unter all den Lügen, Fälschungen und Hirngespinsten ist es dabei praktisch unmöglich geworden, herauszufinden, welche Fragmente noch einen wahren Ursprung haben. Das UFO-Thema ist am stärksten betroffen, und wie wir in Kapitel 17 darlegen, sind UFOs Zeitmaschinen, und Außerirdische müssen Zeitreisende sein. Wir stellen die wichtigsten Spekulationen und Legenden über UFOs und Zeitreisende kurz vor.

DIE ROSWELL-STORY

Das hartnäckigste aller UFO-Gerüchte ist der Absturz einer fliegenden Untertasse 1947 in der Nähe von Corona, einer Ansiedlung in der Wüste von New Mexico, 120 Kilometer von der Kleinstadt Roswell entfernt. Der Farmer Mac Brazel fand am 14. Juni auf dem Gelände der Familie Foster ungewöhnliche Trümmerteile. Er ging davon aus, dass er Teile eines Wetterballons gefunden habe. Die Wetterstation hingegen vermisste keinen Ballon.

Brazel meldete dem dortigen Sheriff Wilcox seinen Fund, und am gleichen Tag fuhren der Nachrichtendienstoffizier der Luftwaffe Major Jesse Marcel, Mac Brazel selbst und einige Offiziere zu der Fundstelle auf der Farm. Die Wrackteile der «Scheibe» wurden zuerst zum nahegelegenen Armeeflugplatz gebracht und von dort weiter zu einem Militärstützpunkt in Ohio geflogen.

Am 8. Juli 1947 unterrichtete der Pressesprecher des Roswell-Militärstützpunktes Walter Haut telefonisch die Rundfunkstationen und Zeitungen über den Fund und darüber, dass die «vielen Gerüchte über die fliegenden Scheiben ... gestern Wirklichkeit» wurden, wie man ihn in den ersten Zeitungsartikeln zitierte. Die UFO-Meldung machte zwar auch im Ausland die Runde, wurde aber erst in den Achtzigern weltberühmt, durch die Autoren Berlitz und Moore[65]. Angefacht wurde das Verschwörungsfieber von einem noch am selben Tag lancierten Dementi des Militärs, nach dem die Wrackteile als Überreste eines gewöhnlichen Wetterballons identifiziert worden seien. Allen späteren UFO-Fans war klar: Hier stimmt etwas nicht, es läuft eine große Vertuschungsaktion.

War es vorher nur eine etwas eigenwillige Formulierung des Presseoffiziers, geht seit Berlitz' Buch eine größer werdende Schar Menschen davon aus, dass ein UFO eine Bruchlandung hatte und dass mindestens ein Außerirdischer dort geborgen wurde. Dieser Alien soll noch eine Weile am Leben gehalten und verhört worden sein, bis er starb. Die Kenntnisse, die Forscher aus der Analyse des in Roswell geborgenen Raumschiffes gewinnen konnten, sollen den Grundstock für neue Technologieentwicklungen gebildet haben, und nach dieser ersten Kontaktaufnahme mit Außerirdischen lief angeblich eine rege Kommunikation mit weiteren Extraterrestrischen.

Anfang der Neunziger erklärte das Pentagon, dass die damals gefundenen Wrackteile tatsächlich zu einem MOGUL-Wetterballon gehörten, der mit Radarreflektoren ausgestattet gewesen sein soll. Solche Reflektoren sollten Schockwellen in der Stratosphäre messen, die die Schallmauer durchbrachen. Mit diesen Geräten wollte man frühzeitig Atombombenexplosionen feststellen, um im Kalten Krieg sämtliche Kernwaffentests frühzeitig registrieren zu können. Selbstverständlich unterlag MOGUL der allerhöchsten Geheimstufe, und um zu vertuschen, um was es sich also tatsächlich handelte, hätte man damals die Erklärung vom Raywin-Wetterballon in die Welt gesetzt. Für die UFO-Fans besteht kein Zweifel: Dies war nur ein neuer Versuch, die Wissbegierigen an der Nase herumzuführen.

DIE UNHEIMLICHE TESTANLAGE IN AREA 51

Bis vor kurzem stritten sämtliche US-Behörden die Existenz einer geheimen Militärbasis auf dem Gelände der Nellis Air Force Base zweihundert Kilometer nördlich von Las Vegas ab. Am ausgetrockneten Ufer des Groom Lake, umsäumt von hohen Bergen, liegt das 155 Quadratkilometer große Areal mit der größten Landebahn der Welt, wie Satellitenaufnahmen beweisen sollen, die besonders pfiffige Investigatoren aus älteren russischen Archiven herausgekramt haben wollen. Seit wenigen Jahren gibt das Pentagon aber widerstrebend zu, dass hier neue Flugzeugtypen getestet werden. Da das Areal aber so streng bewacht wird, dass es sogar heißt, dass die Wachen die Lizenz zum Töten haben, nimmt man an, dass hier mehr vorgeht als bloß Tests für Höhenaufklärer und Tarnkappenbomber. In riesigen unterirdischen Katakomben soll an UFOs herumgeschraubt werden, und fernab der Zivilisation ließen sich ja auch die Flugeigenschaften verschiedener scheibenartiger Flugkörper unbeobachtet testen. Einige Wissenschaftler und Ingenieure behaupten, sie seien dort angestellt gewesen und hätten an nicht-irdischen Flugapparaten geforscht. Sie sagten, sie gingen nur deshalb an die Öffentlichkeit, um zu verhindern, dass dunkle Mächte ihnen etwas antun, denn wenn ihnen nun etwas zustoße, würde diese Öffentlichkeit auf einer genauen Untersuchung der Umstände beharren.

Die Spekulationen über eine supergeheime Sektion namens «S-4» innerhalb der ohnehin mysteriösen Area 51 sind noch haarsträubender: Verschwörungstheoretiker aller Länder sind sich einig, dass hier nicht nur ständig exotische Energiewaffen und Apparaturen zur Wetterkontrolle entwickelt werden. Dieser Ort ist ihrer Meinung nach auch der Treffpunkt der Schattenregierung der Welt, auch «Geheime Weltregierung» genannt, in die die «Illuminaten» und andere Geheimbünde involviert sind. Am liebsten treffen sich ihre Drahtzieher hier mit extraterrestrischen Lebensformen, die seit dem Absturz in Roswell regelmäßig die Erde besuchen. Im Gegenzug zu Informationen über außerirdische Technik erlaubt ihnen die Geheime Weltregierung, Menschen zu entführen und für fiese medizinische Untersuchungen zu missbrauchen. Weiterhin wird es auch niemanden wundern, dass natürlich auch die alten Filmstudios auf dem Gelände der Area 51 versteckt sind, in denen man damals die Bilder von den Apollo-Landungen auf dem Mond drehte.

DAS MONTAUK-PROJEKT – WISSENSCHAFTLER AM ABGRUND

Unter dem Schlagwort «Montauk» subsumiert sich ein ganzes Verschwörungsnetz, dessen Verflechtungen wir hier grob entwirren. Eine angebliche Militärbasis in Montauk an der Nordspitze von Long Island, New York, gab dem Projekt seinen Namen. Sie hatte im Verlauf der Siebziger und frühen Achtziger zur Aufgabe, die Natur des Zeitflusses zu erkunden und ihn gegebenenfalls zu manipulieren, da sind sich sämtliche Konspirationstheoretiker einig.

Seinen Ursprung hat das Projekt allerdings schon einige Jahre vor dem Zweiten Weltkrieg. Seine Wurzeln liegen nämlich im «Rainbow-Forschungsprojekt», das im Zweiten Weltkrieg Möglichkeiten eröffnen sollte, das Wetter zu beeinflussen und Schiffe für feindliche Radarortung unsichtbar zu machen. Ursprünglich sollen sogar Wissenschaftler wie Albert Einstein, Wilhelm Reich und andere namhafte Koryphäen mitgeforscht haben. Das berühmte «Institute for Advanced Study» an der Universität in Princeton sei extra für diesen Zweck gegründet worden.

Ab 1936 machte man angeblich Nikola Tesla zum Direktor des Rainbow-Projektes, und schon im selben Jahr konnten Erfolge von «partieller Unsichtbarkeit», was immer das heißen mag, gefeiert werden. Dies behauptet ein berüchtigter Oberverschwörungstheoretiker, der unter dem Pseudonym «Jan van Helsing» seine zahlreichen Pamphlete veröffentlicht[66].

Im Jahr 1940 gelang es dann sogar, ein ganzes Schiff im Marinehafen von Brooklyn unsichtbar zu machen, und als Tesla befohlen wurde, Experimente mit Menschen an Bord zu veranstalten, sabotierte er die Aktion, wurde gefeuert, und John von Neumann setzte das Werk fort, das zum inzwischen legendären «Philadelphia-Experiment» führen sollte:

Am 13. August 1943 hatte man den Zerstörer USS Eldridge in der Nähe der Marinewerft in Philadelphia für einige Minuten unsichtbar gemacht – und dies nicht durch eine optische Täuschung, sondern durch Dematerialisation mit Hilfe von elektromagnetischen Wellen*. Als es wieder zum Vorschein

---

* Ein besonders interessanter Aspekt für Zweifler ist die Frage, war-

kam, waren die an Bord befindlichen Matrosen nicht nur verwirrt, sondern komplett wahnsinnig geworden, und einige sind bei der Rematerialisation mit den Molekülen des Schiffstahls «verschmolzen» worden, sodass ihre Körper halb im Deck feststeckten.

Nach einem weiteren Versuch im Oktober 1943 mit einem unbemannten Schiff, bei dem wieder einiges schieflief, stellte zwar die Marine ihre Versuche endgültig ein, und Neumann wurde zum «Manhattan-Projekt» beordert, das sich mit der Entwicklung der Atombombe beschäftigte, aber 1949 holte man ihn wieder zurück, um herauszufinden, was die Ursache für die Fehlschläge war und wie die negativen Auswirkungen der Dematerialisation für Menschen beseitigt werden könnten. Dieses Unterfangen wurde «Phönix-Projekt» genannt. Anfang der fünfziger Jahre dann reaktivierte man auch das Rainbow-Projekt zur Wetterforschung und legte es mit Phönix zusammen. Wie es heißt, erkannte von Neumann, dass die Menschen deshalb wahnsinnig wurden, weil sie sich während der Dematerialisierung im Hyperraum befunden haben müssen und ihr Geist dort keine Orientierungshilfe fand. Also nutzte er einige fabelhafte neue Spezial-Supercomputer, von deren Fähigkeiten wir auch heute nur träumen können, die aber damals geheimen Eliteforschern von noch geheimeren Eliteforschern zur Verfügung gestellt wurden. Mit diesen Wunderrechnern konnte von Neumann eine Art Ersatzrealität für die unsichtbaren, dematerialisierten Menschen schaffen, damit sie wäh-

---

um niemand eine außergewöhnliche Beobachtung über das Verhalten des Wassers im Hafen gemacht hat. Es hätte sofort nach der Dematerialisierung des Schiffs in die entstandene «Lücke» fließen müssen, und bei der Rematerialisierung hätte die damit verbundene Verdrängung eine enorme Welle auslösen müssen.

rend ihres irrealen Zustandes im Hyperraum nicht so schnell verrückt wurden. Diese Scheinrealität wurde maschinell in das Bewusstsein der Männer eingespeist, und damit war kurze Zeit später die vollständige Bewusstseinskontrolle möglich, auch ohne dass jemand entmaterialisiert werden musste.

Seltsamerweise fühlte man sich trotz aller Geheimhaltung 1967 scheinbar verpflichtet, dem Kongress einen entsprechenden Bericht vorzulegen, der – noch seltsamer – nicht dazu führte, dass alle Beteiligten ins Gefängnis geworfen wurden. Angeblich gestattete man sogar noch zwei weitere Jahre der Forschung, bevor das Projekt 1969 abzuschließen sei. Da die Ergebnisse für das Militär außerordentlich verlockend waren, entschloss man sich, es heimlich weiterzuführen, in der Hoffnung, den Feind in Zukunft nicht mehr erschießen zu müssen, sondern ihn vielleicht dahin gehend beeinflussen zu können, dass er sich möglichst selbst erschießt. Dafür wurde der Stützpunkt Montauk erneut zur Verfügung gestellt. Zwar nannte man das Folgeprojekt «Phönix II», aber es wurde von allen, die sich damit beschäftigten, nur noch «Montauk-Projekt» genannt.

In dessen Rahmen gelang es angeblich über ein menschliches Medium, das auf einer speziellen Apparatur saß (Montauk-Chair), nicht nur Ersatzrealitäten für andere Menschen an fernen Orten zu erzeugen, sondern auch Gegenstände aus dem Nichts zu materialisieren. Später war dieses Medium in der Lage, in andere Menschen zu «schlüpfen» und sie zu Handlungen zu bewegen, die sie gar nicht ausführen wollten. Im Rahmen der Forschung wurde alles, was nicht niet- und nagelfest war, getestet: Gegenstände, Tiere und Menschen. Viele der Missbrauchten, die man nach einer Gehirnwäsche wieder in die Freiheit entließ, behaupteten anschließend, von UFOs entführt worden zu sein, wobei Verschwörungstheoretiker nicht ausschließen, dass Außerirdische («die Grauen») dort zusätzlich ihre Finger im Spiel hatten.

Der Zeitmanipulationsaspekt des Montauk-Projekts rückte 1979 wieder in den Vordergrund, als mediale Befehle plötzlich mit Zeitverzögerung umgesetzt wurden. Auch diese Methode entwickelte man gezielt weiter, bis es gelang, richtige Zeittunnel zu erzeugen, durch die man zunächst nur filmen konnte, was sich auf der anderen Seite befand. Natürlich dauerte es nicht lange, bis sich Menschen hindurchschicken ließen – und fortan wurden von Montauk aus munter Zeitreisen durchgeführt, die in aller Ausführlichkeit in den Büchern von Preston B. Nichols und Peter Moon beschrieben werden.[67]

Wahrscheinlich wäre das noch ewig so weitergegangen, aber sowohl die Autoren als auch andere Verschwörungstheoretiker wissen zu berichten, dass nach fast zwanzig Jahren plötzlich aus verschiedenen Gründen Skrupel entstanden, die schließlich dazu führten, dass es den Forschern tatsächlich «zu heftig wurde», wie van Helsing es ausdrückt. Schlagartig wollten sie lieber arbeitslos sein, als solch eine moralisch fragwürdige Tätigkeit weiterhin auszuüben, und sie beschlossen, die Einsätze zu stoppen. Da dies nicht mit Befehlsverweigerung zu erreichen war, schufen sie kurzerhand ein nicht näher definiertes, aber moralisch offenbar unbedenkliches «Monster», wie Nichols und Moon berichten, das die Anlagen zerstörte. Ebenso ungeklärt wie der Ursprung dieses Ungeheuers ist sein Verbleib. Aber vielleicht werden wir darüber in einem neuen Montauk-Buch mehr erfahren, denn das Interesse der Leser scheint analog zum berichteten Irrsinn zu steigen. Zeitreiseexperte Fred Dodson hält die Montauk-Berichte übrigens für eine reine Werbekampagne, um den Buchmarkt anzukurbeln:

«Alles in allem würde ich die ganze Story jedoch eher als Studium des Esoterik-Marketings denn als Studium des Zeitreisens betrachten.»[68]

ONG'S HAT

Den Verdacht, dass es sich bei der «Legende um Ong's Hat» ebenfalls um einen Versuch handeln könnte, die Verkaufszahlen für die ominösen «Incubaluna Papers», die in diesem Zusammenhang vertrieben werden, positiv zu beeinflussen, können auch wir nicht entkräften.

Aus einer ehemaligen Hippie-Gemeinde irgendwo in der Pampa in New Jersey mit dem inoffiziellen Ortsnamen «Ong's Hat» kristallisierte sich in den siebziger Jahren eine Gruppe wissenschaftlich Interessierter heraus, die mit verschiedenen Bewusstseinserweiterungs-Methoden, Quantenphysik, Chaostheorie und Tantra herumexperimentierte und schließlich nicht nur einen eigenen Wissenschaftszweig namens «Kognitives Chaos» kreierte, sondern auch ein Gebilde entwickelte,

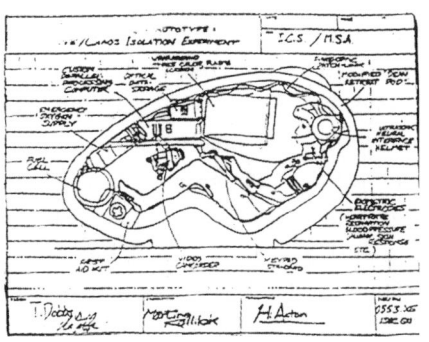

Die Ong's-Hat-Zeitmaschine.

das sie das «Ei» nannten. Einer der damals modernen Salzwassertanks, in denen man bei Körpertemperatur sämtlicher äußerer Einflüsse beraubt intensive psychedelische Erfahrungen machen konnte, wurde nach verschiedenen esoterischen, physikalischen und sexualmagischen Experimenten in eine Art riesiges, blau schimmerndes, überdimensionales Fabergé-Ei* umgestaltet. In dieser Deprivationskammer hatte zunächst nur eine speziell geschulte Person als «Pilot» Platz.

Eines Tages verschwand dieser Tank und «flog» zusammen mit seinem Passagier in eine Parallelwelt, die exakt der «normalen Welt» glich, nur dass darin keine Menschen lebten. Die «Kognitiven Chaoten», wie sie sich selber nannten, gaben dieser menschenleeren Gegend den Namen «Erde 2» und pendelten munter zwischen Erde eins und Erde zwei hin und her. Dabei verbesserten sie ihre Technik, damit sie auch Gegenstände und ungeschulte Personen, zum Beispiel ihre Kinder, mitnehmen konnten. So entdeckten sie weitere Parallelwelten, doch keine sagte ihnen so zu wie Erde 2. Sie beschlossen also, dorthin überzusiedeln, und verfrachteten nach und nach ihr gesamtes Hab und Gut mit dem Ei nach Erde zwei. Eines Tages verschwand daher die ganze Gruppe endgültig, und man rätselt bis heute, was aus ihr geworden ist. Joseph Matheny, ein Journalist, machte sich auf die Suche nach der Wahrheit, und je näher er dieser zu kommen schien, desto größer wurden die Schwierigkeiten: Telefonterror oder finstere Gestalten an seiner Haustür zwangen ihn dazu, für ein paar Jahre unterzutauchen. Erst vor kurzem ging er mit seiner Geschichte an die Öffentlichkeit.[69]

Bei seinen Recherchen stieß er auch auf einen Katalog von Schriften über Verschwörungstheorien und die Techniken der

---

* Ende des 19. Jahrhunderts erlangte der Juwelier Peter Carl Fabergé Berühmtheit, weil er die kostbarsten und raffiniertesten Schmuck-Eier aller Zeiten für den russischen Zarenhof herstellte.

Leute von Ong's Hat, die «Incunabula Papers» – die man ohne weiteres im Internet finden kann – in einem Online-Shop.

Der Legende von Ong's Hat haftete von Anfang an das Etikett «modernes Märchen» an. Jeder, der davon erzählt, behauptet im gleichen Atemzug, dass es sich lediglich um ein Internetmärchen handelt – und wir schließen uns dem an.

DIE HELFER AUS DER ZUKUNFT: WINGMAKERS

Bei der Wingmaker-Legende geht es um die Story einer hochentwickelten Kultur, die angeblich aus einer 750 Jahre entfernten Zukunft zu uns spricht.

Bei den Wingmakers selbst soll es sich um Wesen handeln, die ihr friedliches, ästhetisch ansprechendes und philanthropisches Denkgebäude schriftlich, musikalisch und bildlich zusammengefasst und in einer Zeitkapsel auf der Erde, genauer gesagt in Arizona, deponiert haben. Sie besteht aus mehreren Kammern, in denen diskettenartige Datenträger mit wichtigen Botschaften gefunden wurden, die der Menschheit helfen könnten, sich zu ihrem Vorteil zu entwickeln.

Nachdem die Kapsel in den Neunzigern gefunden wurde, so heißt es, arbeitete die US-Geheimdienstorganisation NSA an der Dechiffrierung dieser Texte, und einer ihrer Mitarbeiter sorgte dafür, dass der dechiffrierte Inhalt der Zeitkapsel nicht länger geheim blieb. Es fällt auf, dass bei allen Zeitreise- und Zeitmaschinen-Projekten das Element «Geheimdienst» sehr beliebt ist. Ob das so ist, weil die mysteriösen Agenten tatsächlich ihre Finger im Spiel haben oder weil sich ihr vermeintliches Interesse als verkaufsfördernd erwiesen hat, können wir nicht sagen.

Im Gegensatz zu allen anderen Zeitreiseveranstaltern haben die Wingmakers, glaubt man ihren irdischen Jüngern, nicht das geringste Interesse daran, etwas zu verheimlichen, sondern es scheint ihnen – ganz im Gegenteil – sehr deutlich daran gelegen, dass ihr Werk und ihre Mission möglichst weit verbreitet werden.

Die Philosophie der Wingmakers wird systematisch kommerziell vermarktet: Nicht nur in Internetshops, auch in realen Esoterikläden kann man haufenweise Wingmakers-Artikel erwerben, sowohl Bücher mit ihrer Poesie als auch sämtliche philosophischen Schriften und Sekundärliteratur mit Tipps für die richtige Interpretation und Anwendung dieser Weisheiten werden angeboten. Aber der größte Verkaufsschlager scheinen vor allem die farbenfrohen Bilder und Audio-CDs mit ihrer Musik zu sein. Inzwischen offerieren zahlreiche «Eingeweihte» auch Wingmaker-Workshops. Ob die Wesen aus der Zukunft den Handel mit ihren Produkten begrüßen oder sogar an den Gewinnen beteiligt sind, konnten wir keiner der uns zur Verfügung stehenden Quellen entnehmen.

7. ERNSTE SPIELE – ZEITMASCHINEN FÜR AUSSTEIGER

DER KÜRZESTE WEG INS MITTELALTER, PARALLELWELTEN OHNE WURMLÖCHER UND DIE RELIGIÖSE KOMPONENTE DER ZEITMASCHINE

> «*Der Ursprung des Spektakels ist der Verlust der Einheit der Welt, und die riesengroße Ausbreitung des modernen Spektakels drückt die Vollständigkeit dieses Verlustes aus.*»
>
> Guy Debord, *Die Gesellschaft des Spektakels*

Obwohl das Medium Fernsehen als simple Form der Zeitmaschine außerordentlich beliebt ist, haben sich trotz seines unwiderstehlichen Komforts viele Menschen freiwillig auf viel umständlichere Arten des Zeitreisens kapriziert. Sie nutzen ganz bestimmte Illusions-Refugien nicht nur mental, sondern «mit Leib und Seele» als Rückzugsgebiete aus ihrer Zeit und ihrer Kultur. Sie schlüpfen in eine Rolle. Je intensiver die Erfahrung sein soll, umso strenger die Regeln, die es zu befolgen gilt. Und obwohl es sich um ein Spiel handelt, sind diese Verfahren nicht immer lustig.

Der Wilde Westen ist die in Deutschland am weitesten verbreitete Epoche aus zweiter Hand. Kommerziell betrieben und teilweise durchaus erfolgreich sind Freizeitanlagen, wie «Pullman City II» im Harz oder das «Fränkische Wunderland» bei Erlangen. Pullman City im Bayerischen Wald bietet sogar bewohnbare Tipis an. Größere Westernstädte locken in der Hauptsaison mit Showprogrammen und Live-Music-Abenden.

Auch Westerngemeinden auf Vereinsebene haben in der Prärie irgendwo zwischen Waldrand und Gewerbegebiet Westerndörfer errichtet, in denen selbsternannte Billy-the-Kids und Calamity-Janes Spiele- und Tanzabende veranstalten oder Bands einladen und Westernshows inszenieren. Manchmal ist die Gründungsgeschichte der Westernstädte mit dem Westernreiten verwoben, viele Country- und Westernvereine sind aber eher der modernen Trucker- und Bikerkultur im Sinne einer «Route 66»- und «Easy Rider»-Nostalgie verbunden; bei ihnen geht es in erster Linie ums Biertrinken und das gemütliche Beisammensein.

Country & Western Lifestyle ist ein grassierendes Hobby, ähnlich volkstümlich wie Kleingärtnern, Campen und Kegeln. Es gibt aber auch Indianer- und Trappervereine, bei denen die Lebensweise der aufeinandertreffenden Kulturen westlich des Missouri und zu Zeiten des Goldrauschs möglichst authentisch nachgeahmt wird. Sie nennen sich Indianisten, Historisten, Authentisten und nehmen die geschichtliche Vergangenheit außerordentlich ernst. Manche grenzen sich sogar recht unfreundlich gegen weniger authentische Anhänger dieser Beschäftigung («Hobbyisten») ab. Aber die meisten Zusammenkünfte der Westernfans sind reiner Freizeitspaß in Verkleidung.

DIE AUTHENTISCHE ZEITMASCHINE: LIVING HISTORY

Die Sehnsucht, ein anderes Zeitalter leibhaftig zu *erleben* und nicht nur anzuschauen, ist nicht nur bei Cowboy- und Indianerfans stark ausgeprägt. Für alle, die sich nicht für den Wilden Westen erwärmen können, gibt es andere Mittel und Wege, ihre Leidenschaft auszuleben. Diese Beschäftigung nennt sich «Living History» oder «Reenactment»; man kleidet sich in Kostüme, bastelt passende Utensilien und tut so, als lebte man wirklich in einer anderen Zeit.

Der Wunsch, nicht in der Epoche festzusitzen, in der man geboren wurde, ist eine der großen Triebkräfte bei der Suche nach Zeitmaschinen und anderen Möglichkeiten, durch die Jahrhunderte oder noch weiter zu reisen. Und während sich Rechengenies Lehrstühle der theoretischen Physik erkämpfen, profilierte Bastler in ihren Kellern versuchen, die Naturgesetze außer Kraft zu setzen, und spirituell Interessierte ihren Astralkörper durch die Zeit zu wuchten versuchen, haben die Aktivisten der Living History eine erheblich einfachere Lösung für das Zeitreiseproblem gewählt. Sie nutzen ihre Fantasie und tun einfach so, als ob. Dass sie tatsächlich im Wilden Westen oder im Mittelalter landen, würden sie niemals behaupten.

Aber auch die Sehnsucht nach der Zeitmaschine begründet sich ja in erster Linie darin, dass man eine andere Zeit erleben möchte. Und wenn das reale Erlebnis im Mittelpunkt stehen soll, dann sind die Reenacter allen vergeblich Forschenden einen gehörigen Schritt voraus. Ihr transhistorisches Erlebnis findet bereits tatsächlich statt. Und zwar hier und jetzt.

DIE FREIE WAHL DER EPOCHE

Einige zehntausend Begeisterte haben sich in Deutschland seit den Siebzigern bereits angesammelt, die in ihrer Freizeit Geschichte erleben wollen, so wie sie sich für die Menschen in vergangenen Jahrhunderten wirklich angefühlt haben muss. Teilweise spektakulär ausgestattet, aber in den Medien nicht besonders beachtet, finden großangelegte Treffen statt. Zu Veranstaltungen in England reisen zum Beispiel schon mal über tausend Mitspieler an. Es gibt zwar einen offiziellen Dachverband (Vita Historica e.V.), aber da viele Gruppen völlig losgelöst im Wald agieren, existieren keine offiziellen Angaben über ihre genaue Zahl. Die wachsende Gemeinde solcher «Zeitreisenden» speist sich aus allen Altersgruppen – und erstaunlich viele Jugendliche und junge Erwachsene sind zunehmend bereit, sich mit diesen anderen Welten zu beschäftigen und dafür sogar den Gameboy einmal liegen zu lassen.

Der Anspruch an Authentizität ist dabei stufenlos variabel. Einige bauen Waffen und Alltagsgegenstände aus archäologischen Funden originalgetreu nach, studieren eifrig Lebensweise und politische Zusammenhänge, ehe sie sich ans Nachspielen machen. Andere werfen sich ein Fell und einen alten Sack über und schnappen sich einen Besenstiel, mit dem sie den ganzen Tag herumfuchteln. Der Spaß am Nachspielen gibt dieser Freizeitbeschäftigung ihren zweiten Namen: Reenactment. Seinen exakten Ursprung hat das Reenactment in England am Pembroke College in Oxford. Robin George Collingwood erfand diese Methode Anfang des 20. Jahrhunderts als Mittel der Geschichtswissenschaft, das geschichtliche Ereignisse gedanklich besser durchdringbar macht. Allerdings fühlen sich diejenigen, die es historisch genau nehmen, bei dem Begriff Living History wohler, während Reenacting inzwischen mehr in den Unterhaltungsbereich gerückt ist. Dessen Steigerung ist Histotainment: rein kommerzielle Fun-Veranstaltungen.

Die meisten Reenacter sind Laien, die sich für das Mittelalter begeistern. Aber auch die römische Antike und der Dreißigjährige Krieg haben viele Fans. In England favorisiert man die Zeit der Befreiungskriege, und in Amerika ist der Bürgerkrieg die beliebteste Epoche.

GESCHICHTE ALS ENTERTAINMENT

Als Tourist kann man im Sommer quer durch Deutschland reisen und dabei manchmal sogar «hautnah Geschichte» erleben. Viele kleinere Städtchen mit hübschen, alten Fassaden bereichern ihre lokalen Veranstaltungskalender mit historischen Spektakeln, in die sich die Reenacter-Gruppen gelegentlich integrieren und diverse Szenen nachspielen. Highlights sind Hinrichtungen, Krönungen und Hochzeiten. Aber es werden auch klingelnde Karren mit Pestleichen durch die Gassen gezogen oder Ablassbriefe verkauft, Feuerschlucker, Jongleure, Wahrsager treten auf, um das Leben von damals zu illustrieren.

Ein typisches Fest dieser Art findet in Kaufbeuren im Allgäu statt, straff organisiert vom örtlichen Tänzelfestverein. Seit 1959 spielen Kinder jedes Jahr die Geschichte ihrer Stadt nach, und zwar vom neunten Jahrhundert bis zum Rokoko – in prachtvollen Kostümen, die der Verein selbst schneidert. Das ganze Fest dauert zwölf Tage und versetzt den historischen Stadtkern in einen fröhlichen Ausnahmezustand, vor allem weil immer mehr Touristenhorden einfallen, um das altertümliche Lagerleben mitzuerleben.

Spektakel wie diese oder das Kaltenberger Ritterturnier fallen in die Rubrik «Histotainment» und begeistern einmal im Jahr viele tausend Touristen. Damit man dieses Vergnügen ganzjährig erleben kann, gibt es inzwischen auch entsprechende Freizeitparks. Im Frühjahr 2005 begannen die Bauarbeiten zu Deutschlands offiziell erstem Histotainment-Park in Osterburken, zwischen Würzburg und Heilbronn[70], in dem sich Besucher am Mittelalter erfreuen sollen. Langfristig will man dort auch historische Haustierrassen zurückzüchten und altes Saatgut im experimentellen Anbau kultivieren.

GRADMESSER AUTHENTIZITÄT

Die Bandbreite für Talente in der Living History ist riesig. Besonders auf ihre Kostüme und Waffen legen die Spieler großen Wert. Begegnen sich zwei Kombattanten, wird genau geprüft, ob Gewand und Harnisch auch zusammenpassen, ob Verarbeitung und Materialien stimmen, bis hin zur Stickerei und den selbstverständlich originalgetreu nachgeschmiedeten Schnallen. Und nirgendwo anders findet man so viele Männer, die einander nach Schnittmustern fragen, wie in dieser Szene. Alles muss passen. Das gilt vor allem für Waffen: Wer in der Uniform eines konföderierten Infanteristen auftaucht, sollte nicht mit einer Nordstaaten Springfield Rifle M 1861 ausgerüstet sein, sondern mit einer 3-Band Enfield M 1858 mit Tüllenbajonett.

Besonderen Reiz entfalten historische Schlachten. Gerne werden dabei ganz bestimmte bedeutsame kriegerische Metzeleien nachgespielt, zu denen die passenden Living-History-Gruppen von überall her anreisen und nach einem mehr oder weniger exakten Schlachtplan alle verbrieften Stellungsverschiebungen durchspielen – mit allem, was dazugehört; im Kettenhemd fünfmal den Berg rauf und runter, da spürt man Geschichte hautnah. Weniger aufreibend ist sicher das jeweilige Lagerleben am Rande einer solchen Auseinandersetzung, denn hier gibt es Speis und Trank, Musik und Frauen – und Kommerz: Verkaufsstände mit allem, was man im Reenactment braucht oder auch nicht – manche Anbieter nehmen es mit der Authentizität im Sortiment nicht so genau. Aber auf solchen Märkten erlebt man eine Zeitreise des Konsums und findet eventuell alte Kartoffelsorten, Honigwein, handgewebtes Leinen und andere fast vergessene Produkte, deren Herstellungsweisen wiederbelebt werden konnten.

HAUEN, OHNE WEH ZU TUN

Die Spieler müssen darauf verzichten, voll funktionstüchtige Waffen zu tragen. Damit die Atmosphäre eines Gefechtes aber dennoch möglichst geruchsintensiv und laut wird, sind die Büchsen mit Platzpatronen ausgestattet, die mächtig qualmen.

In England locken historisch bedeutende Schlachten wie die von Hastings (1066, im Geschichtsbuch zu finden unter dem Stichwort «William the Conqueror») und Tewksbury (1471, unter «Rosenkriege»), aber auch außergewöhnlich schöne Locations wie Herstmonceux Castle gleich Tausende von Reenactors auf einen Schlag an. Und obwohl hier nur mit mittelalterlichen Hieb-, Stich- und Schlagwaffen gekämpft wird, ist der Lärmpegel beträchtlich, weil sich die Kämpfer während des ganzen Spektakels beschimpfen und anschreien.

Eine wichtige Regel bei allen Reenactments ist paradoxerweise die Gewaltlosigkeit. Alle Zweikämpfe werden mit stumpfen Waffen «simuliert». Trotzdem kommt es gelegentlich zu Blessuren. Die Veranstaltung in Tewksbury ist berüchtigt für ihre hohe Verletztenquote, was unter anderem daran liegen kann, dass die Engländer warmes Dosenbier zur Stärkung anbieten. Die offenbar gelegentlich in volksfestartige Besäufnisse ausartenden Schlachten beschämen alle, die die Aufgabe von Living History besonders ernst nehmen. Besorgte Museumsbetreiber können sich kaum entschließen, Reenactment in ihre Konzepte zu integrieren, weil sie befürchten, dass außer Kontrolle geratene Laien dem wissenschaftlichen Anspruch zu sehr schaden.[71]

Andererseits geben manche Veranstalter sogenannte Kit Guides heraus, die im Vorhinein genau vorschreiben, was erlaubt ist und was nicht. Die Kit Guides sind wichtige Indikatoren für die Authentizität eines Reenactments: Jeder, der gerne mitmachen möchte, muss seine Gewandung und das Equipment danach ausrichten. In Hastings geht man sogar so weit, dass das Event nur dann stattfindet, wenn der 14. Oktober auf einen Samstag fällt, weil Samstag der Tag der ursprünglichen Schlacht war. Vielleicht aber auch, weil es sich als praktisch erwiesen hat. An Publikumstagen prüft eine Authentic Police, ob sich auch alle an die Vorschriften halten. Warme Microfaser-Unterhosen müssen ausgezogen werden, entweder Leinenbuchsen oder nichts.

Der Wunsch, historisch möglichst authentisch zu agieren und dem Definitionsdurcheinander zu entfliehen, mündete in die Gründung verschiedener «Hardcores», eine davon nennt sich «The Authentic Campaigners», und ihre Anhänger bestehen darauf, auch das kleinste Detail zugunsten der Geschichte zu interpretieren und nicht zugunsten der Unterhaltung, geschweige denn der Bequemlichkeit. So ausgerüstet und vorgebildet wären die Living-History-Fundamentalisten auch ideale Kandidaten für eine tatsächliche Zeitreise in die jeweilige Epoche. Sie kennen die Sitten und Gebräuche, wissen sich zu kleiden und zu verteidigen. Gute Reenacter wären gute Zeitreisende: Sie sind bestens vorbereitet, um nicht als zeitfremder Eindringling enttarnt zu werden und damit mittelfristig Ärger mit «Ureinwohnern» oder Timecops zu bekommen.[*] Probleme gäbe es dann nur, wenn die Überlieferung gar nicht stimmte, denn Geschichte ist ja schließlich nur die Geschichte der Geschichten. Wahrscheinlicher sind jedoch Kommunikationsprobleme: Wer spricht schon Althochdeutsch? Bestenfalls lachen sie einen nur aus, schlimmstenfalls verbrennen sie den Zeitreisenden sofort auf dem Scheiterhaufen, weil er «mit fremden Zungen spricht», ein Indiz für den Teufel im Leib.

DIE SPASS-ZEITMASCHINE LARP

Ähnlich wie in der Theorie der physikalischen Zeitreise birgt auch das Vehikel der Fantasie nicht nur die Option, auf dem Zeitpfeil vorwärts und rückwärts zu reisen, sondern auch in ein paralleles Universum einzutauchen. Das Instrument dazu heißt Live Action Role Playing (LARP) und ist ein naher Verwandter der Living History. Wenn man es genau nimmt, unternehmen die Teilnehmer dieses Spielsystems keine Zeitreisen, aber dieses Hobby bietet jedes Mal eine Reise in eine andere

---

[*] Allerdings nur, wenn man auf den Spaß verzichten will, den gerade die «Reise ins Unbekannte» bietet, wie man in zahlreichen Kinokomödien, wie beispielsweise bei *(T)Raumschiff Surprise – Periode 1* oder *Die Besucher* und *Die Zeitritter – Auf der Suche nach dem heiligen Zahn* mit Jean Reno sehen kann.

Dimension. LARP selbst ist eine fremde Welt, undurchschaubar für Außenstehende und absichtlich bizarr angelegt. Die Teilnehmer wählen unter den verschiedenen Genres Fantasy, Science-Fiction, Cyberpunk, Western, Horror und Endzeit aus. Die meisten Fans gehören zum Fantasy-Lager.

Das Buch «Herr der Ringe» von J. R. R. Tolkien hatte in den sechziger Jahren zur Erfindung des ersten Brettspiels geführt, bei dem die Figuren von Mittelerde gegeneinander antraten. Davon inspiriert gründete der österreichische Autor von Vampir-Heftromanen Hugh Walker (alias Hubert Straßl) bei einem Spielertreffen in Wien 1966 den ersten deutschsprachigen Rollenspielclub nach LARP-Art: FOLLOW – die Fellowship Of The Lords Of The Lands Of Wonder, den «Bund der Fürsten über die Länder der Wunder».

In den USA entstand dann in den siebziger Jahren, mit einem 150-seitigen Regelwerk, die Mutter all dieser Rollenspiele: *Dungeons & Dragons* – ein Fantasyszenario mit großem Brettspielanteil, bei dem die Spieler in (eingebildeten) finsteren Gewölben gegen (eingebildete) Monster zu kämpfen hatten. Eine Reihe von Tischrollenspielen folgte, bei denen die Abenteuer wieder ausschließlich im Kopf stattfanden. Das berühmteste deutsche erschien 1984: *Das Schwarze Auge*. Kenner sprechen nur von DSA und der laufenden Nummer seiner Auflage. Derzeit läuft DSA4. Die offiziellen Spielkomponenten werden ständig von einer Redaktion weiterentwickelt, und gelegentlich erscheinen Überarbeitungen des Tabletops, also der Tischplattenvariante, und begleitende Romane, die die Spieler einerseits literarisch unterhalten und andererseits zu neuen Spielabenteuern inspirieren sollen. Grundsätzlich geht es bei Tisch- und Pen-&-Paper-Rollenspielen um Punkte. Wer sich im Spiel am geschicktesten anstellt, steht zwar am Ende gut da, aber da ein

Spiel niemals wirklich endet, es sei denn, alle Figuren sterben, gibt es keine Gewinner und Verlierer wie beim Mensch-ärgere-dich-nicht. Ein außerordentlich reizvoller Aspekt ist der, dass magische Fähigkeiten und Kräfte ausgespielt werden dürfen. Mit dem Siegeszug der Spielekonsolen und PC-Spiele explodierte auch die Zahl der entsprechenden digitalen Varianten, und mit vernetzten Computern können die Spieler heute auch gegeneinander antreten. Dort haben sich auch E-Mail-, Chat- oder Foren-Rollenspiele etabliert. Jedes Spiel ist eine Reise in verborgene innere Welten. Wenn der Spielleiter sagt: «Ihr steht vor einer Burg», haben alle ein anderes Bild im Kopf, und trotzdem entsteht ein höchst interaktives Abenteuer.

Live-Rollenspieler sind meistens männlich und zwischen 13 und 25 Jahre alt. In den letzten Jahren tragen die Spiele dem Bedürfnis ihrer Akteure nach mehr Action Rechnung und ähneln nun dem Improvisationstheater. Die kommerziell veranstalteten Treffen der Rollenspieler, sogenannte Conventions, Cons, Lives oder LARPs, arten zu Spektakeln mit bis zu 3000 Teilnehmern aus und werden meist nicht in Hallen gespielt, sondern im Freien. In England findet die größte regelmäßige Convention namens Gathering statt, zu der an die 10 000 Spieler anreisen. Die größte deutsche Convention ist das Drachenfest im Westerwald.

DIE STRENGE REGELUNG GRENZENLOSER FANTASIE

Die Akribie, mit der die eingefleischten Living-History-Anhänger an Regeln und Bestimmungen hängen, ist plausibel, weil sie sich auf wissenschaftliche Fakten stützen. Beim LARP verwundert es etwas, dass die Rollenspieler ebenfalls sehr streng darauf pochen, dass ihre strikten Regularien eingehalten werden, denn sie stützen sich nur auf sich selbst und ihre Fantasie. Die Regelwerke der einzelnen Spiele und Fantasiewelten werden genau festgelegt, und man einigt sich, bevor es losgeht, nach welchem Regelwerk man spielt. Fast alle Spieler haben Stammrollen, in denen sie am liebsten «auftreten». Es gibt wie beim Tischspiel einen Spielleiter (SL), der den Mitspielern vorträgt, in welcher Welt sich das kommende Abenteuer abspielt, er fungiert auch als Schiedsrichter und übernimmt die Rollen sogenannter Nichtcharakterspieler (NCS), die für den Ablauf der Geschichte wichtig sind, für die aber gerade kein anderer zur Verfügung steht. Hier gibt es kein Spielziel und auch keine Punktevergabe, es zählt nur der Spaß.

Ein zentraler Bestandteil des LARP sind die Waffen. Nach einer langen Zeit des Selberbastelns sind viele Spieler dazu übergegangen, weiche Latex- oder Schaumstoffwaffen zu kaufen: Schwerter, Dolche, Äxte und anderes Tötungsgerät. Alle Arten von Waffen sind erlaubt, Hauptsache, sie sind im Nahkampf ungefährlich, wobei allen Spielern bewusst ist, dass man sich auch mit einem Schnuller umbringen kann, wenn man sich nur blöd genug anstellt.

Eine interessante Regel ist DKWDDK (Du kannst, was du darstellen kannst) – sie unterscheidet sich erheblich von DKWDK (Du kannst, was du kannst). Verschiedene Spielfiguren der Tischrollenspiele können zaubern. Wer nach DKWDDK spielt, hat es schwer, denn da muss sich eine Zauberin schon sehr viel Mühe geben, wenn sie jemandem im Spiel einen Eselskopf anhexen möchte. Es muss glaubhaft sein. Um Streit zu vermeiden, hat man sich darauf geeinigt, weitgehend nach DKWDK zu agieren: Damit darf nur zaubern, wer wirklich zaubern kann.

LARP kann sich aber auch auf ganz konkrete Vorbilder und bereits bekannte Erzählungen beziehen. Einige Gruppen nutzen es nicht unbedingt, um die Tiefen ihrer Fantasie zu ergründen, sondern auch um ihre Lieblingsutopie zu «verwirklichen». Am Beispiel von *Star Trek* wird das besonders deutlich. Die TV-Serie hat seit ihrer Erstausstrahlung in den USA 1966 nicht nur sehr viele Fans, sondern auch sehr kompetente. Manche von ihnen kennen nicht nur die Episoden auswendig, sondern sind auch mit allen Verwandtschaftsverhältnissen, Vorlieben und Hintergründen sowohl der Rollencharaktere als auch der Schauspieler vertraut; zudem wissen sie um alle technischen Details. Etwas schizophren verehren sie die Stars der Serie wie Götter, küssen den Boden, auf dem sie gehen, lesen alles, was sie über sie finden können, verfolgen ihr Leben, leiden mit ihnen, wenn ihre Ehen in die Brüche gehen oder ihre Kinder erkranken. Andererseits ist es ihnen völlig egal, dass es sich um normale Menschen handelt; die Grenzen zwischen dem (Schau-)Spiel und der Realität verschwimmen. Die Schauspieler *sind* die Rollencharaktere. Patrick Stewart ist für sie untrennbar mit Captain Picard verbunden, der eine wohnt im anderen. Und wenn die Fans in Interaktion treten, existieren Baupläne von fiktionalen Schiffen, Rezepte von fiktionalen Speisen, interstellare Verträge von fiktionalen Völkern *wirklich*. Und wenn es sie noch nicht gibt, erfinden sie sie eben.

Das Raumschiff Enterprise und seine Reisen durch ferne Galaxien zieht seit einigen Jahren Tausende von LARP-Anhängern zu entsprechenden Conventions, wie zum Beispiel die FedCon, die größte ihrer Art in Deutschland, oder die HoloCon, die jährlich an unterschiedlichen Orten stattfinden. In liebevoller Kleinarbeit werden Kulissen und Requisiten hergestellt, die denen der Fernsehserie ähneln sollen. Die Teilnehmer kleiden sich entweder als Crewmitglieder oder als Bewohner fremder Welten. Wobei die meisten darauf verzichten, die Hauptcharaktere nachzuahmen. («Nur Michael Dorn darf Worf spielen!», betonen die Betreiber des Holo-Con-Rollenspiels auf ihrer Site www.holo-con.de. Die Figur namens Worf ist ein Mitglied der Crew von Raumschiff Enterprise *Star Trek – The Next Generation*.) Zuvor muss sich jeder Spieler mit dem Regelwerk vertraut machen, sich für eine Rolle entscheiden und die spezifischen Charakterzüge und Fähigkeiten auswendig lernen. Dann eröffnet der Spielleiter das Spiel, und die Teilnehmer tauchen ein in das Abenteuer.

Das ist der Reiz eines Freizeit-Paralleluniversums: In erreichbarer Nähe wartet die Erfüllung der Sehnsucht nach einer abenteuerlichen Spaß-Utopie: eine bessere Gesellschaft, die der Spieler als Individuum aktiv mitgestalten kann. LARP ist die Zeitmaschine, und Illusion ist ihr Treibstoff.

DAS ÜBERDAUERN DER ZEIT IN DER FOLKLORE

Eine traditionelle und volkstümliche Mischung aus Living-History und LARP existiert schon sehr lange, viel länger als die beiden Rollenspielhobbys: Folklorevereine. Anstatt die Zeit hinter sich zu lassen, versuchen ihre Mitglieder, sie mit sich zu nehmen. Die Vergangenheit durch die Gegenwart bis in die Zukunft zu schieben, um sie zu «retten», ist auch eine Möglichkeit der Zeitmanipulation. Das Ziel ist es, Traditionen und Brauchtum dadurch vor dem Aussterben zu bewahren, dass man die Rituale, Überlieferungen, Texte, Gesänge und Tänze regelmäßig praktiziert und gelegentlich öffentlich aufführt. Für Kinder beginnt der Einstieg meistens über den Tanz und den

Spaß an Trachten und Gewändern. Das gilt in der Heimat genauso wie in der Fremde. Um die Geschichte und die Identität einer Volksgruppe zu bewahren, gründen sich überall in der Diaspora solche Vereine, die die ethnischen Wurzeln schützen wollen. Folklorevereine als Reservate gegen das Vergessen sind sozusagen die ökologische Version der Zeitmanipulation. Sie treiben als Rettungskapsel durch die Geschichte, senden unablässig ihre Signale aus und hoffen, dass sie ihren Inhalt bis in alle Ewigkeit unversehrt bewahren können.

DER RELIGIÖSE KONSERVATISMUS

Der gewöhnliche Zeitreisende sehnt sich nach radikaler Veränderung – und zwar sofort. Vor ganz andere Probleme sehen sich aber Menschen gestellt, die schon das normale Verstreichen der Zeit und die daraus resultierende schleichende Modifikation des Vertrauten als Bedrohung empfinden. Daher sind auch die meisten religiös motivierten Gemeinschaften und Institutionen an traditionalistische Vorschriften geknüpft. Ein Blick in eine Kirche, eine Moschee, Synagoge oder einen Tempel während des Gottesdienstes reicht, um zu erkennen, dass sich die großen Religionsgemeinschaften außerhalb der Gegenwart aufhalten. Die «Gelehrten», die dem jeweiligen Religionsstifter am nächsten waren, waren auch seiner Wahrheit und seiner Weisheit am nächsten, und dies nicht nur räumlich, sondern auch zeitlich. Deren jeweiliges ursprüngliches Regelwerk stiftet Identität und ist als Existenzgrundlage unantastbar, es wird streng geschützt, und jede Veränderung gilt als Bedrohung und wird nur widerstrebend zugelassen. Fundamentalismus ist geradezu die systemimmanente Voraussetzung für das Bestehen einer religiösen Institution durch alle Zeiten hindurch, wenn möglich bis in alle Ewigkeit. Konservatismus in Reinkultur. Wer Veränderungen, Fortschritt oder Modernisierung will, muss sich etwas Eigenes aufbauen. Es gibt nur wenige Glaubensrichtungen, die sich halbwegs aktuell an die Lebensweisen der Gemeinde anpassen. Die meisten anderen verlangen, dass sich die Gemeinde der Kirche anpasst.

Die Liturgie ist dabei gründlich reguliert: Gewänder, Rituale, Zeremonien. Die Handlungen sind nicht spontan, sondern nach festgelegten Vorschriften einstudiert. Das gilt für Buddhisten genauso wie für Katholiken, Juden und Moslems. Durch die Unveränderlichkeit der Praktiken glaubt man, die Nähe zum Göttlichen zu erhalten, die auch die ersten Priester und Erleuchteten zu ihrem Messias, Propheten oder sonstigen spirituellen Wesen hatten.

Obendrein sind die Gebetsstätten oft so gestaltet, dass sie das Überirdische, das Nichtzeitliche unterstützen. Abgesehen davon, dass es auch Gebetshäuser moderner Architektur gibt, wird die Zeitlosigkeit optisch durch die Gewänder der Priester, traditionelle Malerei, Ornamentik und akustisch durch geistliche Musik unterstützt: von Johann Sebastian Bach über die gregorianischen Gesänge bis zur Obertonmusik der buddhistischen Mönche.

Doch manche Gläubige wollen nicht nur stundenweise in die Geborgenheit dieser Nicht-Zeit eintauchen, sie wollen vollständig darin wohnen. Wer sein ganzes Leben in diesem Refugium der Zeit verbringen möchte und dabei gerne Tag und Nacht den Dienst für seine jeweilige Gottheit verrichtet, geht in ein Kloster oder ins lebenslange Sesshin*. Die meisten

---

* Ein Sesshin ist ein intensives Zen-Training, das über mehrere Tage

Ordensregeln folgen den immer gleichen Tages-, Monats- und Jahreszyklen, wodurch sie auch die Idee von der Unendlichkeit zelebrieren.

DIE HÄRETIKER DER HÄRESIE

Einen noch radikaleren Weg schlagen bestimmte Sekten ein. Sie integrieren ihr Familienleben und den Alltag in die Gottesverehrung. Zum Beispiel die Mennoniten: Wie viele andere sehen über eine Million Mennoniten weltweit in der Bibel den «Grund des Glaubens und den Leitfaden für ein Leben in der Nachfolge Christi»[72]. Ihre Gemeinschaft entwickelte sich aus der protestantischen Reformationsbewegung. Die Gebote Christi sollten danach nicht uminterpretiert oder abgeschwächt werden. Die Bergpredigt bildet für sie den Mittelpunkt und der daraus resultierende absolute Gewaltverzicht und die Weigerung, Eide zu schwören, kennzeichnen noch heute die Mennoniten. Sie bestehen darauf, dass nur Erwachsene getauft werden, die Taufe unmündiger Kinder halten sie für unbiblisch. Manche mennonitischen Gemeinden und eine Untergruppe der Täufer*, die Amish People, interpretieren das Neue Testament als eine Aufforderung, sich ganz aus der Welt zurückzuziehen. Die Absonderung von der Welt und damit auch von der sozialen Konstruktion der Zeit ist ihre Ausdrucksform des wahren Christentums.

Mennoniten und Amish People sehen sich nicht als Sekten,

---

in Abgeschiedenheit und in absolutem Schweigen stattfindet.
* Sie selbst sehen sich nicht als *Wieder*täufer, weil sie die Taufe des Kleinkindes nicht akzeptieren, es gilt nur die Erwachsenentaufe als echte Taufe und damit ist das «Wieder-» für sie obsolet.

sondern als Orden. Für sie ist die römisch-katholische Kirche ein Gegner, und die Reformationsbewegung ging ihnen nicht weit genug. In ihrem Glaubensbekenntnis heißt es: «Aus dem allen sollen wir lernen, daß alles, was nicht mit unserem Gott und mit Christus vereinigt ist, nichts anderes ist als die Greuel, die wir meiden und fliehen sollen. Damit sind gemeint alle paepstlichen und widerpaepstlichen Werke und Gottesdienste, Versammlungen, Kirchenbesuche, Weinhaeuser, Buendniße und Vertraege des Unglaubens und anderes dergleichen mehr, was die Welt fuer hoch haelt [...]. Von all diesem sollen wir abgesondert werden und kein Teil mit solchen haben.»*

Der Schweizer Mennoniten-Bischof Jacob Amman gründete seine Glaubensgemeinschaft 1693, aber er und seine Anhänger wurden sowohl von den Katholiken als auch von den Protestanten nicht geduldet. Mehr noch: Viele Täufer, als Ketzer verfolgt, wurden umgebracht. Anfang des 18. Jahrhunderts siedelten sich die ersten «Amischen», wie man die Anhänger Amanns auf Deutsch nennt, in Pennsylvania an. Sie leben dort** das Leben einer dörflichen Gemeinschaft, wie sie Anfang des 19. Jahrhunderts existierte, und sind fast völlig autark: nicht nur religiös, sondern auch wirtschaftlich und sozial. Das äußert sich im Alltag auch darin, dass sie jeden technischen Fortschritt verweigern. Sämtliche Gewerke werden von den Männern selbst ausgeübt. Für die Dinge, die eine Familie nicht

---

* Auszug aus dem sogenannten Schleitheimer Bekenntnis, das anlässlich einer geheimen Synode von schweizerischen und süddeutschen Täufern von Michael Sattler erstellt wurde. Es gilt als eine täuferische Bekenntnisschrift. Die Versammlung fand am 24. Februar 1527 in Schleitheim (Schweiz) statt.

** Amish-People-Gemeinden gründeten sich später in verschiedenen Gegenden weltweit verstreut.

selbst herstellen kann, gibt es in den Dörfern meistens einen kleinen Laden. Die Familien sind groß, vier bis fünf Kinder sind normal, die Swartzentruber Gemeinde gilt als besonders fruchtbar, hier haben die Familien zwölf bis 16 Kinder.

Die Amish-Frauen tragen bodenlange Kleider mit Schürzen und Hauben, die Kopfbedeckung der Männer ist der charakteristische breitkrempige Strohhut. Fast alle haben einen Vollbart, aber weil der Schnauzbart mit dem Militär assoziiert wird, lassen sie den weg. Pferde ziehen die Wagen, Autos gibt es nicht, aber in der Landwirtschaft werden nach ausführlichem Für und Wider auch gelegentlich Traktoren angeschafft, wenn geregelt ist, dass sie der Familie, dem friedlichen Zusammenleben und allen anderen Leitsätzen, vor allem dem nach Bescheidenheit nicht widersprechen. Mit ihrem Verzicht auf Kirchen und Gemeinschaftsräume betonen sie die Einheit von Alltag und Gottesdienst. Gebetet wird reihum in den Stuben. Die Amish People sprechen drei Sprachen: im Gottesdienst ein sehr altes (lutherisches) Deutsch, untereinander privat «Pennsylvania-Dutch», eine Mischung aus Schwäbisch, Pfälzisch und Plattdeutsch (kein Holländisch!) und, wenn es darauf ankommt, auch Englisch.

Ihre Kinder bilden sie in eigenen Schulen selbst aus, und sie haben eine eigene Gerichtsbarkeit. Das verursacht gelegentlich Probleme mit der offiziellen US-Justiz. Der Staat Pennsylvania verlangt beispielsweise, dass langsame Fahrzeuge mit einem orangeroten Reflektordreieck gekennzeichnet werden, die konservativen Swartzentrubers lehnen dies als «zu farbenfroh» ab, denn jede Art von Dekoration ist verboten. Einige Mitglieder der Gemeinde wurden 2001 angeklagt, weil sie stattdessen ein graues Reflektorband verwendeten, sie gingen für ein paar Tage ins Gefängnis, weil sie die Geldstrafe nicht zahlen wollten und sich ebenfalls weigerten, alternativ Gemeindearbeit abzuleisten: Sie hätten dabei eventuell in Autos fahren müssen oder wären mit elektrischen Geräten in Kontakt gekommen.

Bevor die Amish People mit 17 Jahren getauft werden, haben die Jugendlichen noch die Möglichkeit, «in die Welt» hinauszugehen. Das nennen sie «Rumspringa». Aber die wenigsten entschließen sich, «bei den Engländern» zu bleiben, wie sie die Außenwelt nennen, sie kehren zurück, heiraten und leben wie ihre Eltern und Großeltern. Die Amish People missionieren nicht, sie verbreiten sich allein durch ihren Kindersegen, und zwar rasant: Seit 1940 hat sich ihre Anzahl alle 20 Jahre verdoppelt. Im Jahr 2004 waren es 220000. Ihre Zeitblase wird also immer größer und widersteht so dem Druck selbst des 21. Jahrhunderts.

Sie gelten zwar als gastfreundlich, viele haben sich sogar mit dem Tourismus arrangiert, aber wenn man sie fragt, geben sie offen zu, dass sie sich nichts mehr wünschen, als allein und in Ruhe gelassen zu werden.

DIE TOLLEN TAGE JENSEITS DER GESELLSCHAFTSNORM

Der Jahresablauf verfügt auch innerhalb der jeweils üblichen Gesellschaftsform über Zeitanomalien, die einerseits Reservate der Vergangenheit, andererseits Refugien für rituelle Fluchten aus der alltäglichen Gegenwart und aus der sozialen Norm sind. Die Zeit zwischen Weihnachten und Silvester, die man heute als «Zeit zwischen den Jahren» betrachtet, kennzeichnet eine Phase der Ruhe, in der man das alte Jahr besinnlich ausklingen lässt und noch nichts Neues anfängt.

Aber auch andere Tage «zwischen den Zeiten» führen zu

außergewöhnlichen Phänomenen. Im alten Rom wurde zwischen dem 17. und dem 23. September ein Fest zu Ehren des Gottes Saturn gefeiert. Zu diesem Anlass machte man sich Geschenke. Herren und Sklaven tauschten ihre Rollen im Leben genauso wie ihre Kleider. Deshalb waren Masken von unvergleichbarer Wichtigkeit, damit die Sklaven nicht in den Kleidern ihrer Herren erkannt wurden. Auch die freie Bevölkerung maskierte sich. Die Leute bewarfen sich mit kleinen Rosen – eine mögliche Erklärung für den Karnevalsbrauch des Konfetti-, Bonbon-, Schokoladewerfens. Aus dieser Zeit stammt auch das Narrenschiff – ein Schiffskarren, der durch die Straßen gezogen wurde.

DIE ZEIT DER NARREN

Die Zeit vor der Fastenzeit, in der alle bis dahin nicht verbrauchten Vorräte verspeist werden sollten und man noch einmal so richtig Spaß haben konnte, ehe die karge Fastenzeit begann, die der katholische Kalender vor Ostern vorschreibt, wurde schleichend ungefähr ab dem 12. Jahrhundert zur Fastnacht*.

Man nennt die Fastnachtszeit auch die «fünfte Jahreszeit».

---

* Der Begriff «Fasching» entstand aus «Vastschanc», was so viel bedeutet wie «der Ausschank vor Fastenbeginn». Über die Herkunft des Wortes «Karneval» gibt es viele Vermutungen; die einen glauben, es stamme vom lateinischen «carnelevale» ab, was so viel wie «Fleischentzug» bedeutet, die anderen denken, es hat etwas mit dem Narrenschiff zu tun: «carrus navalis», da aber dieser Begriff im Latein der Römer nicht existiert, ist er als Ursprung für «Karneval» umstritten.

Der Narr als deren dominante Symbolfigur könnte sich aus der biblischen Darstellung des Ungläubigen am Anfang von Psalm 52 entwickelt haben: «Dixit insipiens in corde suo: non est Deus – der Narr sprach in seinem Herzen: Es gibt keinen Gott.» Nach und nach wurde aus ihm der In-Frage-Steller, der Außenseiter, der Schelm. Eine andere Erklärung für Konfetti ist übrigens «die sinnlose Saat des Narren» – sie geht niemals auf. Der Narr stand auch für den Tod, für Vergänglichkeit. Am Aschermittwoch predigten die Priester: «Memento mori – bedenke, dass du sterblich bist.»*

Tod im Narrengewand – am Aschermittwoch ist alles vorbei.

Die Mischung aus wildem Treiben und Tod wird besonders in der alemannischen und schwäbischen Fastnacht zelebriert, in der irre Gestalten furchteinflößend scheppernd und lärmend durch die Straßen ziehen. Das Getöse, das sie dabei veranstalten, wird vielfach als Relikt aus vorchristlicher Zeit interpretiert, in der lautstark die Vertreibung des Winters gefeiert wurde. In der ersten Hälfte des 15. Jahrhunderts bekamen die umherziehenden Burschen, die als Tiere und Dämonen «in den Rauhnächten und anderen

---

* Eine Erklärung dafür, dass sich die Fastnacht fast nur noch in katholischen Gegenden findet, liegt darin, dass die Protestanten die Fastenzeit abgeschafft hatten und damit auch die Grundlage für die Fastnacht.

‹Zeiten zwischen den Zeiten› aus der Wildnis kamen und plündernd und bisweilen zerstörend durch die Ansiedlungen rasten», wie der Ethnologe Hans Peter Duerr es schildert[73], Einhalt geboten. Die, die sich freiwillig außerhalb von Recht und Ordnung gestellt hatten, wurden nun aus der Gemeinschaft hinausgeworfen. Sie wurden gleichgesetzt mit den Hexen und mit der Todesstrafe bedroht. «Wer außerhalb des Rechts, der Kultur stand, war in archaischen Zeiten für die gewöhnlichen Menschen gestorben», schreibt Duerr.

Die Karnevalszeit ist eine Ausnahmezeit. Durch Verkleidungen und Mummenschanz war es möglich, Kritik an den Mächtigen zu üben, ohne dafür bestraft zu werden; diese Gelegenheit zur Verhohnepiepelung und Satire lassen sich die Narren bis heute nicht entgehen. Sie übernehmen das Regiment, zum Beispiel im «Elferrat». Und in der Prunksitzung, einer Art Parlament, ziehen sie über Politik und Gesellschaft her. Irgendwie paradox, dass dies unter freundlicher Billigung, gar Zustimmung der Gesellschaft erfolgt. Staat und Kirche mussten immer wieder erkennen, dass es sinnlos ist, dieses «Kritikventil» verbieten zu wollen, zumal es sich als hervorragendes Mittel zur Systemerhaltung erwies: baute sich doch dadurch die Unzufriedenheit im Volk automatisch ab. Auch die traditionelle Rolle der Frau durfte und darf hier ungestraft in Frage gestellt werden. Speziell in der «Weiberfastnacht» toben sich Frauen so richtig aus: In Köln schneiden sie Vorgesetzten den Schlips ab, und in München dürfen die Marktfrauen am Faschingsdienstag das Kommando übernehmen.

Mittlerweile gibt es in Deutschland unzählige Karnevalsgesellschaften, Heimatvereine und Stadtviertelgemeinschaften, die die «tollen Tage» in Sitzungen, Bällen und Umzügen feiern. In den verschiedenen Hochburgen hat man zwischen

Rosenmontag und Aschermittwoch nur zwei Möglichkeiten: mitmachen oder flüchten. Obwohl oder gerade weil die Welt auf dem Kopf steht, herrscht Verkleidungszwang. Entweder übernimmt man eine der vorgeschriebenen Rollen in der offiziellen Narrenhierarchie, oder man ist Teil des Fußvolkes. Hier darf jeder das darstellen und ausleben, was er will: Männer in Frauenkleidern, Brave als Banditen, Landratten als Piraten, Weiße als Schwarze, Heilige als Huren – es gibt keine Norm mehr, die die Öffentlichkeit von den Außenseitern trennt. Das Potenzial wird allerdings nicht immer ausgereizt, der dumpfbackige Clown hat den vielschichtigen Narren abgelöst, den meisten reichen schon Pappnase und Ringelshirt, mehr Verkleidung verkraften sie gar nicht.

DIE FREIZEIT ALS ZEITFREIHEIT

Etwas derartig Immanentes, wie die alltägliche Lebensstruktur aufzureißen und aus ihr auszusteigen, erfordert entweder Mut oder die offizielle Genehmigung. Manche schaffen dies auch nur mit ausdrücklicher Aufforderung oder unter Zuhilfenahme enthemmender Substanzen wie Alkohol. «Für uns Angehörige der modernen Zivilisation [...] ist die Erfahrung jenes ‹wilden› Teiles unserer Person kaum mehr vertraut», schreibt Duerr. Das Korsett der normierten Gesellschaft abzustreifen, einmal *wild* zu sein, ist seit Urzeiten ein inneres Bedürfnis des Menschen, das jedoch kultiviert, zivilisiert und reglementiert nur noch in Reservaten stattfinden kann, in Frei*räumen* der Frei*zeit*.

Auf den ersten Blick mag es merkwürdig erscheinen, wenn wir die religiöse Weltflucht als Ausdruck des Wildseins beschreiben, aber der Ausstieg aus der sozialen Kontrolle, ihre

Verweigerung – bei den Amish People als Trotzhandlung interpretierbar – wurde von der Amtskirche schon immer als wild und heidnisch betrachtet, egal, ob die Sektierer ein viel strengeres Reglement bevorzugen oder die Lockerung der Regeln. Für uns interessant ist, dass der Rückzug aus der jeweiligen Kultur *immer* in eine Sphäre führt, die nicht an die aktuelle Zeit gebunden ist, aber *niemals* in die totale Freiheit: Regeln und Gesetze sind hier sogar wichtiger als in der Welt, die man verlassen hat.

Der deutsche Begriff «Freizeit» für die Zeit außerhalb aller unliebsamen Verpflichtungen ist exemplarisch für den Rückzug aus dem faden Alltag. Das Individuum bestimmt in seiner Freizeit selbst, welchem Regelwerk es sich unterwirft. Spinnt man diesen Gedanken weiter, entwickeln sich alle Freizeitaktivitäten und Hobbys zu Selbstverwirklichungs-Refugien, abgetrennt von der Normalzeit. Genauso, wie viele auch ihren Urlaub (Holiday = heiliger Tag = freier Tag) als einzige Möglichkeit betrachten, *sie selbst zu sein*, galten und gelten die oben geschilderten Rituale und Rollenspiele als offiziell genehmigte «Auszeit» aus dem Alltag – nicht aber aus der Realität, denn sie sind real. Diese Parallelrealität, in der jeder Mensch seine von der Norm abweichenden Wünsche und Neigungen ausleben kann, erzeugt eine Übereinstimmung des inneren Bildes mit der Außenwelt, und diese Kongruenz erzeugt Befriedigung – ein Gefühl, das die Normalzeit offenbar nicht immer bieten kann.

8. TRAUMZEIT, EWIGKEIT UND ZEITENWANDERER
MYTHEN UND DAS ZEITVERSTÄNDNIS FREMDER KULTUREN

«*Ein Überleben jener großen Mächte oder Wesen ist durchaus vorstellbar, ein Überleben aus einer fernen Zeit, als das Bewusstsein sich vielleicht in Formen offenbarte, die vor dem Heraufdämmern der Menschheit wieder verschwunden sind, Formen, von welchen allein Dichtung und Sage eine flüchtige Erinnerung bewahrt haben, und die von ihnen Götter, Monstren, mythische Wesen genannt wurden.*»

Algernon Blackwood

Die Welt der Mythen ist das Reich der Götter, der widerstreitenden Urprinzipien, der archetypischen Grunderfahrungen des kollektiven Unbewussten und vieler Leben konstituierender Grundmotive menschlicher Existenz. Und in dieser Welt gilt *eines* auf keinen Fall: die zeitlichen Gesetze und Abläufe, wie wir sie kennen. Mythen sind weder Botschaft noch Erinnerung. Sie stehen außerhalb der Zeit und sind deswegen immer aktuell.

Schon die Schöpfungsmythen stellen sich in ihrer Absolutheit jenseits unserer Raumzeit. Die Zeit selbst ist zumeist gar nicht Gegenstand des schöpferischen Aktes. Sie findet sich häufig nur in der Negation. Im altgriechischen pelasgischen Schöpfungsmythos heißt es beispielsweise: «Am Anfang war Eurynome, die Göttin aller Dinge. Nackt erhob sie sich aus dem Chaos.»⁷⁴ Wenn dieses Chaos der Ordnung weicht, wie es etwa in den Augen der Orphiker die Mutter des Eros verkörpert*, kann man Ordnung – im Sinne von geregelter Abfolge der Dinge – natürlich mit Zeit gleichsetzen. Diese bereits strukturierte Zeit ist unserer Ansicht nach dennoch kein *Ergebnis* der Schöpfung, sondern bereits *Bedingung* dafür. Denn die Dualität von Sein und Nichtsein als dynamischen Wechsel zu begreifen, setzt bereits die Zeit als Bedingung dieses Prozesses – nämlich des Schöpfungsakts – voraus. Und wenn etwa der biblische Gott im ersten Buch Moses das Licht von der Finsternis scheidet, erschafft er damit auch nicht die Zeit, wie es auf den ersten Blick vielleicht scheint, sondern allerhöchstens eine ihrer Maßeinheiten.

Die erschaffene Welt ist die Spielwiese der Menschen. Sie sind dort allerdings der Zeit unterworfen und haben nur in besonderen Momenten die Gelegenheit, ihr zu entkommen. Die Götter dagegen leben qua ihrer Unsterblichkeit in einem anderen Raum-Zeit-Kontinuum, um es modern zu formulieren.

Um den Weg aus unserer alltäglichen Zeit in ein Jenseits davon aufzuspüren, wollen wir unseren Streifzug durch die Mythologie auf der Suche nach Bruchstellen der Zeit, Wurmlöchern zur Ewigkeit oder gar verborgenen Zeitmaschinen auf den Spuren eines der ältesten und zeitlosen Reisenden beginnen – auf denen des aus Ithaka stammenden Odysseus, der auf der Heimreise von Troia seine Heimat zehn Jahre lang nicht erreichen sollte. Er hatte sich bereits mit Zyklopen geprügelt, den Hüter der Winde verärgert und damit die Heimreise seiner Flotte vermasselt sowie alle Schiffe bis auf eines verloren. Mit diesem letzten Schiff erreicht er die Insel der Morgendämme-

---

* Neben den Aspekten Nacht und Gerechtigkeit.

rung, Aiaia. Hier lässt er sich von Circe, der Tochter des Sonnengottes Helios, dazu überreden, den Tartaros, die Unterwelt, zu besuchen, um den Seher Teiresias über seine Zukunft zu befragen.

Wir finden in dieser Geschichte zwei Anzeichen für mythologische Zeitmaschinen: einerseits in Teiresias den blinden Seher und Propheten der Zukunft der Menschen; andererseits das Totenreich oder Jenseits, in dem der Tartaros die tiefste Region darstellt.

DIE ERDE ALS ZEITMASCHINE

Die Unterwelt, Ort der Seelen der Verstorbenen, der durch Grenzflüsse von der Welt der Lebenden getrennt ist, befindet sich nicht nur bei Homer, sondern in den meisten anderen Mythen auch im Inneren der Erde und liefert damit einen Hinweis auf den Zeitmaschinen-Charakter unseres ganzen Planeten. Denn die Toten, die bereits das Zeitliche gesegnet haben, können ja nur jenseits der Zeit überdauern, aus der sie verschwunden sind. Diesseits und Jenseits beziehen sich also nicht auf den Dualismus Himmel und Erde, sondern meint beide Ufer des «Grenz-Flusses der Zeit»: Wer ihn überschreitet, befindet sich außerhalb der Zeit, aber vielleicht nicht außerhalb der Welt.

Tod und Geburt sind dabei engverwandte mythologische Aspekte. Sedna, die Fruchtbarkeitsgöttin der Inuit, ist beispielsweise auch Herrscherin über Adlivun, die Unterwelt. Der Name dieser «Mutter der Walrosse» bedeutet, so der Ethnologe Hans Peter Duerr, «jene, die vorher ist»[75], was wiederum eine Anspielung auf den Schöpfungsakt darstellt.

TRAUMZEIT, EWIGKEIT UND ZEITENWANDERER 177

Schon die Schamanen, die vor 30 000 Jahren solchen Urmüttern zu Ehren, oder um sie zu verführen, die Malereien eiszeitlicher Höhlen anfertigten, befanden sich gewissermaßen außerhalb der Zeit. Im Inneren der Erde, weit entfernt vom Tageslicht, malten sie an den Wänden herum, um letztlich durch diesen Vorgang die Wiederkehr ihrer Jagdtiere zu beschwören und sicherzustellen. Nach Ansicht von Duerr betrachteten diese Schamanen die Erde als Uterus und erlebten dort psychedelische Momente, wenn sie in tiefer Dunkelheit in zum Teil verkrümmter Körperhaltung ihre Kunstwerke an unzugänglichen Stellen hinterließen. Und zumindest ihre Bilder haben die Zeit bis heute überdauert.

Angesichts dieser mythologischen Basis ist es nicht verwunderlich, dass sich in zahlreichen Legenden der Vergangenheit und auch unserer Zeit in der Erde immer wieder Zeittore öffnen.

Durch Höhlen oder Öffnungen kann man nach Ansicht der Anhänger solcher Theorien in andere Zeiten reisen oder aber auch jenseits des Zeitablaufs verharren müssen, als säße man auf der Strafbank des Universums. Oft wird die moderne Erklärung für solche Phänomene von ihren Apologeten mit der Terminologie der sogenannten Geomantie* geführt. Diese Grenzwissenschaft beschäftigt sich mit den Effekten von natürlichen Energiewirkungen der Erde, deren physikalische Realität zumeist nicht genauer beschrieben wird. Aber als Phänomenologie hat die Geomantie offenbar eine Berechtigung. Denn der Glaube, dass sich an bestimmten Orten bestimmte ungewöhnliche – zumindest psychische – Phänomene häufen, ist nicht wegzudiskutieren. Warum heilige Stätten heilig, ma-

---

* Ursprünglich bedeutet der Begriff «Weissagung aus der Erde».

gische Orte magisch und verwunschene Plätze verwunschen sind, entzieht sich dabei zumeist einer rationalen Erklärung. Der Mythos und die dort schlichtweg erfahrbaren «Energien» oder «Kräfte» müssen dem Skeptiker genügen.

DER UNTERSBERG ALS ZEITANOMALIE

In der Nähe von Salzburg am Nordrand der Berchtesgadener Alpen ragt der knapp 2000 Meter hohe Untersberg in den Himmel. Der Name Untersberg bezeichnet dabei einen ganzen Gebirgsstock; ein Tafelgebirge, das aufgrund seiner Zusammensetzung aus Kalkgestein ungewöhnlich höhlenreich ist.[76] Um ihn, der auch «Wunderberg» genannt wurde, und das verzweigte Höhlensystem in seinem Inneren ranken sich seit Jahrhunderten zahlreiche Sagen und Legenden, die häufig in Zusammenhang mit eklatanten Zeitanomalien stehen.

Im Inneren des Untersberg in Berchtesgaden – ein Massiv an der Schnittstelle zwischen Höhlenforschung, Tourismus, Esoterik und Mythologie.

Der Volkskundler Rolf Wilhelm Brednich erwähnt in seiner Sammlung moderner Sagen noch 1990 das Verschwinden dreier Menschen, ein Ehepaar samt Freundin, am oder im Untersberg im Jahr 1987[77]: Ihr Auto sei zwar dort gefunden worden, sie selbst waren drei Monate lang verschollen, um dann angeblich in Ägypten wiederaufzutauchen. Eine Story, die auch mehrere Zeitungen kolportierten. Die drei Entrückten seien allerdings ohnehin den übersinnlichen Geheimnissen des Berges auf der Spur gewesen. Sind sie also drei Monate lang durch die Berchtesgadener Höhlen geirrt oder vielleicht in die Zukunft katapultiert worden? Oder brauchten alle drei einfach dringend Urlaub im Süden?

Diese moderne Sage steht in der Tradition vieler älterer Legenden, die immer wieder sonderbare zeitliche Effekte schildern. Ein wiederkehrendes Motiv ist dabei das Brautpaar, das von kleinen Männern, den sogenannten Bergmännchen, in den Untersberg gelockt wird und bei der Rückkehr bemerkt, dass hundert Jahre vergangen sind. Bekanntere Sagen haben einen historisch-politischen Gehalt und erzählen, Kaiser Karl der Große* sitze mit seinem Hofstaat in dem Berg und schlafe. Einmal in hundert Jahren wacht er auf, schickt einen jungen Mann zum sogenannten Geiereck (1801 Meter hoch), um nachzusehen, ob dort noch Raben kreisen. Solange dies der Fall ist, muss er weitere hundert Jahre auf eine neue Chance warten. Der Kaiser unternimmt also während seines Tiefschlafs klassische Zeitsprünge in 100-Jahres-Schritten.

Sobald nach einer anderen Interpretation exakt 24 Raben den Berg umkreisen und des Kaisers Bart dreimal um den Tisch, an dem er sitzt, gewachsen ist, wird er mit seinem Heer aus dem Berg hervorkommen dürfen und eine sehr blutige Schlacht

---

* Nach einer anderen Sage manchmal auch Friedrich II. – oder gerne auch Friedrich I. Barbarossa, der wiederum nach einer ähnlichen Legende im thüringischen Kyffhäuser haust, wo er auch tatsächlich in der Kyffhäuserhöhle als Statue sitzt und wartet – während nicht Zwerge, sondern Touristen an ihm vorbeistapfen.

schlagen – um Deutschland aus großer Not zu retten, wie die Sage berichtet. Auch die Einigung Großdeutschlands wird mitunter damit in Verbindung gebracht.* Nach anderer Auffassung kommt es bei Karls Wiederkehr sogar zum apokalyptischen Gefecht zwischen Gut und Böse.** An der Bergstation der Untersbergseilbahn liefert eine Tafel den Hinweis, dass es mit den 24 Raben noch lange nicht getan sein wird: Der alte Karl kommt laut dieser Inschrift erst zurück, wenn der sogenannte Zwergenstein gefunden wird, der alle Zwerge im Untersberg in Menschen verwandelt.

Die erwähnten Untersberger Zwerge haben übrigens einst den Berg ausgehöhlt. Und vom ohnehin schon durchlöcherten Gebirge führen angeblich noch zwölf weitere Gänge in die nähere und fernere Umgebung: von der Domkirche in Salzburg bis zum mehr als 20 Kilometer entfernten St. Bartholomä am Königssee.

Diese Gänge hat beispielsweise ein gewisser Lazarus Gitschner im Jahr 1520 betreten dürfen, wobei er ebenfalls Opfer einer Zeitanomalie wurde. Im Auftrag des Reichenhaller Pfarrers und Stadtschreibers habe er die Inschrift einer sonderbaren Felsenkapelle, die unterhalb des Salzburger Hochthrons, eines Teils des Untersbergstocks, gefunden wurde, abschreiben sollen. Es sind verschiedene Fassungen dieser Inschrift überliefert: S. O.R.G. E.I.S. A.T.O.M. oder S.V.R.G.E.T.S.A.T.U.M. Auf

---

* In diesem nationalistischen Kontext der Sage ist es vielleicht verständlich, dass der mythologiebegeisterte Diktator Hitler großen Wert darauf legte, von seiner Residenz am Obersalzberg auf den Untersberg blicken zu können. Dazu ließ er dort sogar ein versenkbares Panoramafenster einbauen.

** Gelegentlich wird in diesem Zusammenhang auch der Grals-Mythos mit dem Untersberg in Verbindung gebracht.

dieser Expedition soll er einen Mönch getroffen haben, der ihn in die Geheimnisse des Untersbergs einweihte und in dessen Innerstes mitnahm. Lazarus findet dort ganze Landschaften, eine gigantische Kirche und eine riesige Bibliothek vor. Er wandert durch die Geheimgänge in damit verbundene Kirchen und sieht auch Kaiser Friedrich dort umhergehen.

Doch als Lazarus den Berg wieder verlässt, stellt er anhand einer Uhr im Eingangsbereich fest, dass immer noch dieselbe Stunde herrscht wie zu dem Zeitpunkt, als er den Berg betreten hat. Er hat sich also außerhalb der Zeit bewegt. Ihm selbst hatte der ihn führende Mönch noch das Versprechen abgenommen, 35 Jahre lang über seine Erlebnisse zu schweigen. Und deshalb, so die Legende, gab Lazarus seine Informationen erst kurz vor seinem Tod an seinen Sohn weiter.[78]

Zeitportale wie jene angeblichen im Untersberg und an anderen mythischen Plätzen haben allerdings die Eigenschaft, dass sie sich nur zu bestimmten Zeiten öffnen, sich ihre Schleuserqualitäten also nur in Rhythmen zeigen, und wenn der Rhythmus länger dauert als eine Menschengeneration, dann sind die Beweise für ihre Fähigkeiten nur sehr mühsam zu erbringen. Es müssen aber nicht immer hundert Jahre sein, wie beim Erwachen des alten deutschen Kaisers. Manche dieser Portale können auch im Jahresrhythmus zugänglich sein, heißt es. Aber bisher hat uns keines dieser Zeittore seine Öffnungszeiten bekanntgegeben.

Es liegt also nicht nur eine Anomalie des Ortes vor, sondern der chronologisch sonderbare Effekt harmoniert durchaus auch mit modernen Ideen von Wurmlöchern als Zeitmaschinen. Denn diese Wurmlöcher verbinden ja genau genommen ebenfalls zwei bestimmte einzelne Areale der Raumzeit miteinander. Das bedeutet aber, da der Mensch sich durch die

Raumzeit bewegt, seine Zeit also verstreicht, dass Wurmlöcher auch nur zu bestimmten Zeiten für uns «offen» sein könnten. Zeittore dürften daher wohl kaum permanent existieren, ganzjährig geöffnet sozusagen. Denn wenn ihr Eingang in verschiedenen Zeiten existierte, sich also wie die Menschen durch die Zeit bewegte, würde das für den Ausgang auf der anderen Seite ja vermutlich auch gelten, was dazu führen würde, dass man in keiner konkreten Zeit landen könnte. Das Zeitportal wäre ja permanent vorhanden, was der Idee einer Zeitreise zu einem bestimmten Zeitpunkt an sich widersprechen würde. Jedenfalls stellt sich schnell die Frage, wie viel der Mensch im Falle der Machbarkeit von Zeitreisen wirklich zu investieren bereit wäre in eine solch unsichere Passage, die eventuell sogar ins Nimmerland* führen könnte.

Der Mental-Coach und Autor Frederick Dodson erwähnt die erfolgreiche Suche nach einem Zeit- oder Dimensionstor im Ebersberger Forst in der Nähe von München.[79] Dorthin habe er sich aufgemacht, nachdem er am Morgen des 6. August 2002 darüber meditiert habe, ein Zeitportal zu finden. Er lief durch den Wald, verirrte sich und stieß auf nichts Ungewöhnliches – abgesehen davon, dass er eine Geldbörse fand, die ihrem Äußeren nach noch nicht lange im Wald liegen konnte und die jemand aus dem Ort, in dem Dodson lebte, verloren hatte, wie er dem darin befindlichen Ausweis entnehmen konnte. Nach nächtlicher Heimkehr wollte er dem Besitzer am nächsten Tag diese Börse zurückgeben, mittlerweile überzeugt davon, das Zeitportal eben nicht gefunden zu haben. An der von ihm angesteuerten Adresse öffnete ihm jedoch ein anderer Mieter als

---

* Nimmerland heißt in den Kindergeschichten von J. M. Barrie jene Insel, auf der Peter Pan und seine Kumpane niemals älter werden.

der erwartete und erklärte, dass der Geldbörsenbesitzer nur bis vor sieben Jahren dort gewohnt hätte. Ist Dodson vielleicht doch auf ein Zeitportal gestoßen? Wenn ja, dann auf eines, dessen Wirkung auf den Hindurchschreitenden offenbar sehr dezent ist. Sollte es tatsächlich möglich sein, durch Zeittore zu gehen, ohne dass man es merkt? Sind Schuhe und Flaschen im Wald Hinweise auf solche Portale? Dann müssen wir uns wohl von der abenteuerlichen Vorstellung von mächtigen Pforten verabschieden, die uns der Unterwelt, der Ewigkeit oder einer Bande betrunkener toter Krieger ausliefern.

ORTE JENSEITS DER ZEIT

Von den vielfältigen Jenseitsvorstellungen ist die nordische Mythologie Walhalls eine der originellsten. Die Halle der ruhmreich gefallenen Krieger ist nämlich kein finales Ewigkeitsszenario, sondern eine quasi außerzeitliche Insel, die sogar so viel Komfort aufweist, dass man Douglas Adams' Restaurant am Ende des Universums dagegen mickrig nennen könnte. Dafür sind die Sitten in Walhall ziemlich rau und Gäste im Übermaß vorhanden. 500 Türen, durch die jeweils 800 Krieger nebeneinander passen[80], hat Odin (auch Wotan genannt) einbauen lassen, damit er für die große Schlacht der Götter gegen die Eisriesen, also zur Götterdämmerung Ragnarök, genügend Kämpfer zur Verfügung hat. Diese wilden Krieger üben sich zwar täglich im Kampf, widmen sich aber schon ab mittags ausgiebigen Trinkgelagen, weshalb Walhall eher zu den hedonistischen Jenseitsvorstellungen gehört.

Dafür ist diese Außerzeitlichkeit im Gegensatz zu absoluten Ewigkeitsentwürfen nur von begrenzter Dauer. Die meisten der Krieger in Walhall werden im Rahmen der Götterdämmerung – ebenso wie die Götter selbst – endgültig vernichtet, um einer neuen Welt Platz zu machen.

DER ZEITENWANDERER MERLIN

Neben der temporalen Auszeit gehören Zeitenwanderer zu den verbreitetsten mythologischen Zeitanomalien. Einer der populärsten Beherrscher der Zeit war der Druide und Zauberer Merlin aus der Artus-Sage, der im sechsten Jahrhundert gelebt haben soll*. Seine seherischen Fähigkeiten werden gelegentlich damit erklärt, dass sein Leben rückwärts durch die Zeit verlaufe, er also seinen persönlichen Weg aus der Zukunft in die Vergangenheit beschreite.[81] Ihm wird außerdem zugeschrieben, dass er die eigene persönliche Zeit beschleunigen konnte, sodass er vor den Augen anderer einfach verschwand, weil er sich sozusagen im Zeitraffer zwischen den Wahrnehmungsmomenten der anderen fortbewegte.

WEITERE ABENTEURER IM REICH DER ZEIT

Die Legenden, die sich um den Grafen Saint-Germain ranken, sind sogar noch erstaunlicher, sprach man ihm doch die Eigenschaft zu, entweder unsterblich zu sein oder sich wenigstens ungehindert durch die Jahrhunderte bewegen zu können.

Kurz nachdem das erste Drittel des 18. Jahrhunderts verstri-

---

* Andere Theorien gehen davon aus, dass Merlin keine Person, sondern lediglich der Titel des höchsten Druiden Britanniens war.

chen war, machte dieser geheimnisvolle Graf die europäische Gesellschaft unsicher und wurde «schnell in allen Salons und in der Öffentlichkeit zum allgemeinen Gesprächsthema».[82] Er gönnte sich nicht nur den Spaß, unter vielen verschiedenen Namen aufzutreten und über seine Herkunft immer neue Geschichten aufzutischen, er behauptete auch, bereits vor 2000 Jahren gelebt und etwa bei der Hochzeit zu Kanaan Petrus zu einem mäßigeren Lebensstil geraten zu haben.[83] Saint-Germain galt als fortschrittlicher Okkultist, der sogar Frauen in seine Logen aufnahm, und als Alchemist, der angeblich Silber in Gold verwandeln konnte; deshalb wunderte sich niemand, dass er ohne offensichtliche Einnahmequelle wohl dennoch recht wohlhabend war.

Selbst Voltaire soll ihn als «Mann, der alles weiß und niemals stirbt» charakterisiert haben. Diese Unsterblichkeit rührte nach Angaben des *London Chronicle* aus dem Jahr 1760 daher, dass er angeblich das Elixier des Lebens besaß: «Jetzt zweifelt niemand mehr an dem, was man anfänglich als Hirngespinst abgetan hatte ... dass er ... ein Heilmittel für alle Krankheiten besitze und sogar für die Gebrechen, durch die die Zeit über das menschliche Gewebe triumphiert.»[84] Zu den Anekdoten, die seine gelegentliche Verjüngung dokumentieren sollen, gehört die Begegnung mit einer Gräfin de Gergy um 1760, die ihn bereits 50 Jahre früher getroffen hatte und ihm gegenüber erschreckt feststellte, dass er in dieser Zeit nicht gealtert sei. Er selbst bezeichnete sich auch als «Abenteurer im Reich der Zeit».

Dennoch verzeichnet die offizielle Historie den biologischen Tod von Saint-Germain im Jahr 1784. Aber schon zu Beginn des 19. Jahrhunderts wollen Fans ihm wieder begegnet sein. Und angeblich wurde er auch in den folgenden Jahrhunderten immer wieder gesehen – oder es existierten eben Personen, die sich für ihn ausgaben. Peter und Johannes Fiebag siedeln die Geburt von Saint-Germain mit dem Jahr 1650 nicht nur knapp 50 Jahre früher an als andere Quellen, sondern dehnen auch seine späteren Sichtungen bis zum Jahr 1896 aus. Zu diesem Zeitpunkt habe er sich der Theosophin Annie Besant zu erkennen gegeben. Knapp dreißig Jahre vorher soll er sogar an einem Treffen der Großloge in Mailand teilgenommen haben. Er tritt demnach im Abstand von Jahrzehnten immer wieder auf und verleitet die Fiebags zu der Schlussfolgerung, dass er das «fantastische Alter von 250 Jahren erreichte»[85].

Ob der Graf nur ein sehr früher Spaßvogel und Hochstapler war oder tatsächlich über bemerkenswerte Fähigkeiten verfügte, bleibt umstritten. Die legendäre Gründerin der Theosophischen Gesellschaft, Madame Blavatsky, soll Saint-Germain sogar nachträglich als einen jener geheimen Meister identifiziert haben, die ihrer Meinung nach das Wohl der Menschen überwachen.[86]

Den Indizien nach könnte der illustre Graf durchaus ein Zeitreisender gewesen sein. Er sprach angeblich sogar von zukünftigen Ereignissen, und sein sprunghaftes Auftauchen und Verschwinden deutet ebenfalls auf transtemporale Aktivitäten hin. Dass die Berichte über ihn mit Beginn des 20. Jahrhunderts schlagartig aufhören, muss also nicht bedeuten, dass wir ihn nie mehr zu Gesicht bekommen. Vielleicht ist ihm unsere Jetzt-Zeit einfach nicht spannend genug.

REISEN IN DIE TRAUMZEIT

Der Terminus «außerhalb der Zeit stehen» wird oft banalisiert und psychologisch interpretiert, als Versubjektivierung der Zeit. Für den Bremer Ethnologie-Professor Hans Peter Duerr liegt diesem außergewöhnlichen Zustand allerdings eher das elementare Bewusstsein zugrunde, mehr zu sein, als man vor dieser besonderen Zeiterfahrung selbst gewusst hat. Sie hilft also, die eigene tiefere, verborgene Identität wahrzunehmen: «Mit dem Begriff ‹außerhalb der Zeit› [...] soll lediglich zum Ausdruck gebracht werden, dass unter der ‹mythischen Perspektive› die zeitliche Veränderung *keine Rolle spielt*. Sagen wir: ‹Die Zeit bleibt stehen›, dann bedeutet das: Wir betrachten etwas ohne *Rück*sicht und ohne *Vor*sicht.»[87]

Einer dieser außerzeitlichen Orte ist die «Traumzeit» der australischen Ureinwohner: der Ort ihrer Mythen und Vorfahren. Die gewöhnliche Zeit und auch die bekannten Normen enden hier. Zeitlosigkeit umfängt aber nicht nur die mythischen Figuren, sondern auch den Initianden, wenn er sie betritt. Duerr wendet sich bei seiner Interpretation dieses Phänomens aber gegen verbreitete Auffassungen, es ginge bei der Reise in die Traumzeit um Nachahmung oder um eine Art rituelle Wiederholung einer grauen Vorzeit, um Projektionen oder gar um eine parallele Zeitlinie. Für ihn scheint sonnenklar: «Die Traumzeit ist keine vergangene, keine gegenwärtige und keine künftige Zeit: sie hat *überhaupt keinen* ‹Ort› im Kontinuum der Zeit.»[88] Wer sich dort hinbegibt, teilt zwar mit uns noch die körperliche Anwesenheit in der gewöhnlichen Zeit, aber er *lebt* und empfindet sie nicht mehr. Ereignisse sind nicht mehr an einen Zeitpunkt gebunden. Auf Prophezeiungen für die Zukunft bezogen folgert Duerr: «Wenn der Seher seine

Weisheit kündet, dann gibt er keine Auskunft über das, was *sein wird*, sondern über das, was gewissermaßen *immer schon geschehen ist*.»[89]

DIE SPRACHE UND DIE ZEIT

Um an solche zeitlosen Orte zu gelangen, sind aber nicht unbedingt mystische Techniken oder mythologische Archetypen nötig, die das Zeitverständnis und die Zeitmanipulationsfähigkeiten einer Kultur prägen und ein individuelles Zeitempfinden konstituieren. Genauso wenig scheint die biologistisch-psychologische Perspektive richtig, wonach das uns gebräuchliche Zeitempfinden dem Menschen angeboren ist. Die Bedingungen einer kulturspezifischen Differenzierung des Zeitbegriffs liegen vielmehr in der Basis des Denkens begründet; der Sprache und ihrer Struktur. Die Grammatik westlicher Sprachen ist beispielsweise sehr eng auf die zeitliche Anordnung von Ereignissen hin angelegt und bestimmt damit auch die hiesige Auffassung von Zeit. Unsere europäischen Sprachen sind tendenziell historizistisch. Der amerikanische Linguist Benjamin Whorf hat in diesem Zusammenhang ein sogenanntes linguistisches Relativitätsprinzip postuliert. Als eher zeitlose Sprache, zeitlos im Sinne des Fehlens von klar definiertem Anfang und Ende von Ereignissen, hebt er dabei jene der nordamerikanischen Hopi-Indianer hervor. Sie sähen die Dinge subtiler und komplexer, als es unsere wohlstrukturierte Zeitsicht vermag. Die Gegenwart ist darin eine Gelegenheit, sich vorzubereiten, und der Begriff «Vergangenheit» wird gänzlich fragwürdig: «Wenn alles, was je passierte, immer noch ist, aber notwendig in einer anderen Form ist als der, die in Gedächtnis und Aufzeichnungen berichtet wird – dann besteht kein Anreiz zum Studium der Vergangenheit»[90], so Whorf.

VERRÜCKTE ZEITEN

Noch einmal zurück zum Ursprung unserer Überlegungen: der Reise in die Unterwelt, wie sie schon Odysseus unternahm. Auch Charles Lutwidge Dodgsons, besser bekannt als Lewis Carroll, lässt sein literarisches Geschöpf Alice dadurch ins Wunderland gelangen, dass es einem offensichtlich mit Marihuana berauschten Kaninchen «mit roten Augen» in ein Erdloch folgt. Sowohl im heiteren ersten Teil als auch in der latent bedrohlicheren und bösartigeren Fortsetzung der Alice-Erlebnisse «hinter den Spiegeln» sind die Gesetze von Raum und Zeit auf den Kopf gestellt. Kausalität und Logik haben ihre Kraft verloren beziehungsweise haben sich gegen sich selbst gewendet. Egal, ob wir bei dieser Fiktion von einem Paralleluniversum sprechen, in das anstelle eines Wurmlochs eben ein Kaninchenloch führt, oder die Außerzeitlichkeit dieser absurden Welt selbst in den Mittelpunkt rücken. Aus Alice' Erfahrungen lernen wir etwas Entscheidendes darüber, warum man nicht ins Wunderland reisen oder die Normalzeit verlassen kann, wenn man nicht bereit ist, etwas von dem aufzugeben, was der eigene scheinbar feste Standpunkt in der Welt ist. Man muss schon die Zeit im eigenen Kopf besiegen wollen, um ihr zu entkommen. Man muss sich ihrem Einfluss entziehen, der auch die Macht der Logik beinhaltet, und sich zumindest ein klein wenig ver-rücken. Sonst sieht man weder ein Zeitportal, das vor einem leuchtet, noch erkennt man im vermeintlichen Kaninchenbau den Eingang ins Wunderland.

Die Edamer Katze, von der, wenn sie gelegentlich verschwindet, zuletzt nur das Grinsen bleibt, weist Alice auf diesen Umstand hin. Als diese sich nämlich weigern will, «unter Verrückte» zu gehen, also den Hutmacher und den Schnapphasen aufzusuchen, entgegnet ihr die Katze, sie selbst sei ja verrückt.

Das Mädchen bohrt nach: «Woher weißt du denn, dass ich verrückt bin», fragte Alice. «Musst du ja sein», sagte die Katze, «denn sonst wärst du doch gar nicht hier.»[91]

Kann es so einfach – oder so schwierig sein? Nur die Verrückten haben Zugang zum Wunderland – man muss also verrückt werden, um dorthin zu gelangen? Oder übertragen gesprochen: Kann nur, wer bereits den Bezug zur Zeit abgestreift hat, von ihr befreit werden? Wer ins Zeitloch fällt, mag verrückt sein, sonst würde ihm das nicht zustoßen. Wer noch bei sogenanntem klarem Verstand ist und dennoch durch die Zeit reisen will, ohne ihn zu verlieren, kann es ebenfalls schaffen, er muss sein Gehirn dafür aber ganz erheblich anstrengen.

III. ZEITREISEN DES GEISTES
TRANSZENDENZ UND METAPHYSIK DER ZEITMASCHINE

9. DER KÖRPER BLEIBT ZU HAUSE
ZEITREISEN ALS BEWUSSTSEINSTECHNIK

*«Ich habe keine Ahnung von den ‹Trends von morgen›.
Und ich möchte behaupten, dass niemand diese haben kann –
denn dafür gibt es kein kognitives Fundament.»*

Trendforscher Matthias Horx, *Future Fitness*

Viele spirituelle und magische Techniken haben zum Ziel, dem reinen Bewusstsein Macht über das äußere Universum zu verleihen: Sie wollen den Geist also von den Fesseln der Materie befreien. Dabei sollen häufig auch die scheinbar ehernen Grenzen der Zeit überwunden werden.

Dass diese Überwindung für die meisten Menschen nur schwer möglich erscheint und nicht sofort mit einem Fingerschnippen gelingt, liegt nach Ansicht des tibetischen Gelehrten Tarthang Tulku an unserer begrenzten Vorstellung von Zeit: «Würden wir Zeit nicht mehr für so selbstverständlich halten und weniger objekt-orientiert sein, könnten wir vielleicht auf die Idee kommen, die Zeit selbst zu kontrollieren, um die von uns gewünschten Ergebnisse zu erzielen.»[92]

Dabei stellt sich die grundsätzliche Frage, ob es dem menschlichen Bewusstsein überhaupt möglich ist, deutlichen Einfluss auf die Welt der Physik oder die Stellung des Menschen im Universum zu nehmen. Insofern ähnelt die Frage nach der Möglichkeit von Zeitreisen mit dem Bewusstsein jener nach anderen Interaktionen zwischen Geist und Materie wie etwa

Telekinese. Was vermag die Kraft flüchtiger Gedanken in einer scheinbar grundsoliden Welt?

DIE ZEIT IM SPIEGEL DER MAGIE

Aus religiöser und spiritueller Sicht ist die Sache eindeutig – zumindest für die Anhänger des Okkultismus. Sie gehen davon aus, dass wenn ein Schöpfergott qua Bewusstsein das Universum geschaffen hat, auch ähnlich geartete Bewusstseinsträger – schließlich schuf Gott die Menschen aus biblischer Sicht nach seinem eigenen Bilde – in der Lage sein müssten, durch ihre Geisteskräfte auf diese Schöpfung entscheidend einzuwirken. Dieses Angleichen der eigenen magisch-geistigen Fähigkeiten an jene Gottes gehört zu den Zielen vieler magischer Schulen. Im magischen Lehrbuch *Magick* des umstrittenen Philosophen, Bergsteigers und Magiers Aleister Crowley heißt es dazu: «Der wahre Gott ist der Mensch. Im Menschen liegen alle Dinge verborgen. Die Götter, die Natur, die Zeit, alle Kräfte des Universums sind seine rebellischen Sklaven.»[93]

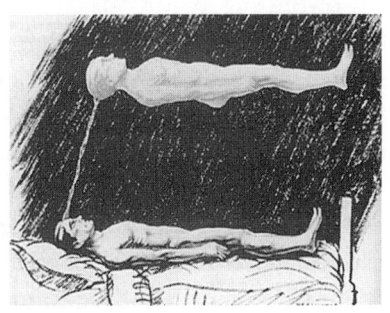

Das zeitreisende Bewusstsein – gemütlich warten, bis der Astralkörper von seinem Ausflug zurückkehrt.

Und selbst eines der ältesten magischen Werke in jüdisch-christlicher Tradition, Abraham von Worms' *Buch der wahren Praktik in der göttlichen Magie*, stellt den menschlichen

Geist frei von den Zwängen der Zeitabläufe der Natur: «Was brauchst du Sterne, Sonne und Mond darum zu fragen, wann du mit Engeln reden und den Geistern befehlen dürfest?»[94]

Dass Magie zwar in erster Linie eine Bewusstseinstechnik ist, aber dennoch Auswirkungen auf die physische Welt haben soll, macht für viele den großen Reiz dieser Disziplin aus. Daher bemühen sie sich, durch körperliche Anstrengungen wie Sexualmagie oder Tanz, durch lange Gebete und Meditationen oder durch vibrierende Anrufungen und Gesänge besonderer Lautfolgen Effekte zu erzielen, bei denen man nicht mehr guten Gewissens nur von «Halluzinationen» sprechen kann.

Sowohl von Worms als auch Crowley warnen allerdings vor dem totalen Scheitern bei der Ausübung der von ihnen beschriebenen aufwendigen und zeitraubenden* Techniken, das mit Verlust des Verstandes, im schlimmsten Fall des Lebens, mindestens aber mit fürchterlichen Schrecken verbunden sei.

Aber selbst wenn man sich nicht mit den wildesten Dämonen einlässt und sich durch intensive Hingabe den extremsten psychischen Kräften aussetzt, sind Zeitreisen des Bewusstseins** dennoch immer eine geistige und körperliche Herausforderung, die man nicht unterschätzen sollte. Selbst der Autor Colin Bennett, der in seinen Anleitungen für «Zeitreisen» ein fünfseitiges Kapitel «Für schnelle Ergebnisse» platziert, dessen Methode

---

* Die Vorbereitung auf das Abraham von Worms von einem gewissen Abramelin vermittelte Ritual, das nach der Anrufung des persönlichen Schutzgeistes ermöglichen soll, dämonischen und göttlichen Wesen gleichermaßen zu gebieten, nimmt Jahre in Anspruch.

** Es geht uns in diesem Kapitel ausdrücklich nicht um Fantasiereisen, bei denen dem Reisenden bewusst ist, dass er nicht wirklich reist, sondern um Bewusstseins-Trips, die subjektiv als real erlebt werden.

also weit entfernt von sektiererischer Langatmigkeit bei der Erlangung spektakulärer geistiger Fähigkeiten scheint, empfiehlt seine später noch ausführlich erläuterten Zeitreisetechniken nur Menschen, «die sich bester Gesundheit erfreuen und über einen klaren gesunden Menschenverstand verfügen».[95]

EINE QUANTENTHEORIE DES BEWUSSTSEINS

Welche Grundlage kann es aber neben der spirituellen Philosophie noch für die Behauptung geben, das Bewusstsein könne sich frei durch die Zeit bewegen? An der Schnittstelle zwischen Quantenphysik und Bewusstseinstheorie finden sich einige Argumente für diese Allmacht des menschlichen Geistes. Ausgangspunkt ist dabei die Annahme des Physikers und Nobelpreisträgers Eugene Wigner, «daß das Bewußtsein eine wichtige versteckte Größe in der Quantenphysik ist»[96]. Der theoretische Physiker Jack Sarfatti postuliert in diesem Zusammenhang lokale Biogravitationsfelder, die Raum-Zeit-Verzerrungen hervorrufen können, und erklärt damit etwa Phänomene wie Hellsehen und astrale Projektion.[97] Menschen einer hohen Bewusstseinsstufe könnten dazu auf künstlichem Weg Schwarze und Weiße Löcher in ihrem Biogravitationsfeld erzeugen. Die dadurch entstehenden Krümmungen könnten bewirken, dass das Tempo des Zeitflusses in der Nähe dieses Menschen sich von der Zeitflussgeschwindigkeit des durch Hellsehen beobachteten Gegenstandes unterscheidet. Telepathie wäre nach dieser Theorie einfach Nachrichtenübermittlung durch Biogravitations-Wurmlöcher der Raumzeit.

Im gleichen Buch, *Raum-Zeit und erweitertes Bewußtsein*, entwirft Bob Toben die Hypothese, dass Gedankenmuster, die in bestimmten Harmonien schwingen, erst die Materie hervorbringen. Diese Gedanken «reisen» schneller als das Licht und sind auch fähig, das Bewusstsein an jeden Ort der Raumzeit zu bringen. Die Gedankenkontrolle sei verbunden mit der Aufhebung der «Trennung zwischen Ich und Nicht-Ich»[98] bzw. mit einem «Anhalten der Welt», um dadurch die normale Realität zu ändern. Diese Idee harmoniert vortrefflich mit vielen New-Age-Lehren der Bewusstseinserweiterung.

Die Quantentheorie, die ja primär eine Informationstheorie darstellt, eignet sich vielleicht deshalb ideal für solche Spekulationen über kühne makro- und mikrokosmische Zusammenhänge, weil sie schon in ihrer Reinform so schön verrückt wirkt, dass sie eng mit dem menschlichen Geist verwandt scheint. Doch auch andere Wissenschaftler argumentieren mit einer Verbindung zwischen den Theorien der Physik über die kleinsten Teilchen und das große Ganze und dem menschlichen Bewusstsein.

In der Theorie eines holografischen Universums, die primär von einem Physiker, nämlich David Bohm, und einem Neurophysiologen, Karl Pribram, entwickelt wurde, ist beispielsweise die Vergangenheit nicht wirklich vergangen, sondern nur *implizite*[*] Gegenwart. Vereinfacht gesagt, enthält das Universum analog zu einem Hologramm in jedem seiner Teile die Information über das Ganze. Das gilt auch für das menschliche Bewusstsein, das nicht nur Teil des Universums und damit Träger allumfassender Information ist, sondern auch selbst holografische Struktur aufweist. Der Geist besteht demnach hauptsächlich aus nicht entfalteten Aspekten, einem Hintergrund

---

[*] Implizit ist in diesem Zusammenhang durchaus wörtlich zu verstehen – als eingefaltet.

aus Verschwommenem und weniger aus dem offensichtlich *Expliziten*. Dieser Bereich, der gemeinhin als Unterbewusstsein oder das Unbewusste bezeichnet wird, ist beispielsweise durch Intuition zugänglich oder durch mystische Erfahrung, die für John Welwood «eine totalere Form dieser holistischen Schau zu sein [scheint], die [...] das Ganze des Lebensprozesses erschaut, die eingefaltete Ordnung des Universums selbst»[99].

Die Ordnung ist dabei vielfältig. Auch die Viele-Welten-Theorie hat Platz in diesem holografischen Weltbild: «Es gibt viele holographische Gebilde, die in den zeit- und raumlosen Gewässern des Impliziten treiben und einander umkreisen und umschweben wie Amöben»[100], behauptet etwa Autor Michael Talbot, der als Experte für Grenzbereiche der Physik gilt.

UNFREIWILLIGE ZEITREISEN DES BEWUSSTSEINS

Wenn es ans konkrete Manövrieren des Bewusstseins in diesen mysteriösen Gewässern geht, haben wir allerdings nicht immer das Steuerrad in der Hand. Eine unfreiwillige Zeitreise erleben etwa Menschen, die eine Zeit ihres Lebens im Koma verbringen müssen.* Zwar leidet ihr Körper unter der Lagerung auf dem Krankenbett und altert selbstverständlich, aber ihr Geist befindet sich quasi vom Moment des «Einschlafens» bis zum Punkt des Erwachens in subjektiver Nullzeit. Eine solche Zeitreise und den daraus resultierenden radikalen Perspektivenwechsel schildert der amerikanische Romancier Douglas Coupland in seinem Werk *Girlfriend in a Coma*. Dessen Heldin Karen ver-

---

* Sofern man davon ausgehen will, dass Koma ein tatsächlich bewusstloser Zustand ist.

liert als Teenager das Bewusstsein und erwacht nach siebzehn Jahren, was ihr die Möglichkeit einer sehr distanzierten Sicht auf die im Roman aktuelle Gegenwart ermöglicht. Sie bemerkt, «dass sich niemand in den siebzehn Jahren wirklich *verändert* hat; alle sind bloß intensivierte Ausgaben ihrer selbst»[101], um gegen Ende des Romans im Rahmen eines Weltuntergangsszenarios zu der Erkenntnis zu gelangen: «Zeit ist eine ganz und gar menschliche Idee – ohne Menschen gibt es keine Zeit.»[102] Es drängt sich dabei der Vergleich mit der Speziellen Relativitätstheorie auf, nach der Zeit immer abhängig ist vom Bewegungszustand eines Beobachters.

Man könnte sagen, der Mensch als Grundbedingung für Zeit hat demnach auch die Möglichkeit, sie zu überwinden. Dieses Denken gipfelt in der Hypothese, dass die Zeitdilatationseffekte der Relativitätstheorie, die ja mit Uhren gemessen wurden, für biologische Systeme eventuell gar nicht gelten, und sie beginnt bei der Alltagserfahrung, dass der Mensch im Gegensatz zu einem Chronometer Zeit als etwas Persönliches erfahren kann. Der ganze Bewusstseinsstrom ist sogar nur in einem zeitlichen Gefüge existent: Nach einfacheren Bewusstseinstheorien entsteht die persönliche Identität erst durch die Erinnerungen der jeweiligen Person.

Doch der Ausweg aus diesen zeitlichen Rahmenbedingungen liegt nah – sogar sehr nah. Eine Welt, in der die gewöhnlichen Zeitabläufe keine Rolle spielen, ist allen Menschen schon von Geburt an zugänglich: das Reich der Träume. Hier schafft der Geist seine eigenen Naturgesetze. Im Traum scheint es sogar möglich, dass die Wach-Realität nur eine eindringliche Form der Illusion sein könnte und die verkannte Welt der Träume die eigentliche Wirklichkeit.

KONKRETE TECHNIKEN FÜR ZEITREISEN

Doch auch dem wachen modernen Menschen stehen Praktiken zur Verfügung, sein Bewusstsein als Zeitmaschine zu nutzen. Colin Bennett erläutert in seinem Buch *Zeitreisen* verschiedene Methoden, um eine Transzendenz der Zeit zu erleben, es also auf Wanderschaft durch die Zeit zu schicken. Dabei beruft er sich als philosophische Grundlage auf ein Werk des Flugzeug-Ingenieurs J. W. Dunne aus dem Jahr 1927, *An Experiment with Time*. Darin entwirft Dunne, der 1902 den Ausbruch des Vulkans Mount Pelée auf Martinique in einem Traum vorhergesehen haben will, eine serielle Natur der Zeit. Zeitliche Ausdehnung nehme demnach an sich Zeit in Anspruch, die Dunne «Zeit 2» nennt. Anhand der Aufzeichnung von seherischen Träumen seiner Freunde entwickelte er sogar eine Theorie, die erklären soll, dass und wie das Bewusstsein sowohl im Schlaf- als auch im Wachzustand zeitliche Grenzen überwinden kann.

Vergangenheit und Gegenwart sind demnach ständig vorhanden, «andauernde Realitäten [...], nur verborgen durch den Teil in uns, der durch das materiell orientierte Gehirn beherrscht wird, aber durchaus potentiell wahrnehmbar durch den nicht-körperlichen menschlichen Geist».[103] Eine eher dualistische Auffassung der Leib-Seele-Problematik. Sie erschließt völlig neue Optionen. Hier fällt eine gewisse Ähnlichkeit zum bereits erwähnten holografischen Weltbild auf. Dieser beobachtende Geist jedenfalls orientiert sich an Schnittlinien von Feldern von Raum und Zeit, die laut Dunne durch die serielle Reihung der Zeit entstanden sind. Der Geist funktioniert als Bindeglied, das mit der oben erwähnten Zeit 2 Kontakt aufnehmen kann, die prinzipiell nicht durch Geburt und Tod begrenzt ist und unendlich weit in Vergangenheit und Zukunft reicht.*

Colin Bennett leitet nun aus dieser Theorie seine eigene Zeitreisemethode ab, und diese beginnt tatsächlich mit dem Blick in die – am besten aus Quarz beschaffene und schwarze oder auf schwarzen Samt gebettete – Kristallkugel!

Durch konzentriertes Blicken auf die Kugel soll man eine psychische Kette zum Kristall bilden. Erste Erfolge seien dann eine Eintrübung der Kristalloberfläche oder nebelartiger Dunst, der von ihr aufsteigt, bevor sich darunter Einblicke in andere Zeiten auftun. Dieses Starren auf die Kugel ist dabei als hypnotische Technik zu verstehen, mit deren Hilfe das Bewusstsein die Fähigkeit erlangt, die Zeitebene zu wechseln. Weitere Methoden, einen ähnlichen Zustand zu erreichen, sind für Bennett das meditative Betrachten einer Uhr, deren Verschwinden man imaginiert, oder jede andere Trancetechnik, die der Proband schon ausreichend beherrscht. Explizite Gefahren bei dieser Art des Zeitreisens erwähnt er nicht, weist jedoch darauf hin, dass man im Rahmen der Experimente Unsicherheit bezüglich seiner eigenen Identität empfinden könne. Die Ursache dafür mag manchen beunruhigend erscheinen, ist aber wohl nicht weiter gefährlich: «Für die Dauer des Kontakts entschlüpft dein Ego nicht nur auf eine andere Ebene der Zeit, sondern wird von ihr absorbiert.»[104] Das Zeitreiseerlebnis ist ganzheitlicher als nur ein distanzierter Blick in Vergangenheit oder Zukunft.

Auch Ernst Meckelburg, Autor von so dramatisch betitelten

---

* Das würde auch erklären, warum manche Menschen unter Hypnose glauben, sich an frühere Leben vor ihrer Geburt erinnern zu können. Die sogenannte Reinkarnations-Therapie versucht beispielsweise, Zugang zu diesen Erinnerungen zu verschaffen.

Büchern wie *Zeitschock – Invasion aus der Zukunft* oder *Wir alle sind unsterblich*, hat ein «Zeitreise-Trainingsprogramm» entwickelt, das jedem mentale Reisen in die eigene Zukunft ermöglichen soll: Im Rahmen der sogenannten Tür-Strategie soll man sich auf einer imaginären Wand das Wort Zukunft vorstellen und verschiedene Türen auf dieser Wand visualisieren, um dank der bloßen Vorstellung, sie zu öffnen, auch hindurchzuschreiten und «zum interaktiven Teilnehmer des sich in der Zukunft entfaltenden Geschehens [zu] werden»[105]. Diese Türen können für Karriere, Familie oder andere persönliche Lebensbereiche stehen. Eine namenlose Tür soll dazu dienen, auch Unpersönliches, also Naturkatastrophen oder politische Ereignisse, vorhersehen zu können. Leider ermöglicht es das Trainingsprogramm offenbar nicht, Springfluten und Kriege zu verhindern. Die bisher erläuterten mentalen Zeitreisemethoden beschränken sich also ausschließlich auf die Beobachtung von Ereignissen. Wenn man sich noch einmal Dunnes Postulat vergegenwärtigt, dass Vergangenheit, Gegenwart und Zukunft ständig parallel existieren, scheint diese «Seherei» eine Erweiterung unserer Wahrnehmung zu sein, die sonst nur auf das Jetzt gerichtet ist und nach dieser Methode ihr Funktionsspektrum auf die anderen Zeiten ausdehnt.

ZEITREISEN ZUM NACHMACHEN

Zeitreise-Fachmann Frederick E. Dodson hat eine ausgeklügelte und an sich selbst erfolgreich erprobte Methode entwickelt, die den Menschen sowohl rückwärts als auch vorwärts durch die Zeit reisen lässt. Eine genaue und lesenswerte Anleitung dazu liefert er in seinem Buch *Zeitreisen*[106].

Obwohl es verlockend ist, sein Verfahren als einfach und mühelos zu beschreiben, müssen wir zugeben, dass das Zeitreisen mit dieser Bewusstseinstechnologie so viel Übung erfordert, dass es für manche bequemlichen Naturen ratsam erscheint, lieber so lange zu warten, bis eine plastische Maschine auf dem Markt ist, als sich jahrelang mit Meditation, Atmung, Neurolinguistischem Programmieren und der richtigen Einstellung zu quälen.

Um Dodsons Weg zu gehen, muss man erst einmal reif dafür sein. Und der für manche nächstliegende Grund, eine Zeitreise zu unternehmen, ist für ihn der schlechteste: Flucht. Wer nicht im Reinen mit sich und seinen Mitmenschen ist, wer nicht auf sozial stabilem Boden steht, wird es nicht schaffen. Zeitreisen nach Dodson sind also nur etwas für Glückliche und Zufriedene – wieso sollte man diese Raumzeit dann überhaupt verlassen, wenn man sich in ihr sauwohl fühlt? Die Anhänger der Bewusstseinstechnologie sehen es sportlich: Warum in der Kreisliga spielen, wenn es für die Bundesliga reichen könnte? Denn außergewöhnliche Erfahrungen spielen auch bei der Evolution des eigenen Geistes eine Sonderrolle.

Das für die Ausübung von Dodsons Zeitreisetechnik erforderliche Training hat sowohl für Anfänger als auch für Fortgeschrittene den Vorteil, dass es nicht schadet, sich in den einzelnen Disziplinen weiterzuentwickeln, auch wenn man am Ende keinen Erfolg als Temponaut hat; immerhin wird man geschult in Meditation, Selbstbewusstsein, mehrdimensionalem Denken, Sensualität, Atemtechnik, Fantasie, luzidem Träumen und außersinnlicher Wahrnehmung.

Die erste Übung hört sich noch leicht an: Der Aspirant schreibt auf, wie er sich die Welt in der Zukunft vorstellt: eine halbe Stunde lang soll er formulieren, was sich seiner Meinung nach in den nächsten 50, 100, 250, 1000 oder 10 000 Jahren abspielen wird. Aber wir durften feststellen, dass es besonders schwierig ist, den Unterschied zwischen 100 und 250 zu definieren. Bei der Vorstellung, wie unsere Welt in 10 000 Jahren aussieht, blieben wir an Endzeit und Wiederauferstehungsszenarien hängen, und am Ende dieser Übung stellten wir fest, dass sie sich auch als Gesellschaftsspiel eignet. Der Adept sollte sich natürlich am besten allein hinsetzen und die vorgeschlagenen Übungen absolvieren, das heißt nicht, dass er weniger Spaß hat, aber wahrscheinlich wird er nur so wirkliche Erfolge erzielen.

Im nächsten Schritt lernt man, sich die Dinge genau anzuschauen: Ist eine Blume eine Blume? Ist ein Pullover wirklich ein Pullover oder ein stinkendes, von Motten zerfressenes Stück Strickware? Oder ist es eine kuschelweiche Liebeserklärung in Angora? Die unterschiedlichen Blickwinkel zu trainieren, ist nicht nur der Dreh- und Angelpunkt für die Betrachtung realer Gegenstände. Diese Technik zu beherrschen, ist für erfolgreiches Zeitreisen unverzichtbar. In einem nächsten Schritt jonglieren wir mit unseren Gedanken so lange, bis wir die «Gedanken über die Gedanken» beherrschen. Dazu machen wir uns jeden noch so dusseligen Impuls im Kopf bewusst, halten ihn fest, und bevor wir ihn wieder loslassen, sagen wir zu uns selbst: «Das ist eine schöne Aussage» oder «Das habe ich erschaffen». Danach ist man entweder so wirr, dass man sich unbedingt ablenken muss oder einschläft – oder man erhält eine einzigartige Klarheit und genießt die Selbstreflexion.

Die außersinnliche Wahrnehmung wird in einer Übung trainiert, die ebenfalls sehr viel Spaß macht. Zuerst stellt man sich etwas Konkretes vor; wie wohl die Nachbarn eingerichtet sind, wie wohl der Urlaubsort aussieht, wie wohl die Geburtstagstorte schmeckt oder wie wohl die neue Kollegin aussieht – und dann prüft man nach, wie es sich in Wirklichkeit verhält. Erstaunlich an dieser Übung ist die Erkenntnis, wie falsch man mit seinen Vorurteilen und Klischees liegen kann. Dies nennt Dodson die «ASW-Basis-Übung».

Ein großer Feind des Zeitreisens ist der Zweifel. Der Adept erhält zahlreiche Hinweise und Übungsanleitungen, damit es ihm gelingt, sich selbst davon zu überzeugen, dass er es am Ende selbst glaubt, wenn er sagt «Ich beherrsche das Zeitreisen mit dem Bewusstsein». Nach einer anderen Übung nimmt man den «Standpunkt des höheren Selbst» ein, was idealerweise dazu führt, dass man lächelnd, humorvoll, neugierig, selbstbewusst und gelassen durchs Leben geht – also so ähnlich wie der Dalai Lama. Allein schon für dieses Ergebnis lohnt sich der ganze Kurs.

Wer jedoch glaubt, dass man bei einer Zeitreise jedes Mal durch die Menschheitsgeschichte geschleudert wird, ohne zu wissen, in welcher Zeit man landet, irrt. Bei der Dodson'schen Methode kann man sich das Ziel mit dem «Zeitanker» genau aussuchen, geradezu programmieren. Eine kleine Tabelle mit möglichen Zielen wird erstellt, und dann kann man praktisch die Augen schließen und mit dem Finger drauftippen. Man wählt so die vorher festgelegten Koordinaten, wie zum Beispiel 1956/Rimini oder 2015/Nassau, Bahamas oder was auch immer. Günstig ist die Ergänzung dieser Koordinaten durch Anschauungsmaterial in Form von Büchern, Fotos oder der eigenen Erinnerung – vielleicht ist ein Ort der Kindheit, das Flitterwochen-Hotel oder die Stammkneipe ein gutes Ziel.

Anscheinend ist es wesentlich einfacher, zu einem Punkt in der Raumzeit zu reisen, den man bereits vorher selbst definiert hat. Es bedeutet wohl, dass die Reise schon «irgendwie in einem» steckt. Wahrscheinlich braucht das Bewusstsein so einen Festhaltepunkt aus dem eigenen Bezugssystem, um sich überhaupt lösen zu können. Im frühen Stadium sind die Zeitreisen noch weitgehend von der Fantasie gesteuert, aber die Assoziationen sollen sich mit der Zeit und durch viel Übung verselbständigen und verzweigen. Man betrachtet den Ort von allen möglichen Perspektiven und dann auch in allen möglichen Zeiten: die Pyramiden 1000 vor Christus, 1867 und 2020. Wenn die Bilder beginnen, ein Eigenleben zu führen, empfiehlt es sich, sie wie durch eine Kamera zu betrachten, einmal zoomt man («Detail-Fokus»), und ein anderes Mal zieht man auf («Weit-Fokus»). Je besser man das beherrscht, desto häufiger wird die Fantasie durch tatsächliche Wahrnehmung ersetzt, verspricht Dodson. Wir üben noch.

Wenn man die einzelnen Schritte oft genug geprobt hat, wird es eines Tages ernst, und man kann versuchen, tatsächlich in der Zeit zu verreisen. Dabei gilt es, einen Ablauf einzuhalten, den wir hier leicht verkürzt wiedergeben:

1. Versetze dich in den Standpunkt des höheren Selbst.
2. Suche dir einen Anker in der Vergangenheit oder Zukunft.
3. Erschaffe dir im Geist eine Zeitblase, die die Eindrücke einer bestimmten Zeitspanne enthält.
4. Versetze dich selbst in diese Blase hinein.
5. Folge allem, was dich interessiert.
6. Bevor du wieder austrittst, gib der Zeitspanne eine Bezeichnung, zum Beispiel «Chicago 1932 bis 1933», und betrachte sie anschließend von außen.
7. Schalte die Blase ab und öffne die Augen.

Fred Dodson schildert, wie er sich selbst im Rahmen tiefer Entspannung nur noch hinlegen muss und sich selbst befiehlt: «Zeige mir meinen Wohnort in 30 Jahren.» Kurz vor dem Einschlafen erscheint ihm seine Wohnung in futuristischem Look, die Aussicht aus dem Fenster ist mies; Wald und Feld sind völlig zugebaut, und von außen ist das Haus verwittert.

Der Zeitreiseexperte* forscht permanent weiter und fordert auch seine Leser auf, den für sie idealen Weg selbst zu finden. Er sieht sich nicht als Meister, sondern als Leiter einer Forschungsgruppe. Für Dodson sind alle Zeitreise-Expediteure Pioniere. Er selbst strebt dabei die ultimative Zeitreise an: «Was mich am allermeisten freuen wird, ist eine Technik, um physisch in einer Zeit anwesend zu sein. Das ist mein Kindheitstraum.»[107]

PRÄKOGNITION – DER BLICK IN DIE ZUKUNFT

Die Psychologen Chet Snow und Helen Wambach unternahmen in den achtziger Jahren Zeitreiseexperimente auf der psychischen Ebene mit mehr als 2500 Versuchspersonen, die sie hypnotisierten und bis maximal ins Jahr 2300 schickten. Zu deren Visionen gehören die Zerstörung Japans und weiter Teile der USA durch Erdbeben und Überschwemmungen, Kontakt zu Außerirdischen ab 2100 und ab 2300 eine neue blühende Epoche mit High-Tech-Städten auf dem Meeresboden, spirituellen Öko-Kommunen auf dem Land und einer Lebenserwartung der Menschen von 400 Jahren.[108]

Weniger weitreichend, aber doch auch beunruhigend sind

---

* Ein ausführliches Interview mit Fred Dodson findet sich im Kapitel 11.

die Brückenschläge zwischen Zukunft und Gegenwart, von denen Grazyna Fosar und Franz Bludorf in der Zeitschrift *Raum und Zeit* berichten. Anhand des Terroranschlags vom 11. September 2001 wollen sie präkognitive Reaktionen festgestellt haben, die bereits vier Stunden vor der Katastrophe stattfanden. Allerdings geht es ihnen dabei nicht um schwer nachprüfbare Träume oder Visionen einzelner Personen. Sie behaupten vielmehr, dass eine Erschütterung des globalen menschlichen Bewusstseins registriert werden konnte.[109]

Als Indikator für diese Aussage dienen elektronische Zufallsgeneratoren. Solche Generatoren erzeugen rein zufällige Daten, die natürlich gewissen Schwankungen unterworfen sind. Das heißt, die statistische Verteilung der erzeugten Zahlen weicht mehr oder weniger stark von der zufälligen Anordnung ab. Nun behaupten die Autoren, dass immer dann besonders große Abweichungen über einen markanten Zeitraum hinweg auftreten, «wenn irgendwo auf der Welt ein Ereignis eintritt, das eine große Menge von Menschen emotional berührt».[110] An jenem 11. September 2001 verzeichneten die Rechner des sogenannten Global-Consciousness-Projekts der Universität Princeton bereits ab fünf Uhr morgens New Yorker Zeit «seltsame Ausschläge», die ihren Höhepunkt exakt mit dem Einschlag des ersten Flugzeugs erreichten und bis etwa halb elf, also der Zeit des Einsturzes des zweiten Towers, auf diesem Niveau blieben. Bei ihrem Versuch, diesen scheinbar aus der Zukunft stammenden Impuls zu interpretieren, bemühen Fosar und Bludorf ebenfalls die Quantentheorie. Sie gehen davon aus, dass diese nicht nur im Mikrokosmos zutrifft, sondern auch im Makrokosmos. Sie nehmen ähnlich wie die Theoretiker der «Quantentheorie des Bewusstseins» Toben, Wolf und Sarfatti an, dass es eine quantentheoretische Verknüpfung zwischen Materie und Bewusstsein gibt. Demnach sei eine «Quantenwelle» vom Terrorereignis rückwärts durch die Zeit gelaufen, die dann von einer vom Beginn der emotionalen Reaktion in die Zukunft sich ausbreitenden zweiten Welle überlagert wurde.[*] Die Wechselwirkung zwischen beiden mache überhaupt erst ein Ereignis daraus. Wir seien nämlich von vielen Impulsen aus der Zukunft umgeben, allerdings «nicht von realen, sondern nur von potenziellen Ereignissen der Zukunft. Nur diejenigen unter ihnen können real werden, die irgendwo einen Resonanzpartner finden.»[111] Die Verknüpfung von globalem Bewusstsein mit den anonymen Irritationen von Zufallsgeneratoren mag ein wenig technokratisch klingen, die mit knapp vier Stunden eher dezente Reichweite dieser Indikatoren in die Zukunft trägt unseres Erachtens aber zur Glaubwürdigkeit dieser Untersuchung bei.

Andere Arten der Kontaktaufnahme mit der Zukunft können angeblich darin bestehen, einfach mit Wesen zu kommunizieren, die von dort stammen. Viele sogenannte Medien berichten von solchen transdimensionalen Kontakten und ausführlicher Kommunikation mit diesen Geschöpfen, die aber nicht unbedingt aus der Zukunft stammen müssen, sondern auch gänzlich außerhalb der Zeit stehen können. Dabei bedienen sich die Wesen zunehmend moderner Übermittlungsmethoden; das Spektrum reicht dabei von Stimmen, die aus dem atmosphärischen Rauschen mit Hilfe von speziell modifizierten Radioempfängern herausgefiltert werden, bis zu konkreten schriftlichen Botschaften, die am Computerbildschirm erscheinen.

Zum Beispiel heißt es von dem 1997 verstorbenen Medium Adolf Homes, dass er sehr viele solcher Mitteilungen aus dem

---

[*] Siehe auch «superluminales Tunneln» in Kapitel 16.

«Jenseits» empfangen habe und dabei auch Informationen über das Wesen der Zeit erhielt: Außerdimensionale Wesen, darunter auch Verstorbene und Außerirdische, befinden sich demnach «in einer Nichtraumzeitebene». Die menschliche Zeit verschleiere die Dinge, sei aber nur eine Illusion. Durch spirituelle Weiterentwicklung sei es dem Menschen möglich, Zeitkorridore zu öffnen. Und auch einen Hinweis auf die Technik dieser Zeitreise gibt Homes: «Nur die Liebe ist in der Lage, Raum und jegliche Zeit zu überbrücken.»[112] Der Faktor «Liebe» funktioniert also als Katalysator für transdimensionale Kommunikation. Nun wissen wir nicht nur, dass die menschliche Wahrnehmung für Botschaften aus anderen Zeiten und Dimensionen erweitert werden kann, sondern wir erfahren endlich, warum den Medien, Wahrsagern, Hellsehern immer nur *bestimmte* Szenen oder Botschaften erscheinen.

DIMENSIONSTORE FÜR DAS BEWUSSTSEIN

Hat der Mensch mit seinem Bewusstsein, das sich scheinbar frei durch die Dimensionen winden kann, denn überhaupt noch Zeitmaschinen nötig? Selbst wenn bei transdimensionalen Trips unbedingt ein Objekt nötig ist, das die Pforten zwischen den Zeiten oder zwischen den Dimensionen öffnet, entspricht es in der Mythologie der Medien eher einem magischen Gegenstand mit Fetisch-Charakter. Die Strukturen der Raumzeit zu knacken, erfordert eine andere Mechanik, als mal schnell eine Dose Ölsardinen zu öffnen. Diese Symbole dienen den Medien offenbar als Transformatoren ihrer geistigen Energie, und wenn nur durch sie die Öffnungen in andere Welten entstehen, kann man sie getrost als Zeitmaschinen bezeichnen.

Ein schönes Beispiel dafür ist der Kubus in Clive Barkers Kurzgeschichte *The Hellbound Heart*, die er selbst unter dem Titel *Hellraiser* 1986 verfilmt hat. Mit Hilfe dieses speziellen Würfels lassen sich die Pforten der Hölle öffnen, aus der die Cenobiten in die Welt der Menschen gelangen können. Diese selbsternannten «Forschungsreisenden» unter der Führung eines gewissen Pinhead, dessen Schädel nach Akupunktur-Intensivbehandlung aussieht, betrachten sich als Engel und Dämonen in Personalunion. Die Hölle, aus der sie stammen, ist einerseits ein Ort der Zeitlosigkeit und Ewigkeit, vor allem aber einer des grenzenlosen Schmerzes. Und die Magie und Faszination des Würfels sorgen dafür, dass auch in den Sequels des Films die Verbindung zwischen unserer Welt und dem Albtraumuniversum der Cenobiten niemals endgültig abreißt.

Eine ähnlich schreckliche Reise unternimmt das kleine Mädchen Carol-Anne in dem Hollywood-Kult-Horrorfilm *Poltergeist*: Es wird vom Fernseher «verschluckt» und von «unerlösten Seelen» in einer anderen Dimension festgehalten, bis die Eltern es unter atemberaubenden special effects daraus befreien.

Hollywood hat das Paradigma der Bewusstseinsreise aber auch auf fröhliche Weise ad absurdum geführt. Während gemeinhin Kontemplation als Methode gilt, den Geist aus dem eigenen Körper zu treiben, dreht Regisseur Spike Jonze den Spieß um. In *Being John Malkovich* (1999) verlässt der gescheiterte Puppenspieler Craig nicht seinen Körper, sondern er gerät physisch durch puren Zufall und ohne die geringste geistige Leistung durch eine hinter Aktenschränken verborgene Pforte direkt in den Kopf des berühmten Schauspielers John Malkovich. Allerdings immer nur für 15 Minuten. Danach landet er stets auf derselben Wiese vor den Toren New

Yorks. Um durch diese fabelhafte Entdeckung endlich reich zu werden, gründet er ein Reisebüro für Trips in Malkovichs Kopf, das sogar floriert, bis zu dem Tag, als der Schauspieler selbst eine solche Reise bucht.

Hier soll also durch eine architektonische Anomalie die Brücke zwischen den Dimensionen entstanden sein. Diese Geistreise beginnt mit einer Expedition des physischen Körpers, verläuft also maßgeblich in einen Geist hinein und nicht aus einem Körper heraus. Das ist ungewöhnlich, denn üblicherweise löst sich der Theorie nach bei außerkörperlichen Reisen ein sogenannter feinstofflicher Körper, auch als Astralleib bezeichnet, durch Meditation, Hypnose oder andere geistige Techniken, um sich auf seine Reise durch Raum und Zeit zu begeben.

DIE EVOLUTION DES MENSCHLICHEN GEISTES

Dass die Beherrschung der Zeit das Ziel der Evolution des Menschen ist, gehörte zu den Überzeugungen des einstigen Harvard-Professors und späteren Verstoßenen einer aufgeschreckten bürgerlichen Gesellschaft: Timothy Leary. Nach seiner Theorie vollzieht sich die Entwicklung des menschlichen Nervensystems in sieben Stadien, sogenannten Schaltkreisen. Nach den für das Überleben und das soziale Dasein nötigen vier Einheiten, die die Entwicklung des Lebens auf der Erde nachzeichnen, folgen «5. der Entzückungs-Schaltkreis, beteiligt an der Körper-Zeit; 6. der Ekstase-Schaltkreis, beteiligt an neurologischer Zeit; 7. der neurogenetische Schaltkreis, beteiligt an der Lebens-Zeit der Spezies»[113]. Diese drei höheren Schaltkreise sollen es den Menschen ermöglichen, den Planeten Erde zu verlassen. Das sei die wahre innere Botschaft, die Bedeutung des Codes der DNS:

dorthin zu finden, von wo diese Quellen des Lebens nach Learys sogenannter Starseed-Theorie einst ausgesandt wurden.

Ab Schaltkreis sieben der Leary'schen Hierarchie hat das Nervensystem die Fähigkeit, sich selbst zu prägen, frei vom Körper zu agieren. Und es lernt ein neues Verständnis der Zeit. Die Aktivierung des siebten Schaltkreises geht nämlich mit einem Bewusstsein des allumfassenden Lebens einher. Während Grad sechs noch durch die Einnahme von LSD erreichbar sei, müsse man für dieses finale «Drop-Out-Erlebnis» bereits die Erfahrung des Sterbens machen. Nach Leary könne eine noch zu erfindende Droge, die «G-Pill», diesen Effekt herbeiführen. Denn «Sterben ist ein Aufgehen in den Lebensprozess. Das Bewusstsein kehrt zum genetischen Code zurück. Wir werden jede Form des Lebens, die gelebt hat und leben wird».[114] Unsere Konditionen und Reflexe werden bei diesem Prozess hin zu einer «neuro-genetisch aufgeweckten Person» ausgelöscht, und wir werden zu Zeitreisenden, die «denken und erfahren wie DNS». Leary, der gemeinsam mit seiner Frau Joanna *NeuroLogic* verfasste, während er wegen zweier Jointkippen* in Einzelhaft saß, verspricht dabei eine «genetische Fusion, die die höhere Liebe definiert. Wir sind bereit für das Leben der Zeit-Zukunft, die schlafend im Innern unseres larvalen, gepanzerten Rückenschildes geruht hat».[115]

Dieser optimistischen Auffassung von der geistigen Evolution des Menschen steht eine Skepsis gegenüber, die sich vor

---

* Leary war 1969 zu drakonischen zehn Jahren Haft verurteilt worden. Der von Präsident Nixon zum Staatsfeind Nummer eins erklärte Professor konnte aber fliehen und erhielt in der Schweiz politisches Asyl. Er reiste weiter nach Afghanistan, wo ihn die Behörden 1973 an die USA auslieferten. Leary war bis 1976 in Haft und starb 1996.

allem auf die menschliche Tendenz zur Selbstzerstörung beruft. Der amerikanische Psychologe Michael Murphy schreibt dazu: «Selbst wenn eine höhere Dimension des Lebens latent in der menschlichen Spezies vorhanden ist, ist keinesfalls gesichert, dass sie auf Dauer verwirklicht werden könnte.»[116] Katastrophen und Kriege könnten einer linearen Entwicklung von Evolution entgegenstehen. Die Transformation des Bewusstseins auf eine höhere Stufe könnte demnach weiterhin Einzelnen vorbehalten sein, aber nicht zum Mainstream werden.

Doch selbst wenn wir daran scheitern, die Macht unseres Bewusstseins über die Zeit zu erweitern, verschwenden wir damit nicht unbedingt unsere Zeit. Bewusstseinsforscher Bob Toben betont den spielerischen Aspekt des Experimentierens mit den scheinbaren Grundfesten des Universums: «Raumzeit ist hier, einfach um etwas zu tun zu haben. Also spielen wir das Spiel und tanzen den Tanz. Friede entsteht aus der Veränderung, aus dem Prozess, nicht aus dem Erreichten. Auch wenn wir den Bereich jenseits von Raumzeit vielleicht niemals ganz erfahren, so tanzen wir doch darauf zu.»[117] Diesen Tanz ein wenig zu beschleunigen, bemühen sich diejenigen Zeitreise-Adepten, die sich nicht durch mühevolle geistige Übungen quälen wollen, sondern den Schlüssel zu den Dimensionstoren in Pharmakologie und Botanik suchen.

10. ZEIT IST EINE ILLUSION
PSYCHEDELISCHE ZEITREISEN*

« Mit einem Feldstecher bewegt sich Audrey durch die Zeit, während er in einem Sessel liegt und onaniert. Die hellen Gestalten der Piraten. Jerry kommt es in rotem Wachs. Für einige Sekunden sehen wir Tibet und seine Bewohner. Blaustichige Rückblende zum Bett im Krankenzimmer. Verderbtes Lächeln, Sperma in einem Glaskrug.»

William S. Burroughs, *Die Städte der roten Nacht*

Schon der Name mancher psychoaktiven Substanzen legt nahe, dass die psychedelische Chemie auch ein molekularer Schlüssel zu einer funktionierenden Temponautik sein kann. Der Terminus «Speed» deutet das durch Amphetamin-Konsum beschleunigte Jagen durch die Lebenszeit an, und ein LSD-Trip ist mit «Trip» noch unzulänglich metaphorisiert. Und wenn südamerikanische Ureinwohner vom Fleisch der Götter sprechen, ahnt auch der Drogenlaie, dass damit ein mächtiger Treibstoff gemeint ist.

Lange bevor in den sechziger Jahren Erforscher der sogenannten inneren Räume mit Hilfe von Drogen das Bewusstsein über die Grenzen alles Bekannten hinaus erweitern woll-

---

* Wir weisen ausdrücklich darauf hin, dass Besitz, Weitergabe und Verzehr der meisten in diesem Kapitel erwähnten Substanzen illegal sind. Eine Empfehlung zu Selbstversuchen ist von uns nicht intendiert.

ten – mit unterschiedlichen Erfolgen –, hatten bereits Poeten die zeitverändernde Wirkung von Rauschmitteln entdeckt. In seinem Gedicht «Das Gift» schildert Charles Baudelaire 1855 die Wirkung des damals sehr populären Opiums:[118]

«Das Opium vermehrt, was ohne alle Schranken,
Dehnt die Unendlichkeit,
Höhlt der Genüsse Rausch, vertieft den Strom der Zeit,
Mit finstrer Lust und Nachtgedanken
Füllt und erschöpft es schier der Seele Faßbarkeit.»*

Und der amerikanische Reiseschriftsteller und Goethe-Übersetzer Bayard Taylor beschreibt im selben Jahr seine illustren Erlebnisse in Damaskus, als er sich einen Teelöffel voll Haschisch einverleibt hatte. Neben teils absurden, sehr farbenprächtigen Visionen beeindruckte diesen frühen Adepten der Freuden der Hanfpflanze vor allem die Wirkung auf sein Zeitempfinden, während er eine Vision einer endlosen Halle von Regenbögen erlebte: «Bögen aus lebendem Amethyst, Saphir, Smaragd, Topas und Rubin. [...] Die Fülle des Rausches dehnte auch mein Zeitgefühl aus; und obwohl wahrscheinlich die ganze Vision keine fünf Minuten brauchte, um sich vor meinem geistigen Auge abzuspielen, schienen doch Jahre verstrichen zu sein, während ich unter den Myriaden verwirrender Regenbögen dahinschoss.»[119]

Ein wenig profaner klingen die psychedelischen Zeitver-

---

* Im Gegensatz dazu regt die Wirkung des aus Opium gewonnenen Heroins zu weniger sinnlichen, aber keineswegs irrelevanten Reflexionen über das Bewusstsein an: «Heroin nimmt innerhalb der psychischen Architektur der Wahrnehmung ungefähr die Position ein, die die reine Vernunft in der Kant'schen Epistemologie besetzt.» (QRT, *Tekknologic Tekknowledge Tekgnosis, Ein Theoriemix*, Berlin 1999, Seite 41)

änderungen in einem jener Aphorismen, die entstehen, wenn die Produkte der Cannabis-Pflanze dem Sprechenden die Illusion oder die Gewissheit großer Weisheit vermittelt: «Auch die Erinnerung ist ein Universum nebenan. Denn Erinnerung ist nicht Vergangenheit, sondern Gegenwart»[120], so einer dieser «Kiffer-Sprüche».

Unsere ersten Befunde zeigen also bereits: Drogen können dem Nervensystem implantierte Zeitmaschinen sein. Doch im Unterschied zur materiellen Apparatur, die die Grenzen der äußeren Zeit überwinden soll, wirken Drogen zumeist auf die innere Zeitstruktur, auf den Modus oder die Geschwindigkeit des empfundenen Zeitablaufs; weniger auf die Position des Menschen in der Zeit als auf sein Verhältnis zu ihrem Verstreichen. Wobei wir keineswegs behaupten wollen, dass diese Zeitreisen weniger real sind, als es etwa mühsame körperliche Passagen durch die gefaltete Raumzeit wären, sofern sie jemals Wirklichkeit werden.

HALLUZINOGENE UND DIE AUFLÖSUNG DER ZEIT

Besonders wirksame und weitreichende Zeitmaschinen des Bewusstseins sind Halluzinogene wie LSD, Meskalin oder die Inhaltsstoffe von magic mushrooms wie etwa denen der Gattung Psylocibe (Kahlköpfe), die allesamt auch mit deutlichen spirituellen Erlebnissen in Verbindung gebracht und von Naturvölkern häufig im Rahmen mystischer Rituale eingenommen werden. Sie sollen bereits in der Antike im Rahmen von Mysterienschulen verwendet worden sein.

Doch auch im Laborexperiment ist ihre Wirkung beträchtlich. Bereits einer der ersten wissenschaftlich dokumentierten und wohl auch berühmtesten Halluzinogen-Rauschzustände der Geschichte machte die Zeit zum Spielball der Gehirnphysiologie. Der Schweizer Chemiker Albert Hofmann nahm am 19. April 1943 die verschwindend kleine Menge von 0,25 mg Lysergsäurediäthylamid als wässrige Tartratlösung ein – eine Substanz, die er selbst als Erster synthetisiert hatte und die auch unter dem Namen LSD-25* Berühmtheit erlangte. Hofmann war der erste Mensch, der sich auf einen LSD-Trip begab, und er erlebte Seltsames. Wir wollen uns bei der Schilderung der Drogenwirkungen dieser und anderer Substanzen allerdings auf die temporalen Effekte konzentrieren und die faszinierenden anderen Bewusstseinsphänomene weitgehend ausklammern.

Magic mushrooms – der Pilz als Götterspeise und natürlicher Treibstoff für Zeitreisen.

Hofmann wurde Zeuge und Opfer einer erheblichen Zeitdilatation, also einer Dehnung der Zeit – und das, obwohl er sich keineswegs mit annähernder Lichtgeschwindigkeit fortbewegte, sondern nur auf seinem alten Fahrrad vom Labor nach Hause schlingerte, was sich unter dem Einfluss der Droge als äußerst beschwerlich herausstellte: «Auch hatte ich das Gefühl, mit

---

* Abkürzung für Lyserg-Säure-Diäthylamid. Die Zahl 25 stammt daher, dass LSD die 25. Substanz in einer Reihe von Syntheseergebnissen war, die Hofmann bei Experimenten mit Lysergsäure 1938 erzielt hatte.

dem Fahrrad nicht vom Fleck zu kommen. Indessen sagte mir später meine Assistentin, wir seien sehr schnell gefahren.»[121]

27 Jahre später schildert Hofmann seine «bestürzenden Bewusstseinsveränderungen», die er bei einem gemeinsamen LSD-Experiment mit Ernst Jünger in Wilflingen erlebt, mit noch kargeren, aber vielsagenden Worten: «diese Zeit – kein Zusammenhang mit der erlebten Welt.»[122] Was hier so dürftig klingt, zählt wohl zu den subjektiv atemberaubendsten und erschütterndsten Erfahrungen, die einen die Zeit als Konstante seines Daseins wahrnehmenden Menschen treffen können.

Solche derealisierenden Erkenntnisse gehören zu den elementaren Eindrücken, die den Probanden eines LSD-Rausches befallen: dass er nämlich der Welt der gewöhnlichen Realität, der Konsens-Realität mit seinen Mitmenschen, vollständig entrückt ist und in einem anderen raumzeitlichen Zusammenhang mit dem Universum steht. Ob dieser ein authentischerer ist, wie es Psychedelik-Päpste wie Timothy Leary propagierten*, oder ein künstlich verfremdeter, ist eine erkenntnistheoretische Frage, die sich nicht beantworten lässt.

Das Entscheidende aber ist, dass sich die Empfindung der Zeit existenziell von der der Alltagsrealität unterscheidet. Und zwar mitunter auf durchaus befreiende Weise, als wäre man in der Lage, sich dem zwangsläufigen Verstreichen der Momente tatsächlich beflügelt zu widersetzen; oder selig in dem Augenblick zu verharren, der längst schon vergangen wäre, wenn man nicht unter dem Einfluss der Droge stünde.

---

* «Turn on, tune in, drop out», lautete seine Aufforderung, sich von den Fesseln gesellschaftlicher Zwänge mit Hilfe von Psychedelika zu befreien.

DIE ERINNERUNG VOR DER ERINNERUNG

Eine der wenigen wissenschaftlichen LSD-Studien hat der Psychiater und Mitbegründer der transpersonalen Psychologie Stanislav Grof durchgeführt.[123] Seine Probanden berichteten in den siebziger Jahren nicht nur von Erfahrungen als Fötus oder der eigenen Geburt, während sie «auf Trip» waren, sondern auch von Erlebnissen aus anderen Universen, von eindringlichen Erfahrungen einer früheren als der menschlichen Evolutionsstufe und von Erinnerungen an vergangene Inkarnationen der eigenen Seele. Diese radikalen Erweiterungen des zeitlichen Bewusstseins gehören laut Grof zu den transpersonalen Erfahrungen, wobei «die Grenzen *der linearen Zeit* transzendiert» werden und auch «zukünftige Ereignisse – mit einer Lebendigkeit erlebt [werden], die gewöhnlich nur dem gegenwärtigen Augenblick oder Standort vorbehalten sind».[124] Aus dieser Perspektive ermöglicht LSD also tatsächliche Zeitreisen in Vergangenheit und Zukunft.

Eine besondere Bedeutung dieser LSD-Phänomenologie des Transpersonalen kommt den archetypischen Erfahrungen zu, die den Kontakt mit Mythen oder Gottheiten auch fremder Kulturen ermöglichen. Dabei erlebten Grofs LSD-Konsumenten sogar Details konkreter Mythologien, selbst wenn sie vorher noch nie davon gehört hatten. Doch die auflösende Wirkung der Droge auf die uns vertraute Raumzeit geht noch über diese Effekte hinaus. Grof spricht auch von psychoiden Erfahrungen – in Anspielung auf C. G. Jungs psychoide Archetypen: «Phänomene an der Schnittstelle zwischen Bewusstsein und Materie». Eine Reise, die tatsächlich aus dem uns bekannten Universum hinauszuführen scheint, da «das, was wir in einem transpersonalen Zustand erleben, nicht allein in unserem

Kopf vor sich geht, sondern Teil eines dynamischen Netzwerks ist, das auch die äußere Wirklichkeit umfasst»[125].

Die offizielle LSD-Forschung ist allerdings aufgrund der Kriminalisierung der Droge heute weitgehend zum Erliegen gekommen.

DER SCHLÜSSEL ZUM KÄFIG DES BEWUSSTSEINS

Was haben die wahnwitzigen Halluzinationen einiger Draufgänger mit Zeitmaschinen zu tun, mag sich der Skeptiker fragen. Sehr viel sogar. Wir sind der Ansicht, dass die Realität von bestimmten Drogenerfahrungen im Kontext von Zeitreisen nicht weniger evident ist als die Implikationen der Quantenmechanik oder Gedankenexperimente über Singularitäten. Der Vorteil der neurochemischen Zeitreise besteht aber vor allem darin, dass sie konkret durchführbar und existenziell und individuell erfahrbar ist.

Dass es für die Entwicklung eines Drogentrips, also für die Mitbestimmung beim Ziel der Reise, auf Set und Setting ankommt, ist eine Erkenntnis aus der Frühzeit der organisierten Psychedelik. Und der chemisch ausgelöste Aufbruch des Geistes geht viel schneller vonstatten als bei rein meditativen oder psychischen Praktiken – die Dynamik der Droge kann unerbittlich sein. Eine kontrollierte Zeitreise unter Drogeneinfluss erfordert daher noch mehr geistige Kompetenz als das übliche Astralgeschippere. Dafür sind die Wirkungen jedoch entsprechend beeindruckend.

Der amerikanische Psychotherapeut und Gehirnforscher John C. Lilly geht in diesem Zusammenhang sogar grundsätzlich davon aus, dass dem Bewusstsein keinerlei Grenzen gesetzt sind: «Im Bereich des Geistes ist das wahr, oder wird wahr, was man für wahr hält, und zwar innerhalb von Grenzen, die empirisch und experimentell feststellbar sind. Diese Grenzen sind zukünftige Überzeugungen, die transzendiert werden müssen. Im Bereich des Geistes gibt es keine Grenzen.»[126]

Diese Grenzenlosigkeit zu behaupten, bedeutet noch lange nicht, sie auch zu erfahren. Dabei kann jedoch LSD helfen. Und die empirische und experimentelle Grundlage von Lillys Thesen ist durchaus fundiert. Er befolgte nämlich eines der ältesten und heute leider vernachlässigten ethischen Prinzipien der Humanmedizin: Er war sein eigenes Versuchskaninchen. Es war also nicht das Bewusstsein irgendwelcher Probanden, es war sein eigenes, das er auf die Reise in innere Räume schickte. Und seine Experimente zählen vermutlich zu den gewagtesten Reisen, die moderne Menschen mit Hilfe von Drogen unternommen haben. Lilly kombinierte zwei äußerst effektive Techniken, um die Alltagsrealität und den üblichen Raum-Zeit-Zusammenhang zu verlassen: Er nahm LSD im Isolationstank* ein. In so einem Tank schwimmt man in einer körperwarmen Salzwasserlösung und ist von allen äußeren Reizen abgeschirmt. Ein Zustand, der nach einiger Zeit auch ohne Halluzinogene im Blut bereits psychedelische Effekte auslösen kann. Die Kombination erzeugt allerdings so weitreichende Bewusstseinsveränderungen, dass sich Lilly während mancher Sessions dachte, von seinen Reisen in die inneren Räumen tatsächlich nicht zurückzukehren. Er begegnete dabei sogenannten «Wächtern», die Lilly als Bewusstseinpunkte be-

---

* Auch bekannt als Samadhi-Tank, der in den neunziger Jahren ein kleines Comeback in Studios für sogenannte Mind-Machines erlebte.

schreibt. Diese waren nach ihrer eigenen Aussage nur bei drohendem körperlichen Tod erfahrbar: «In diesem Zustand gibt es keine Zeit. Es gibt dann nur ein augenblickliches Gewahrsein der Vergangenheit, der Gegenwart und der Zukunft im Jetzt»[127], dokumentiert Lilly die Aussage dieser Wesen.

Der Psychiater erforschte seine Psyche, seinen Körper und drang in sonderbare Realitäten ein, die von fremdartigen Wesen bevölkert waren. Lilly ging es dabei in erster Linie um seine spirituelle Verwirklichung und um die Erforschung seines Bewusstseins, weniger um gezielte Expeditionen – zum Beispiel an andere Orte der Raumzeit. Er hat sie aber wohl offensichtlich erlebt und damit eine Methode vorgelegt, die in der Kombination aus Bewusstsein, Hardware und Droge das Grundmodell einer tauglichen Zeitmaschine darstellt. Letztlich lehren uns die Erfahrungen und Erkenntnisse von John C. Lilly, die Allmacht des eigenen Geistes zu kultivieren, wenn man möchte, dass der einen dann vielleicht überallhin bringen kann. Auch in andere Zeiten, Paralleluniversen oder ein absolutes Jenseits des Zeitbegriffs. Sei es durch einen gedanklichen Akt oder durch eine Reaktion des Bewusstseins auf etwas, das wir bereits kennen.

Der Wechsel von einem «Bewusstseinsraum» in einen anderen, von einer Realität in die nächste, ist für Lilly im Selbstversuch zum Beispiel dadurch möglich, dass man sieht, dass die Barriere zwischen den Räumen Löcher hat, die auftauchen und wieder verschwinden. In Kontemplation gilt es seiner Meinung nach, auf diese Öffnungen zwischen den Räumen zu warten: «Wenn ich schnell bin, kann ich durch einen dieser ‹Tunnel› gehen. Dieser Tunnel-Effekt gilt für alle Barrieren, einschließlich der quantenmechanischen Barriere für Elektronen und andere Partikel.»[128]

Es gibt demnach einen Erkenntniszusammenhang zwischen dem Mikrokosmos mit seinen physikalischen Spitzfindigkeiten, dem Makrokosmos mit seinen vieldimensional verschachtelten Fundamenten, auf denen die uns bekannten und unbekannten Naturgesetze nur eine kleine Balustrade zu besetzen scheinen, und den tatsächlichen oder potenziellen Fähigkeiten des menschlichen Bewusstseins. Die diesbezüglichen Erfahrungen sind verwirrend, sehr komplex, oft von religiöser Ehrfurcht durchdrungen – klingen aber zur Sprache gebracht oft unangemessen dürr, weshalb es in diesem Zusammenhang mitunter ratsam ist, den Wittgenstein-Ratschlag zu befolgen, darüber zu schweigen, worüber man nicht sprechen kann.

Der englische Dichter und Philosoph Aldous Huxley nahm 1953 unter Aufsicht eines «Experimentators» Meskalin* ein und antwortete auf die Frage, was für ein Gefühl er bezüglich der Zeit hätte: «Sie scheint reichlich vorhanden zu sein.» In seinem berühmten Buch *Die Pforten der Wahrnehmung* erläutert er diese Bemerkung. Es sei belanglos gewesen, wie viel Zeit er zur Verfügung hatte. Der Blick auf die Uhr – sinnlos. Denn «meine Uhr war, das wusste ich, in einem anderen Universum. Tatsächlich hatte ich das Gefühl einer unbestimmten Dauer empfunden […] oder auch das einer unaufhörlichen Gegenwart, die aus einer einzigen, sich ständig verändernden Offenbarung bestand.»[129]

---

* Ein halluzinogenes Alkaloid, das im mittelamerikanischen Peyotl-Kaktus enthalten ist, aber auch synthetisch gewonnen werden kann.

MAGISCHE PILZE ALS SCHLEUSENWÄRTER DER ZEIT

Zu den mysteriösesten und von der westlichen Wissenschaft am spätesten entdeckten Quellen für psychedelische Erfahrungen gehören halluzinogene Pilze. Ihre Anhänger sammelten sie schon vor Tausenden von Jahren in Südamerika. Pilzforscher R. Gordon Wasson vermutet sogar, dass halluzinogene Pilze bei den Eleusinischen Mysterien der griechischen Antike eine entscheidende Rolle spielten[130], und auch heute noch stolpern die Freunde entrückender geistiger Freuden über ungedüngte Kuhweiden, um dort einige Exemplare des Spitzkegligen Kahlkopfes *(psilocybe semilanceata)* aufzuspüren.

Valentina Wasson war 1955 die erste westliche Frau, die an einer Pilzzeremonie der Mazatec-Indianer und der berühmten mexikanischen Schamanin Maria Sabina mitwirken konnte. In deren Rahmen nahm sie psilocybinhaltige Pilze ein, die von den Eingeborenen Teonanacatl, Fleisch der Götter, genannt werden. Gleich die erste Session bescherte Frau Wasson eine verblüffende Zeitreise. «Jetzt befand ich mich im Versailles des 18. Jahrhunderts, am legendären Hof Ludwigs XIV. Es fand gerade ein grandioser Ball statt ... An der Decke glitzerten herrliche Kronleuchter. Aus Hunderten ihrer Prismen sprühten glühende Blitze aus grünem und blauem Licht.»[131] Doch mit kleinen Ausflügen in historisch interessante Epochen sind die Pilzpotenziale längst nicht ausgeschöpft.

Pilze scheinen eine fundamentale Bedeutung für den menschlichen Geist zu haben, gelten sie doch als archetypische Symbole und tauchen häufig in Mythologie, Kunst und Literatur in magischem Zusammenhang auf: von Alice im Wunderland bis zu etwa zehntausend Jahre alten Felsmalereien in der Sahara[132]. Ein Ausdruck der Begeisterung für den geistigen Gehalt der

Pilze ist die These unserer Zeit, das Bewusstsein oder wenigstens die Religionen seien überhaupt erst dadurch entstanden, dass unsere Vorfahren von magic mushrooms kosteten.*

Der bedeutendste Prophet dieser Theorie der Entstehung des intelligenten Bewusstseins ist Terence McKenna[133]. Der interdisziplinäre Bewusstseinsforscher entwickelte im Rausch halluzinogener Pilze auch eine außergewöhnliche Theorie über das Wesen der Zeit. 1971 reiste er mit seinem Bruder ins kolumbianische Amazonas-Gebiet. Dort stießen die Forscher auf Pilze der Sorte *stropharia cubensis*, heute auch *psilocybe cubensis* genannt.[134] Unter tagelangem Einfluss dieser auf Kuhdung wachsenden Zauberpilze visionierte er Informationen und Inspirationen, die ihn in den darauffolgenden Jahren eine komplizierte Timewave-Theorie ausarbeiten ließen.

McKenna experimentierte mit Zahlensequenzen aus dem I Ging. Er generierte daraus eine Funktion, die von mathematisch kundigen Freunden in Berkeley als fraktal** identifiziert wurde – lange bevor es in den Achtzigern Mode wurde, sich mit Fraktalen zu beschäftigen. Diese «Novelty Function» beschreibt Zeit als oszillierende Welle mit Phasen unterschiedlicher Innovation im Universum, aus der sich auch bestimmte historische Ereignisse ableiten lassen.[135] Prüfstein für die Hypothese des im Jahr 2000 verstorbenen Wissenschaftlers dürften die Ereignisse oder Nicht-Ereignisse des 21. Dezember 2012 werden – das Datum, an dem auch der frühgeschichtliche Maya-Kalender enden soll. Nach McKennas Berechnun-

---

* Pilze als Quelle des Bewusstseins wären damit auch eine Quelle der Zeit, wenn man Zeit als Bewusstseinsphänomen definiert.
** Fraktale zeichnen sich durch wiederkehrende ähnliche Muster in ihrer Form aus.

gen wird an diesem Tag ein Nullpunkt beziehungsweise eine Singularität der Welle erreicht.

Was bedeutet dieser Nullpunkt? Das Ende der Geschichte? Der Eintritt in ein neues Zeitalter der menschlichen Existenz? Jedenfalls eine Schwelle, von der etliche selbsternannte Wahrsager und viele andere mit prophetischen Eigenschaften Ausgestattete zugeben, nicht darüber hinaus in die Zukunft blicken zu können. Vielleicht aber auch nur der Moment, an dem die erste physikalische Zeitmaschine der Menschen in die Zukunft aufbricht und damit das bestehende Raum-Zeit-Kontinuum aus den Angeln hebt. Wir müssen abwarten.

Dieser kosmologische Aspekt des Systems Bewusstsein – Droge – Universum ist keineswegs neu oder lediglich der Hippie-Mentalität mancher in den siebziger Jahren ausgebildeten Wissenschaftler zu verdanken. Substanzen, die die Zeit beherrschen oder die uns von der Zeit befreien, waren bereits Bestandteil der altindischen Kultur. Das in den Veden beschriebene Soma katapultierte Menschen angeblich in die Welt der Götter und machte sie unsterblich. Dass es sich bei dem nicht näher bezeichneten vergorenen Pflanzensaft um halluzinogene Pilze gehandelt hat, ist eine Theorie, die nur ein echter Zeitreisender widerlegen oder bestätigen könnte.

DAS TOR IN ANDERE UNIVERSEN: DMT

Ein anderes Halluzinogen, das eine besonders existenzielle Verbindung zum menschlichen Bewusstsein aufweist, ist das Dimethyltriptamin, kurz: DMT. Rick Strassman, der zwischen 1990 und 1994 intensive Experimente mit DMT an vielen Versuchspersonen durchführte, stieß auf spirituelle und dem gewöhnlichen Zeitablauf entrückende Wirkungen der Extraklasse. Dazu gehören ein deutliches Gefühl der Zeitlosigkeit, die Gleichzeitigkeit gegensätzlicher Ideen und Phänomene sowie die Gewissheit der Unsterblichkeit des Bewusstseins.[136] Und dieses Bewusstsein ist nach Ansicht von Strassman und anderen psychedelischen Pharmakologen eng mit der Substanz DMT verknüpft. Diese außergewöhnliche psychedelische Droge ist geradezu das Bewusstseinsmolekül par excellence.

Sogar die Möglichkeit, mit DMT gemäß der Everett'schen Viele-Welten-Hypothese in Paralleluniversen zu gelangen, ist für Strassman denkbar. Die Idee drängt sich für ihn deshalb auf, da viele DMT-Konsumenten von Kontakten zu sonderbaren Wesen aus anderen Realitäten berichten.

Strassman diskutierte das Thema mit dem Quantentheoretiker David Deutsch. Der mutmaßte zwar, so ein Transfer sei nur möglich, wenn das menschliche Gehirn wie ein Quantencomputer funktioniere. Und ein denkbares Funktionsprinzip dieser bislang eher hypothetischen Geräte würde nur bei extrem niedriger Temperatur arbeiten können – ähnlich dem Phänomen der Supraleitung. Strassman verleitete diese Kommunikation mit Deutsch allerdings zu dem mutigen «Szenario, bei dem die physikalischen Eigenschaften des Gehirns so verändert werden, dass es bei Körpertemperatur zum Quanten-Computing kommt» – DMT sei dabei «die entscheidende Komponente»[137]. Wieso auch nicht, wenn man bedenkt, wie viel komplexer als ein gewöhnlicher Computer das Gehirn ist und wie viele ungelöste Rätsel sich noch darin verbergen.

Doch die Karriere des DMT als drastischen Hebels an dem Gefüge von Raum und Zeit ist damit noch nicht beendet. Strassman untersuchte nämlich auch den Zusammenhang zwischen Nahtoderlebnissen und der Droge. Nach seinen Erkenntnissen kommt DMT ohnehin im menschlichen Organismus vor. Und: Nahtoderlebnisse ähneln Erfahrungen der DMT-Probanden. Strassmans Schlussfolgerung daraus ist radikal. Er stellt die Frage nach dem Sinn der mystischen Erlebnisse angesichts des Todes und kommt zu dem Schluss, dass DMT als Bewusstseinsmolekül dem Geist, wie oft vermutet, nicht nur das *Gefühl* gibt, aus dem Körper auszutreten, sondern dass seine Freisetzung *tatsächlich* «der Weg [ist], auf dem der menschliche Geist oder Verstand den Inhalt des Bewusstseins wahrnimmt, während dieses den Körper verlässt».[138] DMT wäre demnach die Brücke zwischen Diesseits und Jenseits, ein Tor zwischen dem menschlichen Leben und der Ewigkeit.

In seinem Buch *Die Speisen der Götter* beschreibt Terence McKenna diesen Aspekt der DMT-Erfahrung mit poetischen Worten: «Und in der Mitte dieser Erfahrung und offenbar am Ende der menschlichen Geschichte scheinen sich schwere Schutztüren zu einem heulenden Mahlstrom der unsäglichen Leere zwischen den Sternen zu öffnen; dort ist die Ewigkeit.»[139]

DER MIT DER KRÖTE TANZTE

Ähnlich starke Auflösungserscheinungen der Verbindung zwischen Bewusstsein, Körper und Außenwelt bewirkt die Einnahme von 5MEO-DMT. Diese dem DMT verwandte Droge kommt in den Drüsensekreten der amerikanischen Kröte Bufo alvarius vor, die von wagemutigen Bewusstseinsforschern gelegentlich in getrockneter Form geraucht werden. Ein mit den Autoren befreundeter Biologe hatte Mitte der neunziger Jahre Gelegenheit, einen Selbstversuch mit dieser Substanz durchzuführen. Unter Anleitung eines zum indianischen Lebensstil konvertierten Wüstenbewohners musste er dazu in der Wüste von Arizona zunächst nackt in einer Höhle seine Kröte aufspüren, um am Abend auf einem Felsplateau mit guter Aussicht den psychedelischen Dampf zu inhalieren.

Nach nur einem Pfeifenzug verfiel er in einen etwa 15 Minuten währenden komatösen Zustand, der mit dem überwältigenden Gefühl, tatsächlich zu sterben, verbunden war und in dessen Verlauf er die Gewissheit empfand, «Tausende von Jahren als Stein in der gegenüberliegenden Felswand» verbracht zu haben.

Man kann sagen, dass angesichts der Eindringlichkeit und empfundenen Realität solcher Zeitveränderungen derartige Erlebnisse geradezu die kosmische Brechstange an das Zeitsystem des Bewusstseins ansetzen.

DER WEIN UND DIE ZEIT

Es ist jedoch gar nicht nötig, zu derart exotischen Drogen zu greifen, um die Attacke der Chemie auf die Zeit wahrzunehmen. Schon gewöhnlicher Wein wird von dem französischen Philosophen Michel Onfray bereits als flüssiges Gedächtnis der Zeit interpretiert. Aufgrund seines Entstehungsprozesses akkumuliert vergorener Traubensaft eine Vielzahl unterschiedlicher Erdzeiten: von der genealogischen Zeit über die agrarische bis hin zur hedonistischen Zeit, allesamt kulminierend in der dionysischen Zeit, «der reinen Koinzidenz mit der Gegenwart»[140]. In seiner «Theorie des Sauternes» spricht Onfray dabei von einer finalen Dialektik zwischen der Zeit der Reifung und der den Augenblick konservierenden punktuellen Zeit, für die ein

Wein als «Zeitgenosse eines bestimmten Datums» ein Reservoir darstellt. Eine sehr hedonistische Version des Zeitreisens. Rein physiologisch wirkt Alkohol sehr banal – nämlich ausschließlich narkotisch –, trotz der psychologisch enthemmenden Wirkung und eines subjektiv empfundenen anregenden Effekts. Aufgrund ihrer Wirkungen ist die Droge Alkohol in hohen Dosen eher lebenszeitverkürzend, während selbst moderne Mediziner kleine Mengen als der Gesundheit zuträglich und damit die Lebensspanne verlängernd einschätzen.

DIE FREIHEIT DER ERINNERUNG

Vielfach werden veränderte Zeitwahrnehmungen im Zusammenhang mit der Einnahme von Rauschmitteln als pathologisch bezeichnet. Die angebliche und dem gelegentlichen User sicher bekannte Störung des Kurzzeitgedächtnisses, wie sie Marihuana-Konsum oft mit sich bringt, ist dafür ein Beispiel. Andrew Weil, einer der Urväter der psychedelischen Bewegung der siebziger Jahre, vertritt jedoch die These, «dass es nicht sinnvoll ist, Marihuana für die Unfähigkeit, die unmittelbare Vergangenheit im Gedächtnis zu speichern, verantwortlich zu machen».[141] Dieser Effekt sei vielmehr das Charakteristikum aller außergewöhnlichen Bewusstseinszustände, die die Aufmerksamkeit stark auf die Gegenwart konzentrieren. Der scheinbare Verlust an Erinnerung sei nur der Nebeneffekt eines tatsächlichen Gewinns, nämlich der Loslösung aus dem permanenten Ablauf von Vergangenheit, Gegenwart und Zukunft. Der Berauschte gönnt sich eine Pause im Zeitablauf, eine Besinnung auf die flüchtige Gegenwart. So wird die Droge zur Zeitmaschine, um im absoluten Jetzt zu verharren, wie es auch die bereits erwähnten magisch-mystischen oder bewusstseinssteuernden Techniken häufig anstreben.

TIME-CYBORGS

Die Vereinigung von Substanz und Bewusstsein, die dann die Relativität der Zeit über die alltägliche Wahrnehmung hinaus deutlich erfahrbar macht, kann man vielleicht als die am weitesten fortgeschrittene Form des Zeitmaschinen-Entwurfs bezeichnen. Und die Fantasie bei der Interpretation dieser Verbindung kennt kaum Grenzen.

Die Soziologie-Professorin Gerburg Treusch-Dieter betrachtet beispielsweise Designer-Drogen als «Data-Drugs», die bei der Einnahme in den Cyborg, ihrer Meinung nach die Existenzform des postmodernen Menschen, eingeschleust werden. So sei ein kybernetischer Prozess der Evolution eingeleitet worden, der «‹bewusst› mit der Lichtgeschwindigkeit elektrisch geladener Partikel in der Atomstruktur chemischer Moleküle operiert, welche über sich rückkoppelnde Schaltkreise gesteuert werden».[142] Treusch-Dieter beruft sich dabei auf Aldous Huxleys Bruder Julian und dessen Aufforderung, alle Möglichkeiten zu nutzen, selbsttranszendente Zustände zu erreichen[143].

Ecstasy, so Treusch-Dieter, sei die Droge, die auf diesem Weg am weitesten fortgeschritten ist. «E-User haben die orgasmischen Explosionen des Maschinenkörpers zugunsten postorgasmischer Implosionen hinter sich, in denen sich der Metakörper eines ‹wahren Ichs› ankündigt, dessen Paradigma der Cyborg ist.»[144] Denn im Falle des Cyborg sind die Grenzen des Körpers aufgelöst, er ist ohnehin schon ein Mischwesen aus Mensch und Maschine. Und diese durch eine chemische Software noch weiter aufgeweichte Verbindung zur aktuellen Raumzeit mündet dann in die pränatalen Gemeinschaftserlebnisse, wie sie der in Tanzpalästen hüpfende oder chillende MDMA*-Konsument schätzt.

ZEITREISENDE IN DER PSYCHIATRIE

Der amerikanische Psychiater Oliver Sacks behandelte in den siebziger Jahren Überlebende der sogenannten europäischen Schlafkrankheit**, die seit Jahrzehnten in einer Art von Starre und einer vielleicht als Wachkoma zu bezeichnenden Trance dahinvegetierten. Durch den Einsatz von L-Dopa, einer Vorstufe des Neurotransmitters Dopamin, gelang es ihm, einige dieser Patienten wieder ins wache Leben zurückzuholen. Teilweise befanden sich diese dabei in einem äußerst motivierten und euphorischen Zustand und wurden auch körperlich wieder mobil. Allerdings war dieser Effekt nicht von Dauer. Nach einer gewissen Zeit fielen die Patienten wieder in ihren pathologischen Zustand zurück. Während der «Zeit des Erwachens»*** stellten sich jedoch verblüffende Effekte ein, die Sacks als forcierte Erinnerung bezeichnet und die ihn dazu verleiteten, L-Dopa als eine Art «individueller Zeitmaschine» zu bezeichnen. So bat eine dreiundsechzigjährige Patientin, die vierundzwanzig Jahre in einem Trancezustand verbracht hatte, nach Einnahme ordentlicher Portionen L-Dopa um einen Kassettenrekorder

---

*   Ursprüngliche pharmakologische Bezeichnung für die heute unter dem Namen Ecstasy bekannte Substanz.
**   Encephalitis epidemica.
*** So auch der Titel einer Spielfilm-Adaption dieser Ereignisse.

und «nahm innerhalb weniger Tage zahllose frivole Lieder und ‹obszöne› Witze und Limericks auf, die sie Mitte bis Ende der zwanziger Jahre auf Partys, in Nachtclubs und Varietés aufgeschnappt»[145] hatte. Für kurze Zeit war ihr diese Vergangenheit so extrem präsent, als lägen keine Jahrzehnte zwischen ihr und der Gegenwart, sondern höchstens Tage.

Neben dieser Gruppe von Menschen, die aufgrund einer seltenen Erkrankung eine Zeitreise erleben, fallen auch Schizophrene dadurch auf, dass sie die Zeit auf besondere Weise empfinden.

Ronald D. Laing, einer der prominentesten Vertreter der Anti-Psychiatrie, also einer sozialkritischen und liberalen Psychiatriebewegung der sechziger und siebziger Jahre, behauptet, dass bestimmte psychiatrische Erkrankungen nur durch einen Initiationsritus bewältigt werden können. Demnach könne es kein voreiliges Zurück aus der inneren Welt beispielsweise der Schizophrenie geben, sondern lediglich ein Hindurch: «Verrücktheit [...] kann auch Durchbruch sein. Sie ist potentiell so sehr Befreiung und Erneuerung wie Versklavung und existentieller Tod.»[146] Diese Verrücktheit schildert Laing als «eine Veränderung [...] der Position in Relation zu allen Bereichen der Wirklichkeit ... Irdische Zeit wird beiläufig, nur die ‹ewige› zählt».[147] Dieses Verweilen in der Ewigkeit mag für den Sucher nach transzendentalen Erlebnissen äußerst faszinierend sein, für den unwillentlich da hineingeratenen schizophrenen Patienten entpuppt sich der Zustand der Zeitlosigkeit häufig aber als unangenehme Last. Die Interpretation ist jedoch von der Perspektive des behandelnden Psychiaters abhängig.

Der Psychiater David Cooper zitiert aus einem medizinischen Standardwerk ein Beispiel für eine Denkstörung bezüglich der zeitlichen Kontinuität: «Sollte ich während meiner

Abwesenheit zurückkehren, behaltet mich hier, bis ich wiederkomme»[148], sagt dort ein Patient. Doch anstatt sich der Lehrmeinung, dieses Statement sei ein Beweis für Verrücktheit, anzuschließen, sieht Cooper in dieser Äußerung eine präzise Aussage, die «wunderbar die tatsächliche Nichtbegegnung ausdrückt»[149]. Der Patient spricht also seine persönliche Selbstwahrnehmung aus und redet nicht bloß wirr.

Im Zusammenhang mit Analyse und Therapie der Borderline-Störung beschreibt Harold F. Searles ebenfalls das Phänomen einer Zeitverzerrung anhand verschiedener Patientenberichte, bei denen er vor allem Wert auf grammatikalische Spitzfindigkeiten legt. Eine Hobbykünstlerin zitiert er mit den Worten «*Tomorrow there's a painting in Baltimore* I'd like to do», um ihre Unfähigkeit zu illustrieren, zwischen Zukunft und Gegenwart, zwischen geplantem und tatsächlich vorhandenem Bild zu unterscheiden. Von einer anderen Frau berichtet der Psychiater, wie sie über eine ehemalige Liebschaft behauptet: «I'm thinking about *having an affair in the past* with Bill.» Searles schließt daraus, sie glaube, «jetzt eine Affäre in der Vergangenheit haben zu können», was ein «Ausdruck ihrer bis dahin noch unaufgelösten, unbewusst fantasierten Omnipotenz» sei.[150]

Auch verschiedene Formen der Depression gehen mit Irritationen der Zeitwahrnehmung und der circadianen Rhythmen einher, von denen die bekannteste und auffälligste die Neigung zu notorischen Schlafstörungen ist.

ZEITSTÖRUNGEN ALS NOTAUSGÄNGE

Drogen und psychische Krankheiten entwickeln ihre jeweilige Eigendynamik; beide neigen dazu, das Bewusstsein zu Reisen aufbrechen zu lassen, bei denen die Reiseleitung dem Ich nicht immer wohlgesinnt ist. Der Glaube an absolute Kontrolle dieser Phänomene ist daher vielleicht noch illusionärer als der, ein Schwarzes Loch bequem passieren zu können. Der Wells-Experte Elmar Schenkel sieht in beiden Phänomenen sogar endogene und exogene Reizmittel, die der dringend erwünschten Flucht dienen. Raus aus einem «Zeitgewand, [das] dem Menschen nicht mehr passt; weil die Beschleunigung des endlosen Fortschritts die Menschen zum Schwindel bringt».[151]

Also bildet der zur Zeitmaschine mutierte Mensch vielleicht gar nicht die mächtige Variante eines seine Möglichkeiten vervielfältigenden Herrschers über Raum und Zeit. Er ist im Gegenteil nur das Resultat eines Rückzugsgefechts gegen eine eigenartige bedrohliche Eigendynamik der Zeitwahrnehmung und des Umgangs mit Zeit in unserer Kultur. Getrieben von Angst, gleicht diese Chronologie-Verweigerung eher dem Notausgang in einen zwischenzeitlichen Schutzraum, als einer kühnen Expedition ins Unbekannte.

Dass dieses Bedürfnis nach einer irgendwie außerphysikalisch beschaffenen Zeit auch ein soziologisches Phänomen sein kann, macht beispielsweise Brian W. Aldiss in seinem Roman *Die Achtzig-Minuten-Stunde* besonders deutlich. Das Buch beschreibt das Leben in einem kommunistisch-kapitalistischen System, das von einer übermächtigen künstlichen Intelligenz kontrolliert wird. Um deren Kontrolle zu entgehen, entstehen Zeitstörungen, oder Massenillusionen von derartigen Störungen, die die Flucht aus einer unerträglichen Gegenwart ermöglichen.* Diese Zeitstörungen, so einer der Romanprotagonisten, seien ein Problem der Mystik. Und weiter: «Der Mystizismus ist alles, was wir haben, um den Materialismus der Maschinen zu bekämpfen.»[152]

Ist das vielleicht sogar ein Argument für die Unmöglichkeit einer klassischen Zeitmaschine? Wir glauben, dass die Maschine als Produkt der technischen Evolution gerade auf den Determinismus einer linearen Zeit angewiesen ist. Er ist evidenter Teil ihres Konstruktionsprinzips. Deshalb würde die rein elektro-mechanische Zeitmaschine durch ihr bloßes Funktionieren schon die Bedingungen ihrer eigenen Existenz gefährden. Unter diesen Voraussetzungen scheint es unerlässlich, sich den mysteriösen und oft irritierenden subjektiven Zeitstörungen, die den Menschen von der Maschinenlogik befreien, ausführlich hinzugeben.

DIE HYBRID-ZEITMASCHINE

In seinem 1971 erschienenen Roman *Fear and Loathing in Las Vegas* berichtet Hunter S. Thompson von einer für transdimensionale Reisen angemessenen Ausrüstung, die er in einem «roten Hai», einem Cabriolet mit Heckflossen, deponiert hatte: «... zwei Beutel Gras, fünfundsiebzig Kügelchen Meskalin, fünf Löschblattbögen extrastarkes Acid, einen Salzstreuer

---

* In vielen Kulturen einschließlich der unseren ist eine gemeinschaftliche oder individuelle Aus-Zeit als Mittel, um die Funktionalität der Gesellschaft aufrechtzuerhalten, etabliert: Die Optionen reichen von Karneval bis Sabbat-Jahr. Als absolute Größe und nicht manipulierbare Konstante scheint die Zeit auch für uns in sozialer Hinsicht totalitär und unerträglich.

halbvoll mit Kokain und ein ganzes Spektrum vielfarbiger Upper, Downer, Heuler, Lacher. [...] Von Zeit zu Zeit, wenn das Leben kompliziert wird und die Hyänen dich einkreisen, dann gibt es nur eine Rettung: sich mit verruchten Chemikalien vollpumpen und wie ein toller Hund von Hollywood nach Las Vegas fahren.»[153]

Aus Thompsons Standardwerk der drogeninduzierten Expeditionen durch verschiedene Wirklichkeiten lernt man vor allem, dass es auf die richtige Ausstattung mit einer Vielzahl von psychoaktiven Substanzen ankommt. Sie gestattet für jede schräge Gelegenheit die richtige chemische Kurskorrektur. Auch wenn die Rückkehr zumeist nur auf Umwegen möglich ist. Das macht den exzessiven Drogenkonsumenten schon zu einem Geistesverwandten, um nicht zu sagen Kampfgefährten aller Zeitreisenden. Denn er ist – zumindest im Falle der meisten Halluzinogene – definitiv in einem neurochemischen Hyperraum unterwegs, von wo aus sich nur gelegentlich Kommunikationsfenster zu den in der Normalität Verbliebenen auftun. Hunter S. Thompson wählte für seinen endgültigen persönlichen Weg in die Ewigkeit am 20. Februar 2005 aber schließlich doch eine profane Kugel, die er sich an seinem Schreibtisch in den Kopf schoss.

Schon lange vor Thompsons literarischen Drogenexzessen waren es ausgefeilte Kombinationen aus unterschiedlichen oder ähnlichen Wirkstoffen, die besonders komplexe Erfahrungen außerordentlicher Bewusstseinszustände ermöglichen. Klassische Hexensalben, die Flugerlebnisse auslösten und auch die Verwandlung in Tiere ermöglichten, waren etwa zumeist Mixturen aus Opium und diversen Nachtschattendrogen. Und auch für die Transzendierung der linearen Zeit gibt es mehr oder weniger geeignete Wirkstoffkombinationen.

Den Ureinwohnern Australiens dienen verschiedene unter dem Begriff Pituri zusammengefasste Pflanzen als Mittel, um in die bereits erwähnte Traumzeit zu gelangen. Darunter eine Datura, also Stechapfel-Art, sowie die wenig erforschte alkaloidhaltige Pflanze *Duboisia hopwoodi*[154], ein Nachtschattengewächs.

Die Waiká-Indianer aus dem Amazonasgebiet konsumieren Epena, ein aus Virola-Arten (eine Verwandte der Muskatnuss) gewonnenes Schnupfpulver, um in die Welt der Geister zu gelangen. Durch die Kommunikation mit dieser Geisterwelt können ihre Schamanen Energie erhalten, um den Tod von Kranken abzuwenden.[155] Für beide Gruppen ist es ratsam, dass sie ihre Erlebnisse besser nicht in einer psychiatrischen Klinik zum Besten geben. Die Rückkehr von dort könnte schwieriger sein als die aus der Geisterwelt.

Das magische Reich der Zauberpflanzen und ihrer Essenzen ist zu riesig, um es im Rahmen dieses Buches auch nur annähernd erschöpfend erschließen zu können. Und im Hinblick auf die Vielfältigkeit aller Bewusstseinstechniken des Zeitreisens gibt es ebenfalls noch erheblichen Forschungs- und Experimentierbedarf. Kombinationen von Drogen und geistigen Techniken, wie sie Lilly oder Leary propagierten, können noch unentdeckte Effekte zeitigen, um Paralleluniversen und andere Zeiten zu erreichen. Als Grundlage für solche Experimente möchten wir den Lesern die hervorragenden enzyklopädischen Drogenkompendien von Christian Rätsch empfehlen.*[156]

Der richtige Treibstoff, die geeignete Kalibrierung der Zeitmaschine Bewusstsein und ein günstig gestimmtes Universum

---

* Diese lauern aber manchmal auch unter der Tarnung im Regal, lediglich Bücher über Aphrodisiaka zu sein.

können den motivierten Probanden viele Hindernisse überwinden lassen. Das Bewusstsein wurde uns ab Werk in einem Zeitgefängnis ausgeliefert, allerdings legte der Hersteller mit dem Reich der pflanzlichen Drogen auch gleich einen Generalschlüssel bei.

11. SURFING ON THE TIMELINE
INTERVIEW MIT DEM ZEITREISENDEN FREDERICK E. DODSON

Fred Dodson[157] hat eine Technik entwickelt, mit der das Bewusstsein mit Hilfe luziden Träumens durch die Zeit reisen kann. Wir befragten ihn zum Thema.

Irgendwelche interessanten Erlebnisse beim Zeitreisen und bei Expeditionen in Parallel-Universen gehabt in letzter Zeit?

Vor ein paar Wochen war ich in einem dreidimensionalen Traum. Ich war in einer Drogenklinik in den USA und habe Whitney Houston zu ihrem Comeback verholfen. Ich halte nichts von Whitney Houston, aber ich war dort und habe ihr Songtexte geschrieben. Mein Job war Songtextautor. Das ist ein Job, den ich früher mal haben wollte. Und ich befand mich auf der Zeitachse, die ich erlebt hätte, wenn ich damals entschieden hätte, Songtextautor zu werden.

Parallelwelten-Surfen leicht gemacht – Coach und Autor Frederick E. Dodson.

Ich saß also bei ihr in der Drogenklinik,

und sie war völlig kaputt, hatte aber noch eine schöne Stimme. Ich habe mit ihr Songtexte geschrieben, die habe ich noch alle im Kopf, und die hat sie nachgesungen. Das ist ein Beispiel dafür, wie man im Traum sehen kann, wie sich bestimmte Entscheidungen auswirken könnten, wenn man sie verfolgt. Damit experimentiere ich momentan.

Okay, das war in deinem Traum, aber wäre es möglich, dass diese Songtexte auf unserer Zeitachse ebenfalls existieren?
Ich glaube, dass diese Zeitachsen tatsächlich existieren, ich glaube, dass ich in tausend verschiedenen Versionen existiere, als Penner und als Autor und als das und das und das. Ich denke immer noch dran, spüre immer noch dieses Gefühl aus dem Houston-Traum. Es schwappt über und hilft mir im Alltag, gewisse Entscheidungen zu treffen, die für mich von Vorteil sind. Das ist eine der wichtigsten Techniken überhaupt. Ich nenne es Parallelwelten-Surfen.

Gibt es denn bei dieser Technik auch Gefahren? Nämlich beispielsweise die, die Parallelwelt einfach schöner zu finden und diese Realität hier zu verachten?
Wenn man die Parallelwelten richtig nutzt, dann sind sie nicht enttäuschend, sondern inspirierend. Dann weiß man, ich habe auch diesen Aspekt, diese Perspektive, diese und diese: tausend Optionen, tausend Wege, die ich gehen kann.

Wie ist mein Kontakt zu der Person, die ich in der Parallelwelt bin: Bin ich es selbst, oder ist es ein anderer?
Es ist einerseits ein anderer, andererseits bin ich es. Wenn ich mich stark auf ihn konzentriere, fühle ich ihn und kann ein wenig von seiner Qualität in mein jetziges Leben übertragen. Ich

kann den Traum auch fortsetzen und sehen, wie es weitergeht. Je nachdem, welche Entscheidungen ich dort treffe.

Welche Versionen des Lebens bleiben denn Traum, und welche werden Realität?
Meiner Theorie und Erfahrung nach stehst du immer vor Tausenden von Gleisen. Je nachdem, welche Entscheidung du triffst, gehst du auf eines dieser Gleise, und dann triffst du eine andere und stellst neue Weichen. Die am weitesten entfernten Gleise sind die unwahrscheinlichsten, zum Beispiel eines, auf dem du Präsident bist, es dauert lange, dorthin zu kommen. In jedem Hier und Jetzt hast du Milliarden von Optionen. Für mich existiert aber alles gleichzeitig. Das ist schwer zu erklären. Es gibt nicht mehr die eine Zeitlinie. Ich kann hier und jetzt auswählen, auf welches Gleis ich stärker zugehe.

Kannst du denn aus dieser unserer scheinbar gemeinsamen Realität in dieser offensichtlichen Zeit, in der wir jetzt gerade dieses Interview führen, auch ganz aussteigen?
Die Option wäre da. Wenn man sich gut genug konzentriert, kann man sofort mit einem Fingerschnipsen jederzeit aussteigen.

Wie würden andere in dieser Realität dieses Verschwinden wahrnehmen?
Es beginnt im Bewusstsein. Aus dem neuen Sein heraus beginnt sich dann die Umgebung zu verändern. Andere Ereignisse treten auf, andere Menschen treten in dein Leben. Dinge beginnen sich langsam zu verändern.

Man wechselt also nicht in eine Fantasiewelt, wie es beispielsweise der Computerspieler tut? Was unterscheidet aber alternative Zeitlinien von dieser hier, und warum haben die meisten Menschen Schwierigkeiten, mal flugs in ein alternatives Leben rüberzuschauen?

Die meisten Leute schaffen es deshalb nicht, weil sie dem hier mehr Solidität und mehr Wichtigkeit beimessen. Deswegen können sie die Realität nicht wechseln, denn sie geben dieser Realität hier Bedeutung, sie sagen, der Traum hat keine Substanz. Aber das hier hat Substanz. Um erfolgreich in Parallelwelten zu surfen, müssten sie dem Traum mehr Bedeutung und Aufmerksamkeit verleihen. Dann bleibt er kein Traum. In einem gewissen Sinn ist das hier genauso ein Traum wie alles andere. Wenn du einem Gleis mehr Aufmerksamkeit widmest, then it solidifies. Es wird fester und fester. Grobstofflicher. Echte Ereignisse im Leben beginnen das dann zu spiegeln.

Haben wir also die totale Freiheit, oder gibt es schicksalhafte Vorgaben?

Ich glaube, dass die zehntausend oder auch nur zehn Gleise dein Schicksal sind, aber deine freie Wahl besteht darin, aus diesen vorgegebenen Gleisen auszuwählen.

Warum sind Zeitreisen eigentlich im Moment so populär?

Ich glaube, dass die Entwicklungsstufe der Menschen, die nach dem technologischen Fortschritt folgt, eine spirituelle ist. Ich denke, dass bis zum Jahr 2050 die Thematik unseres Gesprächs ganz normal sein wird und die sogenannten Spinner schon wieder in ganz anderen Sphären schweben werden.

Sind mentale Zeitreisen, wie du sie praktizierst, schwierig oder eher leicht zu erlernen?
Faszination und Enthusiasmus sind dafür dringend nötig. Wenn ich unbedingt wissen will, was im alten Ägypten passiert ist und unbedingt dorthin will, dann schaffe ich das auch, indem ich mich ins Bett lege und beispielsweise die ganze Zeit über Ägypten nachdenke – was ist dort wirklich passiert – und darüber nachdenke, bis ich einschlafe. Das wird mich automatisch dorthin führen, und ich werde die Informationen bekommen. Mir kommt diese Fähigkeit relativ natürlich vor. Bei Interesse kann sie jeder erlernen. Es ist nichts Kompliziertes.

Ich war schon in meinen Kinderträumen an Orten, die nicht in dieser Realität sind. Und als Kind wusste ich, dass ich wirklich an diesen Orten bin. Deswegen glaube ich: Jeder Mensch ist bereits ein Experte in Zeitreisen. Denn er ist Experte in Fühlen, Konzentrieren, Sprechen, Denken. Interessiere dich drei Wochen lang dafür, und es funktioniert. Interessieren bedeutet: habe Spaß daran, konzentriere dich vor dem Schlafen darauf, schau, was passiert. Oft spielt Anfängerglück eine Rolle, und es klappt gleich beim ersten Mal.

Wie wichtig ist es denn für dich, zu verifizieren, dass deine auf Zeitreisen gewonnenen Informationen auch mit der historischen Realität übereinstimmen? Das wäre ja ein Kriterium, um zu beweisen, ja, ich bin wirklich dort gewesen.
Für das Bewusstsein ist das sehr wichtig. Denn wenn man keine Erfolgserlebnisse hat, hört man irgendwann mit dem Zeitreisen auf. Aber ich möchte darauf hinweisen, dass es die Vergangenheit als solche nicht gibt. Je nach Perspektive existieren verschiedene Vergangenheiten. Aus der Sicht unserer Zeitlinie gibt es das uns bekannte Ägypten. Aus einer anderen gibt

es aber andere Fakten. Auf einer Zeitspur könnte ich sehen, wie die Ägypter selbst die Pyramiden bauen, auf einer anderen würde ich sehen, wie Außerirdische sie bauen, auf einer dritten würde ich sehen, wie sie durch Gesang erbaut werden.

Leute kämpfen um ihre Theorien, und in gewisser Weise hat jeder von ihnen recht. Diese Diskussionen werden sich in Luft auflösen, und man wird mehr Interesse daran entwickeln, die verschiedenen Perspektiven selbst zu erfahren.

Also löst sich der Glaube an die eigene einzige Realität auf?
Genau.

Das werden manche Leute bedauerlich finden.
Es ist irgendwo schade, ja. Andererseits aber sehr spannend, denn so gibt es mehr zu erforschen.

Wie sieht es mit der praktischen Anwendung von Zeitreisen aus? Und zwar mit der ganz profanen: Lotto-Zahlen vorhersehen beispielsweise?
Der stiftende Gedanke hinter dem Wunsch, Lottozahlen herausfinden zu wollen, ist: die Schnauze voll haben vom Leben. Und aus dieser Motivation heraus, die wenig Energie enthält, wird nicht viel passieren. Es geht demjenigen nur um eine schnelle Lösung ohne Spaß. Man kann Zeitreisen aber dennoch für Geld nutzen, indem man sich vorstellt, was man mit dem Lottogewinn für sich erreichen möchte, und sich darauf konzentriert.

Was hältst du von den Prophezeiungen der Vergangenheit? Erkenntnisse anderer Zeitreisender?
Ich beschäftige mich lieber mit der persönlichen Zukunft und

mit Dingen, die mich faszinieren. Prophezeiungen sind schließlich nur Optionen, anhand derer man anders entscheiden kann. Das ist besser, als sich als Opfer der Prophezeiungen zu sehen.

Für mich existiert sowieso nur die Gegenwart. Aus dieser Gegenwart heraus kann ich die Zukunft ins Hier und Jetzt bringen.

Es wimmelt von Zeitreise-Theorien und deren Anhängern. Wie kann man da zwischen Humbug und interessanten Erkenntnissen unterscheiden?
Jeder hat eine Art Barometer, mit der er das selbst beurteilen kann. Ich denke, dass die Montauk-Leute[*] nicht ernsthaft sind, ein Physiker dagegen ist schon etwas zu ernsthaft. Die Damanhur-Leute[**] sind ernsthaft interessiert, aber etwas zu sektiererisch. Bei Autoren wie von Buttlar (*Zeitreisen* und *Zeitriss*) spürt man, dass es um Geld und Sensationsjournalismus geht. Man sollte sich selbst beurteilen, wie ernsthaft man interessiert ist. Dann wird man zu Büchern und Menschen hingezogen, die den eigenen Interessen entsprechen. Das ist Resonanz.

Ich würde mich selbst zum Beispiel nicht als ernsthaften Forscher bezeichnen. Von mir kann man nur ein paar Techniken erfahren, wie man selber weiterkommt.

Wie genau sieht das aus?
Die konkrete Technik, die ich empfehle, ist, sich zu entscheiden. Wenn sich jemand nicht entscheidet, was er erfahren möchte,

---

[*] Zu Montauk siehe Kapitel 6.
[**] Siehe Kapitel 14. Die religiöse Gemeinschaft der Damanhurianer, die in Norditalien lebt, soll über eine Zeitmaschine in ihrem Tempel verfügen.

hat er keine Chance. Die Aufmerksamkeit darf nicht springen. Ich entscheide mich beispielsweise für Ägypten. Ich fokussiere Ägypten mental, spreche darüber, fühle Ägypten, versuche, darüber zu träumen. Oder noch spezifischer: Ich möchte wissen, wie die Pyramiden gebaut wurden. Dann sollte man sich so sehr mit der Frage synchronisieren, dass man die Antwort erfährt. Das ist die ganze Technik.

Am schnellsten wirkt eine rituelle Demonstration deiner erwünschten Zeitreise. Das bedeutet, dass du in deiner Wohnung pantomimisch und schauspielerisch das, was du im Traum machen möchtest, so lebensnah wie möglich vorwegnimmst. Wenn du die Pyramiden besuchen möchtest, baust du eine auf oder stellst etwas auf, das sie repräsentiert.

Denn was man erleben möchte, erschafft man selbst von vornherein und wird es daher auch erleben.

Was denkst du als zeitreisender Geist über die Sehnsucht nach der technologischen Zeitmaschine, die uns auch physisch durch die Zeit reisen lässt?
Die Intensität meines Dortseins in der anderen Zeit ist so echt, dass es für mich fast keine Rolle spielt. Aber für das intellektuelle Bewusstsein ist es schon noch ein schönes Spiel, so etwas zu schaffen und mit dem Körper durch die Zeit zu reisen. Der erste Schritt müsste sein, den Körper zu entmaterialisieren. Wenn das erreicht ist, kann man die Energie schicken, wohin man möchte. Aber ich glaube, das dauert noch ein paar hundert Jahre.

Was hätte es denn für Folgen, wenn plötzlich immer mehr Menschen in anderen Zeitlinien herumhingen?
Diese Gesellschaft würde sich auflösen. Diese Realität würde bröckeln, weil sie nicht mehr als solide betrachtet wird.

Klingt gefährlich – für unsere Realität.
Es wird immer gewisse Leute geben, die diese Welt hier fokussieren. Diese Realität wird immer existieren, so wie eben alle anderen. Ich sehe es aber als positiv an, wenn die Leute nicht mehr so abhängig sind von dieser Welt.

IV. TECHNOLOGIE DER ZEITMASCHINE
MODELLE, THEORIEN, PROTOTYPEN

12. VERGANGENHEIT – GEGENWART – ZUKUNFT
ZEITMASCHINEN AUS SICHT DER THEORETISCHEN PHYSIK

> «*Ich fühle des Todes*
> *Verjüngende Flut*
> *Und harr in den Stürmen*
> *Des Lebens voll Muth.*»
>
> Novalis, *Hymnen an die Nacht*

Die Gründe, warum es schwieriger ist, eine Zeitmaschine zu bauen als ein Fahrrad, sind vielfältig. Während die Mechanik eines Fahrrades noch mit dem gesunden Menschenverstand fassbar ist, ist es die Physik der Zeit nicht. Sie zu verstehen, ist schwierig. Wir müssen dazu ein wenig ausholen.

Seit die westlichen Wissenschaften sich ungefähr im Mittelalter über die Idee hinaus entwickelten, dass die Welt einzig aus den vier Elementen Feuer, Wasser, Luft und Erde besteht, läuft die Suche nach den tatsächlichen Stoffen und Kräften mit unerschöpflichem Eifer. Im 20. Jahrhundert konnte die Physik vier Kräfte identifizieren, die unser Universum vielleicht zu dem machen, was es ist. Aber man ist sich ganz sicher, dass damit noch längst nicht alle Geheimnisse gelüftet sind.

DIE VIER UNIVERSALKRÄFTE

Die Gravitation ist die Kraft, die dafür sorgt, dass die Erdkugel durch ihre Rotation nicht alles wegschleudert, was sich auf ihr befindet. Sie hält das Sonnensystem und die Galaxien zusammen. Würde die Gravitationskraft plötzlich verschwinden, müsste die Sonne sofort explodieren, und die Planeten flögen ins All davon – auf Nimmerwiedersehen.

Der Elektromagnetismus ist der Zusammenschluss aus den beiden Kräften Elektrizität und Magnetismus; ihm verdanken wir unsere moderne Technik. Lampen, Radio, Telefon, Fernseher, Computer, Radar und Mikrowellenherde sind ohne diese Kraft undenkbar.

Die starke nukleare Kraft oder «starke Wechselwirkung» ist die Kraft, die für den Zusammenhalt der Teilchen im Atomkern sorgt; ihr verdanken wir beispielsweise die Sonnenenergie. Ohne die Kernreaktionen in ihrem Inneren würden die Sterne erlöschen, und ohne Sonnenlicht müsste alles Leben auf der Erde zugrunde gehen.

Die schwache nukleare Kraft ist die Kraft, die für bestimmte Arten von radioaktivem Zerfall verantwortlich ist, indem sie Teilchen ineinander umwandelt. Da die unkontrollierte Abstrahlung radioaktiver Substanzen Krebs erzeugen kann, werden die Folgen dieser Kraft eher gefürchtet. Auf positive Weise kommt die schwache Kraft in unserem Leben in der Nuklearmedizin zum Einsatz.

Der Versuch, diese vier Kräfte in einer universellen Theorie zusammenzufassen, ist bislang gescheitert.[*] Es sind zwei

---

[*] Die gängige These ist zurzeit, dass das Universum vor rund 15 Milliarden Jahren im Urknall entstand. Zusammen mit Ergebnissen der

grundlegende Theorien entstanden, die sich bisher beim besten Willen nicht vereinen lassen: die Relativitätstheorie und die Quantentheorie. In beiden Konzepten sind Zeitreisen unwahrscheinlich, aber möglich. Eine dritte Theorie – die M-Theorie, die aus der Superstringtheorie hervorgeht – könnte in vielen Jahren weit genug ausgereift sein, um eine allumfassende Erklärung für alle Kräfte zu liefern. Sie ist zwar noch nicht fertig, aber in ihrer Realität ist schon jetzt klar: Zeitreisen sind überhaupt kein Problem.

Als Isaac Newton (1643–1727) auf seine Sonnenuhr im Garten schaute, die gleich neben dem Apfelbaum stand, war die Welt noch in Ordnung. Auch wenn er es damals nicht so genau messen konnte: Seine Zeit schritt mit der Geschwindigkeit von einer Sekunde pro Sekunde voran, und für ihn stand fest, dass das überall im Universum so sein muss und dass dies von Anbeginn der Zeit bis in alle Ewigkeit so bleibt. Er betrachtete die Zeit als absolute Größe: «Die absolute, wahre und mathematische Zeit verfließt an sich und vermöge ihrer Natur gleichförmig und ohne Beziehung auf irgendeinen Gegenstand.»[158] Egal, wo man sich befindet und was man auch tut, die Zeit lässt sich nicht beeinflussen, das Universum ist ein perfektes mechanisches Uhrwerk, dachte der Physiker, Mathematiker und Astronom. Und so lernen wir das auch erst einmal in der Schule, und mit dieser Annahme kann man auch

---

Teilchenphysik legt dies die Vermutung nahe, dass auch die heute vorhandenen Kräfte einer gemeinsamen Urkraft entstammen; sie wären dann letztlich nur unterschiedliche Erscheinungsformen dieser einen Kraft. Damit sollten sich die Naturkräfte auch einheitlich in einem gemeinsamen theoretischen Rahmen beschreiben lassen. Tatsächlich ist es inzwischen gelungen, die elektromagnetische und die schwache Kraft zur «elektroschwachen Kraft» zusammenzufassen.

glücklich und zufrieden leben – etwa so wie mit der, dass die Erde eine Scheibe ist.

DIE REVOLUTION IM WELTBILD: EINSTEIN

Seit Einsteins Spezieller Relativitätstheorie (1905) ist klar: Die Wahrheit über die Zeit ist kompliziert. Seit der Allgemeinen Relativitätstheorie (1916) ist noch klarer: Sie ist noch komplizierter. Zeit ist relativistisch, das heißt einfach gesagt, nicht nur individuell, sondern auch noch elastisch. Und das ist immer noch erstaunlich. Paul Davies, Physiker und Professor für Naturphilosophie an der Macquarie University in Sydney, behauptet: «Viele Menschen scheinen überhaupt noch nie davon gehört zu haben. Einige weigern sich trotz der eindeutigen experimentellen Beweise strikt, es zu glauben, wenn man ihnen davon berichtet.»[159]

SUBJEKTIVE ZEITERFAHRUNG

Die uns bekannten subjektiven Erfahrungen unterschiedlicher Zeitverläufe haben nichts mit der physikalischen Wirklichkeit zu tun. Für uns vergeht die Zeit morgens, wenn wir es eilig haben, immer viel schneller, als wir es fassen können. Während es uns schier endlos vorkommt, bis das Babyfläschchen auf die richtige Temperatur abgekühlt ist, damit wir es dem schreienden Kind endlich anbieten können.

Das Phänomen, dass die Jahre immer schneller vergehen, je älter man wird, wurde von Forschern der Universität Jerusalem untersucht. Sie haben herausgefunden, dass diese Empfindung damit zusammenhängt, was wir so alles

> unternehmen und wie viel Neues wir kennenlernen. Wenn man sich im Leben erst einmal halbwegs etabliert hat, sind die Erfahrungen für viele Menschen Tag für Tag, Jahr für Jahr immer die gleichen. Der Alltag verläuft gleichförmig, und die Erinnerung hält sich mit solchen Langweiligkeiten einfach nicht auf: Die Erlebnisse rauschen durch, ohne dass etwas hängenbleibt. Nur nach ereignisreichen Phasen hat man das Gefühl, die Zeit sei langsamer vergangen. In der Kindheit und Jugend passiert eben viel mehr Aufregendes, das die Erinnerung prägt.

Um die Zeit zu begreifen, muss man Masse und Geschwindigkeit eines Körpers berücksichtigen. Denn jedes Objekt ist einer anderen Zeit unterworfen, je nachdem, wie schnell es sich bewegt und wie schnell sich der Beobachter, der die Zeit misst, bewegt. Die Unterschiede zwischen den für einzelne Objekte verstreichenden Zeiten sind auf der Erde im Alltag nicht wahrnehmbar, und einhundert Jahre nach der Speziellen Relativitätstheorie ist es immer noch sehr schwer zu akzeptieren, dass eine schnelle Uhr langsamer geht als eine, die stehengeblieben ist.

Das Maß aller Dinge ist dabei die Geschwindigkeit, mit der sich Licht ausbreitet: fast 300 000 Kilometer pro Sekunde. So unglaublich es klingt: Die elastische Zeit vergeht umso langsamer, je schneller man sich bewegt. Diesen Effekt nennt man Zeitdilatation. Er ist real, es gibt ihn wirklich. Und Einstein hat eine Formel dafür gefunden. Bei halber Lichtgeschwindigkeit läuft die Zeit um 13 Prozent langsamer, und bei 99 Prozent der Lichtgeschwindigkeit wird sie um das Siebenfache reduziert. Das wurde erstmals 1971 im sogenannten Hafele/Keating-Versuch bestätigt. Man jagte eine Uhr in einem Jet um die Erde und ließ eine weitere Uhr im Labor. Die erste Uhr ging nach ihrer Reise 59 Nanosekunden vor. Der Jetpilot hatte also eine Zeitreise hingelegt – in die Zukunft.

DER VERBLÜFFENDE ZWILLINGSEFFEKT

Eine etwas umständliche, aber effektive Verjüngungskur beschreibt die berühmte Zwillingsparabel: Ein Zwillingspärchen, Bärbel und Bernd, hat eine Rakete gebaut, die annähernd Lichtgeschwindigkeit erreichen kann. Bärbel steigt ein, düst mit 99 Prozent der Lichtgeschwindigkeit zu einem Planeten, der zehn Lichtjahre entfernt ist, und Bernd wartet zu Hause auf sie. Am Ziel macht Bärbel kehrt und rast mit derselben Geschwindigkeit wieder zurück zur Erde. Für Bernd sind während der Reise seiner Schwester etwas mehr als 20 Jahre vergangen. Und so unglaublich es klingen mag: Bärbel hat nur drei Jahre Reisezeit erlebt, weil sie als die «schnell Bewegte» einen verlangsamten Ablauf der Zeit genossen hat, ohne es zu merken; denn im Raumschiff ging alles seinen normalen Gang. Die Zeitdilatation ist subjektiv nicht zu erfassen. Bärbel stellt entzückt fest, dass sie nun 17 Jahre jünger ist als Bernd (und all ihre Freundinnen!), denn ihre Körperzellen haben die Verlangsamung der Zeit ebenfalls erfahren. Sie und Bernd sind nun Zwillinge, die nicht mehr das gleiche Alter haben.

UNVORSTELLBARE KONSEQUENZEN

Die Schallmauer wird seit Jahrzehnten dauernd durchbrochen. Den Donnerknall, der entsteht, wenn ein Flugzeug schneller fliegt als der Schall seiner eigenen Triebwerke, hat jeder schon einmal gehört. Die Lichtmauer aber ist nicht zu durchbrechen, da war sich Einstein ganz sicher.

Die Zeitabweichung wird mit zunehmender Geschwindigkeit immer größer. Eine ursprüngliche Minute beträgt bei 99 Prozent Lichtgeschwindigkeit nur noch 8,5 Sekunden, und bei Lichtgeschwindigkeit geht die Zeitdilatation theoretisch gegen unendlich. Alles, was sich noch schneller bewegt als das Licht, bewegt sich dann zwangsläufig rückwärts in der Zeit: Wenn Sie der Maus auf dem Mars von einem tollen Ereignis erzählen wollen und mit Überlichtgeschwindigkeit zu ihr hinfliegen, kann es sein, dass Sie dort ankommen, noch ehe das Ereignis auf der Erde stattgefunden hat. Dieses Kuriosum ist der Stoff, aus dem die Science-Fiction besteht. Aber die Theoretische Physik lässt sich nicht davon abhalten, darüber zu spekulieren, was passiert, wenn das Naturgesetz der Kausalität durchbrochen wird.[160] Fest steht: Mit ausreichend hoher Geschwindigkeit kann man zu jedem Datum in der Zukunft reisen.

Es ist im Speziellen und im Allgemeinen ziemlich schwer vorstellbar, was sich Einstein ausgedacht hat. Der gesunde Menschenverstand wird ständig überstrapaziert. Da gehört die Idee, dass es zusätzlich zu den drei Raumkoordinaten noch eine vierte Dimension der Zeit geben muss, noch zu den leichteren Denksportübungen.

Völlig fantastisch ist das folgende Ergebnis seiner Überlegungen. Von außen betrachtet, vergeht die Zeit in einem voranrasenden Raumschiff schneller als die Zeit beim Beobachter auf der Erde. Wenn die Uhren beispielsweise in einem UFO von außen gemessen daher langsamer gehen, also die Sekunde länger dauert, dann verkürzen sich auch die Entfernungen. Im Inneren ändert sich für den Extraterrestrischen gar nichts: Seine Zeit und seine Größen bleiben für ihn gleich. Aber sieht er bei einem Tempo von annähernd Lichtgeschwindigkeit aus dem Fenster, misst ein Meter auf der Erde nur noch einen Zentimeter. So eine Verkürzung nimmt umgekehrt auch ein irdischer Beobachter des Raumschiffs wahr. Bei 90 Prozent Lichtgeschwindigkeit ist E. T.s Gefährt aus seiner eigenen Sicht vielleicht elf Meter lang, genauso groß eben wie es die Werft verlassen hat. Aber von außen betrachtet, können wir nur fünf Meter Länge messen. Bei Lichtgeschwindigkeit hätte es keine Länge mehr, und die Uhren stünden still. Wir könnten es also praktisch leider gar nicht sehen, denn Länge null ist doch zu klein, als dass wir einen Blick darauf werfen könnten.

Dass ein Körper schwerer wird, wenn er in Bewegung gerät, ist vielleicht noch schwieriger nachzuvollziehen. In der Speziellen Relativitätstheorie wird häufig – zusätzlich zum klassischen physikalischen Massebegriff – die sogenannte bewegte oder relativistische Masse eingeführt. Diese Masse hat die Eigenschaft, dass ihr Impuls zwar weiterhin durch $p = mv$, also als Produkt von Masse und Geschwindigkeit, definiert ist, sie aber mit der Geschwindigkeit zunimmt. Im Bereich der Lichtgeschwindigkeit wird die relativistische Masse – und damit der Impuls – unendlich groß.

Einsteins Theorie besagt außerdem, dass eine Äquivalenz zwischen Masse und Energie besteht. Die Masse ist also ein direkter Hinweis auf die Energiemenge, die ein Körper enthält. Gemäß $E = mc^2$ ist die Energie gleichzusetzen mit der Masse eines Körpers multipliziert mit dem Quadrat der Lichtgeschwindigkeit. So hat eine ein Kilogramm schwere Masse die Energie von etwa 90 Millionen Milliarden Joule. Das würde ausreichen, um die Einwohner Berlins ein Jahr lang mit Elektrizität zu versorgen. Die Masse von Körpern, die Energie abgeben, nimmt proportional zur verlorenen Energiemenge ab. Das kennt man vom Kampf mit den Kalorien: Wer sich abstrampelt, verbraucht Energie. Allerdings ist die chemische Energie, die Nahrungsmittel liefern, eine völlig andere als die Energie, die durch Masseverlust frei wird. Dabei handelt es sich nämlich um die Energie der Atomkerne, die zum Beispiel bei Kernspaltung oder Kernfusion entsteht.

Wer hätte gedacht, wie viel Energie in einem winzig kleinen Uran-Atom steckt? Harry S. Truman, Präsident der USA, machte im Zweiten Weltkrieg die Probe aufs Exempel. Er rief 1942 das Manhattan-Projekt ins Leben, bei dem unter gigantischen Anstrengungen und unter absoluter Geheimhaltung Forschungen zur Kernspaltung vorangetrieben wurden. Das Resultat waren die Atombomben, die 1945 auf Hiroshima und Nagasaki abgeworfen wurden. Albert Einstein war nicht in das Manhattan-Projekt involviert. Er wird trotzdem ständig mit der Atombombe in Verbindung gebracht, weil er 1938 in einem Brief an Truman davor gewarnt hat, dass die Nazis möglicherweise die Ergebnisse ihrer Kernforschung militärisch nutzen könnten.

DIE UNGLAUBLICHEN AUSWIRKUNGEN AUF DIE RAUMZEIT

Einsteins Berechnungen zur Speziellen Relativitätstheorie sind im Laufe der Jahrzehnte bis ins kleinste Detail bestätigt worden, aber es dauerte sehr lange, bis sie auch die Zweifler wirklich *glauben* wollten. Seine Allgemeine Relativitätstheorie beschäftigt sich mit den Auswirkungen der Gravitation auf die Raumzeit, hier ist es noch schwieriger, handfeste Beweise zu liefern. Deshalb bekam er 1921 seinen Nobelpreis auch nicht für die Relativitätstheorie, sondern für eine Arbeit zur Photonentheorie aus dem Jahr 1905, deren Ergebnisse inzwischen auf breiter Ebene anerkannt waren. Der Wortlaut der Urkunde ist «… für seine Verdienste um die theoretische Physik und insbesondere für seine Entdeckung des Gesetzes für den photoelektrischen Effekt». So zuverlässig Einsteins Allgemeine Relativitätstheorie auch hilft, die Phänomene des Weltalls zu erklären, es gibt immer noch Skeptiker. Und so wie sich die Physik und die Messmethoden verändern, wäre es auch naiv anzunehmen, dass hier bereits das letzte Wort gesprochen wäre. Da jedoch noch niemand etwas Besseres vorgelegt hat, wollen wir uns ansehen, was es damit auf sich hat.

Dass die Planeten mehr oder weniger akkurat um die Sonne kreisen und nicht einfach lustig durchs All eiern, liegt nicht daran, dass sie von ihr angezogen werden. Einstein fand heraus, dass die Raumzeit durch massereiche Objekte verbogen wird: Die Materie diktiert der Raumzeit, wie sie sich zu krümmen hat, und die Raumzeit diktiert der Materie, wie sie sich bewegen muss. Die Sonne hat in der Raumzeit eine starke Mulde erzeugt, so als hätte man eine große schwere Murmel auf ein gespanntes Latextuch gelegt. Das erklärt auch die Umlaufbahnen der Planeten: Sie kugeln entlang dieser Mulde um die Sonne herum, jeder auf einer anderen Bahn, die die Raumzeit ihnen vorschreibt. Einstein geht so weit zu sagen, dass diese Raumzeit teilweise so stark gefaltet sein kann («gekrümmter Raum»), dass sich sehr große Bogen, Falten oder Wellen ergeben. Zum Teil so hoch, dass die Wellenkämme sehr nah beieinander liegen. Solche Raum-Zeit-Verzerrungen konnten bisher nicht gefunden werden, aber da sie denkbar sind und auch berechenbar, ist es wohl nur eine Frage der Zeit, bis man sie nachweisen kann.

Im Großen und Ganzen sind Theoretische Physiker heutzutage die tolerantesten Naturwissenschaftler der Welt. Die moderne Physik enthält inzwischen so viele Merkwürdigkeiten, Sonderfälle, ungeklärte Phänomene und schräge Thesen, dass heutige Physiker erst einmal alles für möglich halten, Hauptsache, es lässt sich denken und stimmt halbwegs mit den Naturgesetzen überein. Dann versuchen sie es zu berechnen, und wenn ihnen irgendwann einmal der Beweis gelingt, dann ist das zwar erfreulich, haut aber niemanden mehr vom Hocker.

DIE INVASION DER SCHWARZEN LÖCHER

Genauso war es mit den Schwarzen Löchern: Schon 1784 vermutete der englische Naturphilosoph Reverend John Michell, dass ein Stern von genügend großer Masse und Dichte ein so starkes Gravitationsfeld haben muss, dass ihm kein Licht entkommen kann. Er nannte es «Schwarzen Stern». Etwas später, 1795, kam Pierre Simon de Laplace zu demselben Ergebnis, aber danach gerieten die «Schwarzen Sterne» in Vergessenheit. 1916 stellte der deutsche Astronom Karl Schwarzschild eine mathematische Berechnung der Relativitätstheorie vor, aus der sich die erste theoretische Beschreibung eines Schwarzen Loches ergibt.[*]

---

[*] Der Titel seiner Arbeit: *Über das Gravitationsfeld eines Massenpunktes nach der Einsteinschen Theorie.*

Die Biester lassen sich zwar berechnen, aber nicht sehen; nicht weil sie hohl sind, sondern eher im Gegenteil: Ein sterbender Stern implodiert zu einer unvorstellbar massiven Kugel, und unter ihrem eigenen Gewicht und ihrer eigenen Gravitation schrumpft sie weiter zu einem winzigen Punkt, den man Singularität nennt, in dem Raum und Zeit völlig verzerrt sind. Es entsteht ein unvorstellbar tiefer Trichter im dreidimensionalen Raum. Aber die Gravitation des Punktes ist so stark, dass er alles, was ihm zu nah kommt (den Schwarzschildradius durchdringt), anzieht und vermutlich zermalmt. Diesen Radius, diese Grenze nennt man auch Ereignishorizont. Er legt den Bereich fest, in dem die Gravitation des Schwarzen Loches so stark wird, dass die Fluchtgeschwindigkeit, die nötig ist, um ihm zu entkommen, die Lichtgeschwindigkeit erreicht. Er ist sozusagen eine magische Grenze. Alle Ereignisse, die innerhalb dieses Horizontes geschehen, können von der Außenwelt (also dem gesamten restlichen Universum) nicht wahrgenommen werden. Auch das Licht kann der Anziehungskraft eines Schwarzen Loches nicht entkommen, deshalb ist es schwarz. In einem Schwarzen Loch sind Raum und Zeit dermaßen verzerrt, dass die Zeit quasi angehalten wird.

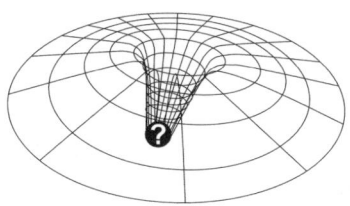

Singularität – Zeit und Raum gelten nicht mehr.

Man vermutet, dass sich hinter dem kleinen Punkt der Singularität eine Art Austrittsloch («Weißes Loch») befindet. Läuft die Zeit dort vielleicht rückwärts? Keiner weiß es. 1935 erkannten Albert Einstein und Nathan Rosen, dass die Allgemeine Relativitätstheorie Tunnel zulässt, die das Schwarze

Loch mit dem bislang nur theoretischen Weißen Loch verbinden. Dieses Phänomen, auch als Einstein/Rosen-Brücke bekannt, wird heute weitgehend nur als Wurmloch bezeichnet. Wurmlöcher sind in ihrer Mitte extrem dünn und extrem instabil. Sie sind als Reiseroute durch die Raumzeit zwar denkbar, aber völlig ungeeignet, es sei denn, man fände einen Weg, sie zu verbreitern und stabil zu halten, doch dazu später.

Den Namen «Schwarzes Loch» erhielt das Phänomen erst 1968 von John Wheeler. Und Stephen Hawking behauptete 1971, dass Cygnus X-1, ein Doppelsternsystem im Sternbild Cygnus (Schwan), ein Schwarzes Loch sein müsste. Die Science-Fiction stürzte sich auf das wunderbare Ding, Bücher und Spielfilme erschienen, und alle Welt war begeistert von diesem Phänomen. So fand es keiner mehr erstaunlich, als die Existenz von Schwarzen Löchern tatsächlich nachgewiesen werden konnte. Die spezifische Röntgenstrahlung ihrer Umgebung hatte sie verraten. 2001 entdeckte man, dass wir ein solches Monster im Zentrum unserer Milchstraße haben, Sagittarius A, und 2004 tauchte gleich daneben ein zweites auf, IRS 13E. Nach und nach stellte sich heraus, dass es um uns herum von Schwarzen Löchern geradezu wimmelt – im Januar 2005 wurden mit dem Röntgen-Teleskop-Satelliten Chandra Helligkeitsausbrüche in der Nähe von Sagittarius A* beobachtet, die darauf schließen lassen, dass sich im Umkreis von etwa 70 Lichtjahren 10 000 bis 20 000 Schwarze Löcher befinden, die dieses supermassive zentrale Schwarze Loch umkreisen. Zum Glück in sicherer Entfernung zu uns, sodass sie keine Gefahr für die Erde darstellen.

Der Astrophysiker George Chapline vom Lawrence Livermore National Laboratory in Kalifornien glaubt nicht, dass

Schwarze Löcher Löcher in der Raumzeit sind, sondern Sterne aus «dunkler Energie». Der Unterschied besteht darin, dass im Innern dieses Sterns negative Gravitation dafür sorge, «dass Materie nach außen zurückpralle», wie der Astrophysiker behauptet.[161] Negative Gravitation könnte ein außerordentlich fruchtbarer Boden für zukünftige Zeitmaschinen-Modelle in der Theoretischen Physik sein, wir begnügen uns im Folgenden mit den bisher aufgestellten Theorien zum Thema, die davon ausgehen, dass ein Schwarzes Loch tatsächlich ein Loch ist.

ZEITMASCHINE SCHWARZES LOCH

Es gibt interessante Theorien darüber, was passiert, wenn man in ein Schwarzes Loch stürzt. Dass darin Zeit und Raum keine Rolle mehr spielen (Singularität), gilt als sicher, und wenn sich dahinter tatsächlich ein Wurmloch auftut, dann müsste man beim Passieren an einer anderen Stelle der Raumzeit oder in einem Paralleluniversum landen. Das gilt allerdings noch lange nicht als sicher.

VIELE-WELTEN-THEORIE (PARALLELUNIVERSEN)

Im Rahmen der Quantenmechanik formulierte der US-Physiker Hugh Everett im Jahr 1957 die «Viele-Welten-Interpretation». Der zufolge nimmt ein Teilchen, etwa ein Elektron, alle möglichen denkbaren Quantenzustände gleichzeitig ein – jedoch in verschiedenen Universen. Bei einer Messung, bei der sich das Teilchen, dessen Zustände ansonsten ein statistisches Phänomen sind, zu einem konkreten Zustand bekennen muss, kommt es zu einer Aufspaltung des Universums. Beim einfachen Beispiel des Zerfalls eines Teilchens, der in einem bestimmten Zeitraum mit 50-prozentiger Wahrscheinlichkeit eintritt, würde das bedeuten, dass zu diesem Zeitpunkt in einem Universum das Teilchen zerfallen ist. Im anderen Universum ist es noch intakt. So wird die paradoxe Situation umgangen, dass es zum gewählten Zeitpunkt zu 50 Prozent zerfallen ist, was bei einem einzigen Teilchen schwerlich geht.

Einige Wissenschaftler griffen diese Idee begeistert auf, um sie auf den Makrokosmos zu beziehen. Es ergeben sich so unendlich viele Parallelwelten, in denen jedes Szenario, das möglich ist, auch geschieht. Dies wiederum ist der Nährboden für zahlreiche Science-Fiction-Visionen.

Im Juli 2004 machte Stephen Hawking den Paralleluniversen hinter Schwarzen Löchern den Garaus. Auf der 17. Internationalen Konferenz über Relativität und Gravitation in Dublin erklärte der durch eine schwere Krankheit (ALS) gelähmte Wissenschaftler, der sich nur noch über einen Sprachcomputer verständlich machen kann, in seinem Redemanuskript: «Wenn du in ein Schwarzes Loch springst, wird deine Massenenergie wieder in unser Weltall zurückgegeben – allerdings in einer zermalmten Form, die keine Informationen mehr darüber enthält, wer du warst.» Alles bleibe in unserem Universum. «Es gibt kein Baby-Universum, wie ich einst dachte», hieß es in seinem Text. «Es tut mir leid, Science-Fiction-Fans zu enttäuschen.» Aber wenn Informationen Energie und Materie überdauerten, gebe es keine Möglichkeit, durch Schwarze Löcher in andere Universen zu reisen. Noch 1976 hatte er selbst die Behauptung aufgestellt, dass Schwarze Löcher nichts mehr zurückgeben von dem, was sie verschlucken; die Informationen würden auf Nimmerwiedersehen in ein Paralleluniversum verschwinden. Obwohl er einen früheren Fehler einzugestehen meint, ist Hawking froh: «Es ist toll, ein Problem zu lösen, das mich 30 Jahre lang gequält hat, auch wenn die Antwort weniger aufregend ist als die vorherige Alternative.» Wo genau der Fehler gelegen haben soll und wieso neue Berechnungen nun das Gegenteil beweisen sollen, ist selbst vielen Wissenschaftlerkollegen noch zu kompliziert. Eine genaue Analyse dieser Arbeit liegt noch nicht vor.

Viele Spekulationen über Schwarze Löcher gehen davon aus, dass diese statisch sind. Viel wahrscheinlicher ist jedoch, dass sie rotieren. Das Universum selbst dreht sich nicht, es dehnt sich nur aus. Doch Sterne und Galaxien drehen sich, daher besteht durchaus die Möglichkeit, dass Schwarze Löcher das auch tun. Wenn man einen Astronauten in ein rotierendes Schwarzes Loch schickt, kann es sein, dass er an der Singularität vorbeirauscht und nicht zermalmt wird, wenn es sehr alt ist, rotiert und vor allem eine immense Masse besitzt. Igor Novikov vom Niels Bohr Institut in Kopenhagen hat Berechnungen zu den Eigenschaften eines solchen Objektes angestellt.

Dabei sind wiederum Studien des neuseeländischen Mathematikers Roy Kerr wichtig, der in den frühen sechziger Jahren berechnet hat, dass durch die Rotation im Inneren der Schwarzen Löcher ein zweiter Horizont entsteht.

Genau diesen hatte auch Astrophysiker Novikov bei seinen Berechnungen im Auge. Demnach verwandelt sich dieser zweite Horizont nach einiger Zeit in eine zweite Singularität («mass-inflation singularity»). Diese könnte für einen Raum-Zeit-Reisenden lebensrettend wirken: Sie wird nach Novikov die erste und gefährlichere Singularität einfach schlucken.

Für alle kosmischen Reisenden gilt also: Wer ein Schwarzes

Loch passieren will, sollte sicherstellen, dass es erstens eines von der rotierenden Sorte ist und dass es zweitens bereits möglichst alt ist, damit die zweite Singularität genug Zeit hatte, sich zu bilden.

Zudem sollte es zu den wirklich großen gehören, also ein supermassives Schwarzes Loch mit mehreren Hundert Millionen Sonnenmassen sein. Denn die Gravitationskräfte rund um einen solchen Giganten sind wesentlich geringer als bei den kleineren Vertretern. Um die Theorie auch in der Praxis zu überprüfen, müsste man nicht einmal besonders weit reisen, denn «unser» Schwarzes Loch Sagittarius A könnte tatsächlich ein perfekter Kandidat für eine solche Reise sein.

Igor Novikov glaubt, dass die «mass inflation»-Singularitäten uns gar in ein anderes Universum führen könnten. Zu Hawkings Erklärung sagt Novikov im Februar 2005: «Ich verstehe sie nicht. Er hat versprochen, Berechnungen vorzulegen, aber ich habe davon noch nichts gesehen.»[*] Für ihn und viele andere – allen voran der Quantenphysiker David Deutsch – ist die Idee der Paralleluniversen oder Multiversen die einzig mögliche Erklärung für viele beobachtbaren und errechneten Phänomene, und solange Hawking seine Berechnungen nicht vorgelegt hat, wollen sie auch daran festhalten.

---

[*] «Concerning Hawking July 2004 declaration, I do not understand it. He promised publish calculations, but I have not seen anything.» Aus einer E-Mail an die Autoren vom 3. Februar 2005.

WURMLÖCHER ALS ZEITMASCHINE

Selbst wenn wir mit nur einem Universum vorliebnehmen müssten, der Traum vom Zeitreisen wäre damit keineswegs ausgeträumt. Das Schwarze Loch an sich ist schon eine Zeitmaschine, weil es die uns bekannte Raumzeit radikal verändert, ganz egal, was am «Ende» auf den Reisenden wartet und ob er es überlebt. Wir wollen nicht behaupten, dass es eine *gute* Zeitmaschine ist oder eine bequeme. Sämtliche Theorien gehen einhellig davon aus, dass ein «Ritt auf dem Schwarzen Loch» ein Höllentrip sein würde, der höchstwahrscheinlich tödlich verläuft.

Die Einstein/Rosen-Brücke funktioniert auch ohne zweites Universum. Wenn sich unsere Raumzeit stark wellt und Falten schlägt, dann könnte zwischen diesen Wellenkämmen ein Wurmloch entstehen, also eine Abkürzung. Auf der einen Seite rein und auf der anderen raus, aber immer noch im selben Universum – nur zu einer anderen Zeit an einem anderen Ort.

Reine Mathematik ist der Vorschlag des österreichischen Logikers Kurt Gödel, einem Kollegen Einsteins am Institute for Advanced Study in Princeton, den er 1949 präsentierte: Von der Erde aus könnte man Umlaufbahnen im Universum finden, die auf einer Spiralbahn in die Vergangenheit führen. Die Voraussetzung sei aber, dass das Universum rotiert – was es zumindest nach heutigem Wissensstand nicht tut: Es dehnt sich aus, aber es rotiert nicht.

DER BAU EINER ZEITMASCHINE

Seit 1974 liegt das Zeitmaschinen-Modell von Frank Tipler vor, bei dem ebenfalls Rotation des Rätsels Lösung ist; aber man benötigt nicht gleich ein ganzes rotierendes Universum. Wenn sich ein rotierender, massiver Zylinder schnell genug um sich selbst dreht, müsste sich in dessen Mittelpunkt eine nackte Singularität bilden, und an diese Singularität wären geschlossene zeitähnliche Schleifen gebunden. Ein solcher Zylinder sollte mindestens hundert Kilometer lang sein und dürfte höchstens einen Durchmesser von zehn bis zwanzig Kilometern aufweisen. Dabei ist es notwendig, dass er mindestens so viel Masse enthält wie unsere Sonne und so dicht ist wie ein Neutronenstern. Das Ganze müsste sich pro Millisekunde zweimal drehen. Also einfach zehn Neutronensterne von Pol zu Pol aneinanderreihen, genügend schnell rotieren lassen – und fertig ist eine Tipler-Zeitmaschine. In der Umgebung des rotierenden Zylinders ist die Raumzeit sinusförmig gekrümmt, sodass die Zeit schwingt und nicht mehr geradlinig von der Gegenwart zur Zukunft läuft. Ein Raumschiff, das sich auf einem genau berechneten Spiralkurs um den makkaroniähnlichen Zylinder herum befinden würde, geriete sofort in die «geschlossene, zeitartige Kurve» und würde sich Tausende oder sogar Milliarden von Jahren und etliche Galaxien vom Ausgangspunkt entfernt wiederfinden. Dafür allerdings müsste der Zylinder unendlich lang sein. Und da sich an den Rändern dieser Röhre «oft merkwürdige Dinge ereignen», sollte man sich davon möglichst fernhalten.

Eine andere, ebenfalls etwas schwierig herzustellende Zeitmaschine schlägt Paul Davies vor: Sie beruht auf einem Wurmloch, das man mit Antigravitation stabilisiert. Diese lässt sich nur mit negativer Materie herstellen, die es in bestimmten physikalischen Systemen in geringen Mengen sogar geben soll. Man nennt sie auch exotische Materie. Diese Materieform besitzt negativen Druck und eine negative Energiedichte, Eigenschaften, die völlig unsinnig erscheinen, aber theoretisch helfen können, ein Zusammenschnüren und Kollabieren des Wurmloches zu verhindern.

Ein derartig stabilisiertes Wurmloch erlaubt sogar Reisen in die Vergangenheit, denn wenn man diese wundervolle Abkürzung nicht nur in eine Richtung nimmt, sondern auch schlagartig wieder zurückkehrt, dann könnte man an seinem Anfangspunkt ankommen, noch ehe man von dort losgegangen ist. Was dann passiert und ob so etwas Paradoxes überhaupt passieren darf, haben wir in Kapitel I diskutiert.

Auf dem Wurmloch-Prinzip beruht auch die Zeitreise, die in dem Roman und Hollywood-Film *Contact* geschildert wird. Der Autor Carl Sagan, selbst Astrophysiker, holte sich für den technischen Teil der Geschichte fachliche Unterstützung bei Kip Thorne und seinen Kollegen vom California Institute of Technology. Im Rahmen ihrer Untersuchungen konnte die Gruppe nichts finden, was an der Vorstellung eines passierbaren Wurmloches grundsätzlich falsch sein könnte – solange eben genug exotische Materie mit im Spiel wäre.

Ein Wurmloch in freier Wildbahn zu finden, erscheint Paul Davies allerdings sehr schwierig. Er schlägt daher vor, ein künstliches herzustellen und es so weit aufzublasen, dass ein Mensch hindurchpasst[162]. Eine entsprechende Fabrik benötigt nur vier Abteilungen: Collider, Imploder, Inflator und Differentiator. Zuerst wird mit dem Collider (Teilchenbeschleuniger) ein Material erzeugt, das als Quark-Gluon-Plasma bekannt ist. Diese energiereiche Blase hat zwar schon eine Temperatur von zehn Billionen Grad, die muss aber noch um weitere 19 Zehnerpotenzen erhöht werden – Wurmlöcher im Miniformat brauchen das. Dann muss diese Höllenblase um den Faktor eine Milliarde Milliarden komprimiert werden. Dies geschieht im Imploder durch – wie der Name schon sagt – Implosion. So bekommt man zunächst ein Wurmloch im Quantenformat (siehe unten). Da man das aber noch nicht durchqueren kann, muss es aufgebläht werden. Das übernimmt der Inflator, der dafür so viel negative Energie braucht, wie in etwa die Masse des Jupiters birgt. «Selbst bei Einsatz von ununterbrochen voll aufgedrehten Lasern mit einer Gesamtleistung von einer Million Terawatt, deren negative Energie restlos abgetrennt würde, würde es immer noch mehr Zeit erfordern, als das Universum alt ist, um derartig viel negative Energie aufzubauen», konstatiert Paul Davis. Mit anderen Worten: Damit lässt sich kein Geld verdienen.

QUANTENTHEORIE – DER WAHNSINN IN DISKRETEN PAKETEN

Nicht nur in den Weiten des Universums existieren für Zeitreisen relevante Phänomene, auch auf unserer Erde gibt es einen Bereich, in dem das uns bekannte vierdimensionale Raum-Zeit-Kontinuum nicht existiert: die Welt der Quanten.

Ein Atom heißt Atom, weil man es für den kleinsten und unteilbaren Baustein der Materie hielt. Das ist ungefähr so nah an der Wahrheit wie die Vermutung, dass die Erde eine Scheibe ist und die Zeit eine absolute Größe. Ein Atom besteht im Wesentlichen aus Protonen und Neutronen (im Kern) und einer Art Hülle, in der sich die Elektronen «aufhalten». Aber es gibt noch mehr Einzelteile. Die Welt der Elementarteilchen ist ein exotischer «Onen»-Zoo. Die bizarrsten seiner Bewohner sind die sogenannten Tachyonen: Teilchen, die schneller als das Licht unterwegs sind. Noch sind sie nur eine hypothetische Annahme, die aus den Gleichungen der Relativitätstheorie hervorgeht, aber da es keinen überzeugenden Beweis für ihre Nichtexistenz gibt, kann man sich schon mal darauf gefasst machen, dass demnächst eines entdeckt wird. Diese Teilchen besitzen (ihre Existenz vorausgesetzt) einige ziemlich seltsame Eigenschaften. So muss man einem Tachyon keine Energie zuführen, um es noch schneller zu machen, im Gegenteil, es gibt Energie ab, während es beschleunigt.

Ebenfalls noch nicht nachgewiesen ist das Higgs-Teilchen, das möglicherweise eine Erklärung für ruhende Objekte im Atomkern sein könnte; aber da nicht das Teilchen selbst, sondern das Feld um es herum für Bremsung und Stillstand aller anderen Teilchen verantwortlich sein könnte, gehen wir hier nicht näher darauf ein. Man hofft, seine Existenz im größten Teilchenbeschleuniger der Welt, dem LHC in der Schweiz, bald nachweisen zu können.

DIE WELT DER ELEMENTARTEILCHEN

Nach dem Standardmodell besteht Materie aus zwölf Materieteilchen (je sechs Quarks und Leptonen), zwischen denen drei verschiedene Kräfte (elektromagnetische, schwache und starke Kraft) wirksam sind. Es gibt nur zwei grundsätzliche Arten von ihnen: Bosonen und Fermionen. Bosonen unterteilen sich in Photonen, Gluonen, Gravitonen, W- und Z-Bosonen. Fermionen in Elektronen, Myonen, Tauonen und drei Arten von Neutrinos. Und dann gibt es noch zahlreiche Quarks, sie gehören auch zu den Fermionen: Up- und Down-Quark, Strange- und Charm-

Quark, Bottom- und Top-Quark. Hadronen dagegen sind aus Quarks zusammengesetzte Teilchen. Auch hier gibt es eine Zweiteilung: Entweder sind es Mesonen, und zwar dann, wenn sie aus einem Quark und einem Antiquark zusammengesetzt sind, das könnten Pionen und Kaonen sein, oder es handelt sich um Baryonen, in dem Fall müssen sie aus drei Quarks bestehen, wie zum Beispiel die Nukleonen, also die Teilchen, aus denen der Kern besteht: Proton und Neutron.

Das Standardmodell der Elementarteilchenphysik liefert die gegenwärtige Beschreibung all ihrer Phänomene. Die elektromagnetische, die schwache und die starke Wechselwirkung sind Gegenstand des Standardmodells. Die vierte Kraft, die Gravitation, konnte nicht in das Standardmodell eingebettet werden. Das Graviton ist bloß ein hypothetisches Austauschteilchen und kein Teilchen des Standardmodells.

1900: DIE ENTDECKUNG DER QUANTEN

Max Planck stieß bei seinen Berechnungen zur Schwarzkörperstrahlung Ende des 19. Jahrhunderts auf Ungereimtheiten in der Welt der subatomaren kleinen Teilchen. Es zeigte sich, dass die gemessene Verteilung der Energie über die verschiedenen Frequenzen der Strahlung im Widerspruch zur Theorie des Elektromagnetismus stand. Um diesen Widerspruch zu beseitigen, führte er 1900 eine Hypothese ein. Er postulierte, dass Licht nur in diskreten Portionen, sogenannten Quanten, ausgesendet wird, also dass jeder Körper Licht nur als bestimmtes Vielfaches von einer gewissen Menge aufnehmen oder abstrahlen kann. Es ergab sich die Formel: $E = h \cdot f = hc/\lambda$. Das heißt, die Energie eines Quants ist direkt proportional zu seiner Frequenz f und indirekt proportional zu seiner Wellenlänge λ; h ist bekannt als Planck-Konstante und hat den Wert von $6{,}63 \cdot 10^{-34}$Js. Man bezeichnet sie ihm zu Ehren als «Planck'sches Wirkungsquantum» oder «Planck'sche Naturkonstante». Die fundamentale Bedeutung dieser Gleichung erkannte man erst, als Einstein auf ihrer Grundlage den photoelektrischen Effekt erklären konnte.

DER SPRUNG DER QUANTEN

Der sagenhafte «Quantensprung» ist übrigens nichts weiter als die Reaktion eines angeregten Energieteilchens (Elektron), das seine alte Umlaufbahn um den Atomkern verlässt, um sich für kurze Zeit auf ein höheres Energieniveau zu begeben. Dieser kleine Hüpfer ist minimal, aber der Volksmund machte daraus ein Synonym für sehr großen Fortschritt in sehr kurzer Zeit. Dabei sind Quantensprünge die kleinsten Veränderungen, die ein physikalisches System erfahren kann. Das Problem, dass dieser

$$\frac{\delta^2 \psi}{\delta x^2} = \frac{2m \cdot (E - V)}{f^2 h^2} \cdot \frac{\delta^2 \psi}{\delta t^2}$$

Schrödinger-Gleichung – einfach und schön.

Sprung zwar in der Nebelkammer experimentell nachgewiesen werden konnte, aber trotz aller Gleichungen unberechenbar blieb, bereitete Werner Heisenberg und Erwin Schrödinger unabhängig voneinander starke Kopfschmerzen. Fast zeitgleich gelang es ihnen 1926 mit ihren Gleichungen, das Verhalten einfacher Atome zu beschreiben. Die Schrödinger-Gleichung, die als elegante Grundgleichung der nichtrelativistischen Quantenmechanik gilt, beschreibt als Wellengleichung die zeitliche Entwicklung des Zustands eines unbeobachteten Quantensystems. Die erheblich kompliziertere Heisenberg'sche Quantenmechanik machte es ebenso möglich, in der Quantentheorie zu präzisen Ergebnissen zu gelangen. Damit waren die beiden Physiker zufrieden, auch wenn sie die Phänomene der Quantentheorie immer noch nicht wirklich kapierten. Der legendäre Ausspruch: «Denn wenn man nicht zunächst über die Quantentheorie entsetzt ist, kann man sie unmöglich verstanden haben»[163], stammt von Niels Bohr, der 1922 für sein Atommodell den Nobelpreis erhielt.

Für Erwin Schrödinger war die Idee der Quantensprünge unerträglich, er stritt darüber mit Niels Bohr, bei dem er zu Gast war, tagelang so heftig, dass er sogar krank wurde und Bettruhe halten musste. Doch Bohr gab nicht auf und redete auf der Bettkante sitzend weiter auf ihn ein: «Ja, mit dem, was Sie sagen, haben Sie durchaus recht. Aber das beweist doch nicht, dass es keine Quantensprünge gibt. Es beweist nur, dass wir sie uns nicht vorstellen können.»[164] Werner Heisenberg, der Zeuge dieses Disputes gewesen ist, war einerseits von Bohrs Modell als Anschauungshilfe überzeugt, andererseits musste er dem Österreicher recht geben: Die Bahn eines Elektrons ließ sich mit dem mathematischen Formalismus der Quanten- oder Wellenmechanik nicht in Einklang bringen. Genau diese Unvereinbarkeit brachte 1927 Heisenberg auf die Unbestimmtheitsrelation. Mit ihr kam etwas ganz und gar Sensationelles in die Physik: die Unschärfe. Er stellte fest, dass die Messgenauigkeit bei Experimenten beschränkt ist: Man kann den Ort und den Impuls eines Teilchens nicht gleichzeitig exakt messen, je genauer die Messung der Position, desto ungenauer die der

Geschwindigkeit und umgekehrt. Heisenberg stellte klipp und klar fest, «dass man hier auf eine raum-zeitliche Beschreibung der Atomvorgänge wirklich verzichten müsse»[165].

Auch wenn Niels Bohr sein Freund war, hielt Heisenberg sämtliche Versuche, sich ein Atommodell vorzustellen, für aussichtslos. «Versuchen Sie es gar nicht erst!» war sein Rat an alle, die mit dieser Frage an ihn herantraten. Neuere Atommodelle werden heute auch nicht mehr bildlich, sondern nur noch mit mathematischen Formeln dargestellt.

Auch wenn nun die Wahrscheinlichkeit ihres Aufenthaltsortes berechenbar geworden ist – Quanten verhalten sich trotzdem außerordentlich seltsam: Stellt man zum Beispiel ein Photon vor die Wahl, durch Röhre A zu schwirren oder durch Röhre B, passiert etwas Unglaubliches: Es flitzt durch beide! Und zwar nur so lange keiner hinschaut. Der Beobachter «stört» das Experiment, indem er eine Messung vornimmt, und sobald er das tut, «entscheidet» das Teilchen sich für einen der beiden Wege. Dieses Verhalten erinnert an ein verträumtes Kind, das sich nicht entscheiden will. Es spielt einfach «alles», solange keiner nach ihm sieht. Erst wenn jemand die Tür aufmacht, stellt man fest, ob es malt oder den Hamster ärgert. Die Wellenfunktion (Amplitude) gibt den Überlagerungszustand wieder, aber bei der Messung durch den bewussten Beobachter kollabiert sie (Kopenhagener Deutung). Erwin Schrödinger stellte das berühmte Theorem mit der Katze auf: In einem geschlossenen Behälter befindet sich eine Katze und eine radioaktive Substanz, die mit einer bestimmten Halbwertszeit zerfällt und rein statistisch innerhalb einer Stunde tödlich auf die Katze wirkt. Der Zustand der Katze ist, solange man nicht in die Kiste hineinschaut, während dieser Stunde beides: lebendig und tot. Quantenphysiker nennen diesen Zustand «überlagert».

In vielen Fällen können Quantenzustände ebenfalls als «unscharf», «verschmiert» oder «verwischt» bezeichnet werden. Verstörend ist auch die Tatsache, dass zwei Photonen unter bestimmten Voraussetzungen voneinander «wissen» und sich passend zum Partner verhalten, auch wenn sie kilometerweit voneinander entfernt sind. Dieses Phänomen ist als «spukhafte Fernwirkung» oder «Nichtlokalität» bekannt.

QUANTENWURMLÖCHER – WINZIGE TIME TUNNELS

1955 entdeckte John Wheeler, dass in der Größenordnung der Planck-Wheeler-Länge ($1{,}62 \cdot 10^{33}$ Zentimeter) oder kleiner sogenannte Vakuumfluktuationen existieren und diese so enorm sind, dass der Raum «brodelt» und damit zu einer Art «Quantenschaum» wird. Darin muss sich gemäß der Allgemeinen Relativitätstheorie auch der umgebende Raum, genauer die umgebende Raumzeit, krümmen. Da diese Vakuumfluktuationen andauernd passieren (können), ist durchaus denkbar, dass der Quantenschaum nicht nur im Inneren eines Schwarzen Loches existiert oder im Weltall, sondern überall: auch in unseren Wohnungen, im Essen und in unseren Gehirnen. Dieser Schaum beinhaltet unter anderem auch winzige Wurmlöcher. Man könnte sich nun vorstellen, einfach in diesen Quantenschaum hineinzufassen und darin nach einem Wurmloch zu fischen. Mit einer gewissen Wahrscheinlichkeit findet man eines dieser winzigen instabilen Raum-Zeit-Löchlein, dann muss man es nur noch mit exotischer Materie füttern, um es auf eine hinreichende Größe zu bringen, so wie es Paul Davies vorgeschlagen hat.

MAKROKOSMOS, MIKROKOSMOS UND METAPHYSIK

Albert Einstein wirbelte das bekannte Weltbild durcheinander; er scheute sich nicht, sich mit Autoritäten anzulegen und jedes System auf den Kopf zu stellen, aber mit angewidertem Blick auf die Quantentheorie, an deren Grundlagen er einst mitgearbeitet hat (photoelektrischer Effekt), schimpfte er: «Gott würfelt nicht!» Unschärferelation, Schrödingers Katze, Nichtlokalität – das ging ihm alles zu weit. Es musste eine andere, fassbare Lösung geben – und den Rest seines Lebens verbrachte er mit der Suche nach der Allgemeinen Feldtheorie, einer Großen Theorie vom Ganzen, die seine Relativitätstheorie mit der Quantenmechanik verbinden kann. Leider erfolglos.

Anfang des 20. Jahrhunderts waren die Umwälzungen in Wissenschaft, Kultur und Gesellschaft überwältigend. Viele herausragende Köpfe durchbrachen Denkbarrieren, revolutionierten Anschauungen und bis dahin für ehern gehaltene Gesetze. Allen voran die Physiker. David Deutsch, Experte für Quantencomputer an der Universität Oxford, sagte einmal, dass die Geschichte der Wissenschaft nichts anderes sei als die Okkupation der Fragen der Philosophie durch die Physik. Aber die Tatsache, dass unser Weltall nicht unendlich ist und auch nicht unendlich alt, ist den Physikern bis heute ein bisschen peinlich. Denn sie wirft die schwer zu beantwortende Frage auf: Was war vor dem Urknall, und was ist hinter dem Ende des Universums?

Die meisten Physiker retten sich hier mit einem Trick: Sie schieben diese Fragen aus ihrer Disziplin wieder ab und grinsen hinüber zu den Philosophen und Theologen: deren Problem.

Einige Physiker stellen sich aber diesen Fragen. Zum Beispiel Neil Turok von der Universität Cambridge und sein amerikanischer Kollege Paul Steinhardt, der in Princeton forscht. Sie setzen der konventionellen Urknall-Theorie das «ekpyrotische» (griechisch, «aus dem Feuer geboren») Modell entgegen. Dieses Modell leitet sich aus einer Weiterentwicklung der Stringtheorie ab. Kurz gesagt, glauben sie, dass zwei materiefreie Membranen zusammengestoßen sein könnten, und die Bewegungsenergie, die dabei als Hitze freigesetzt wurde, könnte dann der Feuerball gewesen sein, den wir als Urknall bezeichnen. Doch um das zu verstehen, muss man sich zuerst mit der Stringtheorie beschäftigen, und auch dann ist noch nicht sicher, dass man besser Bescheid weiß als vorher.

STRINGTHEORIE – DIE SCHWINGENDEN SAITEN

Die Quantenphysik ist unvereinbar mit der Allgemeinen Relativitätstheorie. In den siebziger Jahren machte die Arbeit an einer Großen Vereinigungstheorie (GUT – Grand Unification Theory), die auch die starke Wechselwirkung einbezog, beachtliche Fortschritte. Nur die vierte Kraft – die Schwerkraft – passte nicht dazu. Und weil bisher noch niemand eine Verbindung gefunden hat, führen beide Bereiche getrennt voneinander eine friedliche Koexistenz. Doch eine Reihe von klugen Köpfen gibt nicht auf. Sie suchen nach einer Theorie, die sowohl das Große (Gravitation) als auch das Kleine (Quanten) vernünftig unter einen Hut bringt. Neben der sogenannten Loop-Quantengravitation ist die Idee der Stringtheorie ein vielversprechender Weg, allerdings auf den ersten Blick alles andere als «vernünftig».

Bisher besteht die Stringtheorie nur aus Ansätzen, es gibt keine «fertige» Theorie. Wenn sie eines Tages vorliegt, könnte sie dann aber auch noch die Quantenfeldtheorie und möglicherweise sogar das Standardmodell der Elementarteilchenphysik mit unter diesen Hut bringen. Damit wäre sie zugleich die seit langem gesuchte «Quantentheorie der Gravitation», deren Formulierung ebenfalls noch aussteht. Wenn das gelingt, liegt es nahe, dass dieses Modell sogar eine vereinheitlichte Theorie aller vier Wechselwirkungen (Gravitation, elektromagnetische, schwache und starke Wechselwirkung) ist. Vielleicht kann sie auch kochen, Ihre Steuererklärung machen und den Weltfrieden herstellen, aber trotzdem wird auch sie nicht der Heilige Gral der Physik sein, denn selbst viele ihrer Anhänger schließen aus, dass sie alle elementaren Probleme der Quantenmechanik löst, wie etwa das des störenden Beobachters oder das der kollabierenden Wellenfunktion. Andere Physiker glauben jedoch, die Stringtheorie hätte das Zeug dazu, die alles erklärende Weltformel TOE (Theory of Everything) zu werden. Warten wir es ab.

KOSMISCHE BÄNDER

Auf der Suche nach dem, was die Welt im Innersten zusammenhält, überlegten die Pioniere der Stringtheorie, Michael Green (Cambridge/Großbritannien) und John Schwarz (Pasadena/USA), Anfang der achtziger Jahre, woraus die Elementarteilchen bestehen. Und sie verabschiedeten sich von der Annahme, es könnte sich um punktförmige Gebilde handeln. Stattdessen schlugen sie Strings vor: Strings sind verschiedene Energiefäden, die ähnlich wie Cellosaiten schwingen. Man spricht auch von kosmischen Bändern, die als Fäden und Schleifen vibrieren und miteinander durch die Welt tanzen. Ein winziger String, der eines der entsprechenden Schwingungsmuster aufwiese, hätte je nach den Details der Schwingung die erforderlichen Eigenschaften, um sich als Elektron, Quark, Neutrino oder irgendein anderes Elementarteilchen herauszustellen. Alle Teilchenarten sind in der Superstringtheorie vereinheitlicht. Jedes hat nur ein anderes Schwingungsmuster. Es ist wie in der Musik: Je nach Schwingung ergibt sich ein anderer Ton. Wenn man alle Töne richtig zusammenstellt, erhält man sozusagen die Symphonie des Universums. Ein schwingender String ist die Ursache für das ihn umgebende Raum-Zeit-Kontinuum, das sich um ihn herumwölbt. Es gibt detaillierte Berechnungen, die zeigen, dass der Stringwinzling das Raum-Zeit-Kontinuum exakt in der Weise verzerrt, wie es Einstein einst vorhersagte.

Die Vorstellung, dass die Welt aus Fäden statt Punkten besteht, ist leicht zu verstehen – verglichen mit einer anderen Komponente der Stringtheorie: Denn die Strings bewegen sich nicht nur in den uns bekannten drei Raumdimensionen plus einer Zeitdimension, sondern wahrscheinlich in einem mindestens zehndimensionalen Hyperraum. Es könnten aber auch 26 Dimensionen sein. Einige von ihnen sind nach dem Urknall einfach auf Miniaturniveau zusammengeknäuelt geblieben, andere haben sich ausgedehnt.

Eine Hilfe, um sich die Sache mit den anderen Dimensionen etwas leichter zu machen, gibt Michio Kaku vom City College in New York mit seiner Idee vom Karpfenteich: Die Karpfen darin denken vielleicht, dass es außerhalb ihres Teiches nichts gibt, und weil sie sich die Bewegung der Seerosenblätter bei Regen nicht erklären können, greifen sie auf «unerklärliche Kräfte» zurück.[166] Er hat auch eine wunderschöne Erklärung dafür, warum wir Dinge aus höheren Dimensionen aus rein biologischen Gründen nicht wahrnehmen können: weil die Evolution es nicht erforderlich machte. Unsere Fähigkeiten sind unseren Bedürfnissen angepasst, und da es viel eher das Bedürfnis gab, den angreifenden Säbelzahntiger in den drei bekannten Raumdimensionen rechtzeitig zu erkennen, haben wir diese Gabe ausgeprägt. «Da uns Tiger nicht in der vierten Dimension angreifen, gab es auch keinen Grund, ein Gehirn zu entwickeln, das es ermöglichen würde, sich in vier Dimensionen bewegende Objekte zu erkennen».[167]

DIE SUPERSYMMETRIE

Die Stringtheorie wurde zur Superstringtheorie, als sie die «Supersymmetrie» in sich aufnahm. Es handelt sich dabei um eine Symmetrie zwischen Materie- und Wechselwirkungsteilchen. Sie sagt zu jedem der bekannten Teilchen einen supersymmetrischen Partner voraus. Viele Ansätze der Supersymmetrie passen mit der Stringtheorie zusammen, und so haben sie geheiratet und tragen nun beide den Doppelnamen.

Die Stringtheoretiker haben noch keine Möglichkeit gefunden, ihre mathematischen Erkenntnisse experimentell zu überprüfen, für Tests in anderen Dimensionen gibt es keine Labors. Den Supersymmetrie-Forschern geht es mit ihrer Suche nach den vorausgesagten Partnerteilchen nicht besser, jedoch ist es ihnen immerhin gelungen, gigantische Forschungsprojekte mit Teilchenbeschleunigern anzuschieben. Von deren Ergebnissen will auch die Stringtheorie profitieren.

Geht man davon aus, dass sich alle Strings nur rechtsherum drehen, bleiben noch zehn annehmbare Dimensionen übrig. Diese offenen Fäden, geschlossenen Schleifen und die später hinzugenommenen breiten, zweidimensionalen Membranen («branes») bewegen sich jetzt durch die zehndimensionale Raumzeit und wechselwirken miteinander, indem sie sich verbinden oder wieder trennen. Aus dem zehndimensionalen Ansatz leiteten sich in den achtziger Jahren wieder fünf Theorien ab, eine mit offenen und geschlossenen Strings und vier mit ausschließlich geschlossenen Strings. Es wurde immer komplizierter.

MEMBRANEN – BRANEN

Fünf Theorien – das sind zu viele! Mastermind Edward Witten vom Institute for Advanced Study in Princeton fasste alle fünf in einem elfdimensionalen Raum zusammen und integrierte gleich noch die Supergravitation, also eine Gruppe von Theorien, die die Allgemeine Relativitätstheorie und die Supersymmetrie vereinigen. Diese zusammenfassende Theorie heißt M-Theorie. M steht für «Membran», «magisch», «mysteriös», «Mutter» oder «Matrix». Witten wollte sich da selbst nicht so genau festlegen. Er kann sich diese Art von Humor erlauben, denn er gilt unter Kollegen als der größte Denker seit Einstein. Aber nicht einmal Witten rechnet damit, dass die Superstringtheorie in den nächsten Jahren vollendet wird. Doch die Idee, dass Strings nicht bloß eindimensionale Fäden sind, sondern auch Membranen sein können, mit ein, zwei, drei und mehr Dimensionen, brachte die Theorie schon sehr viel weiter. Unser Universum könnte eine dreidimensionale Brane sein – neben vielen anderen Branen. Wir wissen nicht – wie die Karpfen in ihrem Teich –, was sich da draußen noch so abspielt.

Anfang der neunziger Jahre kam der Begriff der Extradimensionen auf, der alle zusätzlichen Dimensionen neben den vier bekannten beinhaltet. Man könnte den Unterraum, den sämtliche (möglicherweise zusammengeknäuelten) Extradimensionen ausmachen, als Subraum bezeichnen. Aus der Science-Fiction kennen wir bereits einen entsprechenden Ansatz, der es ermöglicht, Zeitreisen zu unternehmen: durch den Subraum düsen! Der derzeitige Stand der real existierenden Wissenschaft erlaubt Spekulationen, nach denen wir das ja vielleicht bereits tun. Wir brauchen gar keine Warpgeschwindigkeit, um von unserem Universum in ein anderes zu reisen, sondern nur eine andere (erweiterte) Wahrnehmung. Denn ein anderes Universum einer anderen Dimension könnte sich gleich neben uns befinden – oder vielleicht ist es eines dieser Knirpsuniversen und befindet sich direkt in unserem Kopf?

Bisher sind die Extradimensionen jedoch reine Spekulation, denn ihr experimenteller Nachweis in Teilchenbeschleunigern ist nicht gelungen. Eventuell bieten Beschleuniger der neuesten Generation eine Möglichkeit, die Extradimensionen zu beweisen. Nämlich dann, wenn es gelänge, in Teilchenkollisionen sehr kleine Schwarze Löcher zu erzeugen. Dies plant man am größten Gerät dieser Art, dem 27 Kilometer langen Large Hadron Collider (LHC) am Forschungszentrum CERN in der Schweiz.

STRINGS ALS ZEITBRECHER

Für Richard Gott III. von der Princeton Universität und einige andere Theoretiker sind Superstrings und kosmische Strings unterschiedliche Objekte. Im Gegensatz zu Superstrings haben kosmische Bänder durchaus eine Dichte, wenngleich eine sehr winzige («ungleich null»), und sie sind nicht so mikroskopisch klein wie die Superstrings, sondern etwas größer, um genau zu sein, sehr viel größer: «Möglicherweise sind sie Millionen Lichtjahre lang oder länger.»[168]

Kosmische Strings haben nach Meinung der Forscher, die ihre Existenz vorhersagen, eine geringere Dichte als ein Atomkern, aber eine Masse von rund zehn Millionen Milliarden Tonnen pro Zentimeter. Sie stehen unter Spannung wie ein Gummiband und bewegen sich etwas schneller als mit halber Lichtgeschwindigkeit durch den Raum. Da sie enorm massereich sind, müssten sie auch die Raumzeit um sich herum krümmen, und zwar konisch, wie Richard Gott ermittelt hat.

Lichtreflexionen eines Sterns könnten durch den String zerschnitten werden und entlang der Raum-Zeit-Krümmung, die er verursacht, unterschiedlich lange Wege zum Beobachter zurücklegen. Solange sich nichts ändert, zeigen sie ein kontinuierliches Doppelbild (Gravitationslinse). Solche Doppelbilder existieren tatsächlich. Sie sind Hinweise auf kosmische Strings, aber Strings selbst konnte man bisher nicht finden. «Wir wären aber nicht allzu überrascht, sie tatsächlich zu entdecken», sagt Gott.

RICHARD GOTTS ZEITMASCHINE

Richard Gotts Vorschlag für eine Zeitmaschine erfordert zwei parallel verlaufende, statische kosmische Strings, die beide die Raumzeit durchschneiden und dadurch «hinter» sich eine «Lücke» in der Raumzeit verursachen (ähnlich wie Eisbrecher eine Schneise im Eis hinterlassen, nur dass die Raum-Zeit-Schneise breiter wird anstatt wieder zuzufrieren). Wenn man nun zwei Planeten annimmt, die sich «rechts und links» der beiden dünnen Strings befinden, dann gibt es den normalen,

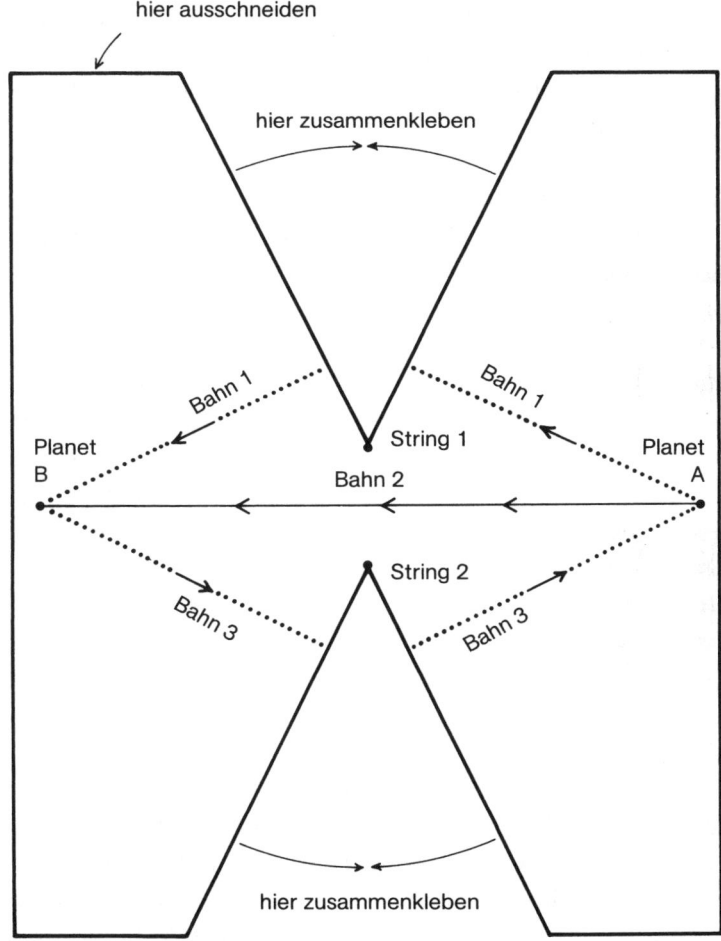

String-Zeitmaschine – kosmische Strings schlagen Schneisen durch die Raumzeit.

gemäß der euklidischen Geometrie «direkten» Weg von Planet A zu Planet B zwischen den beiden Strings hindurch. Und es gibt zwei andere Routen, die schneller sind: Würde ein Raumfahrer sein Schiff «hinter» den Strings entlanglenken, also über die Raum-Zeit-Schneise hinweg, wäre er früher da als ein anderer, der mit gleicher Geschwindigkeit die klassische Strecke geflogen wäre.

Zwei kosmische Strings nebeneinander wären also eine weitere Methode, eine Zeitmaschine herzustellen. Zwar hat Richard Gott keinen Hinweis darauf gegeben, wie man die beiden, sollte man zwei finden, nebeneinander platzieren könnte, aber er kommt auf eine Lösung zu der Frage, wie dabei ein Mensch schneller als Licht sein kann: Ein Raumfahrer schickt zeitgleich mit seiner Abreise einen Lichtstrahl durch die beiden Strings auf der normalen Bahn zu seinem Zielplaneten B. Sein Schiff erreicht annähernd Lichtgeschwindigkeit, und während er um einen String herumfährt, also die Abkürzung nimmt, überholt er den Lichtstrahl. Bei seiner Ankunft auf Planet B blickt er auf die normale Bahn zurück, und wenn der Lichtstrahl, der sein Abbild transportiert, angekommen ist, kann der Astronaut sich selbst dabei zuschauen, wie er startet. Richard Gott fügt hinzu: «Wenn Sie es geschickt anstellen, haben Sie noch genug Zeit, um zurückzukehren und sich selbst zu verabschieden.»

Auf der Basis dieses Modells entwickelten er selbst und einige andere Wissenschaftler weitere Systeme, in denen Zeitreisende sich andauernd selbst begegnen, mal mit statischen Strings, mal mit solchen, die in entgegengesetzten Richtungen mit einer Geschwindigkeit von «mindestens 99,999999996 Prozent der Lichtgeschwindigkeit dahinjagen. Wir haben beobachtet, dass sich hochenergetische Photonen mindestens so schnell durchs Universum bewegen, daher wissen wir, dass solche Geschwindigkeiten möglich sind.» Richard Gott selbst ist begeistert von dieser Lösung, weil sie auf Materie von positiver Dichte beruht, die sich langsamer als das Licht bewegt. «Dagegen sind Wurmlöcher auf exotische Materie von negativer Energiedichte angewiesen (Stoff, der weniger als nichts wiegt).»[169] Das ist wirklich ein kolossaler Vorteil, denn dadurch ist seine Zeitmaschine natürlich viel einfacher herzustellen.

13. NEW SCIENTISTS UND RUSSISCHE GENIES
DIE SOGENANNTE GRENZWISSENSCHAFTLICHE PERSPEKTIVE

«Die Welt ist sehr rigoros in ihrer Wahl zwischen Traum und Wirklichkeit, auch wenn wir es nicht sind. Zwischen dem Wunsch und den Dingen liegt die Welt auf der Lauer.»

Cormac McCarthy, *All die schönen Pferde*

Auf den ersten Blick scheint es kaum etwas Einfacheres zu geben, als eine funktionierende Zeitmaschine in die Welt zu setzen. Jedenfalls, wenn man den großspurigen Ankündigungen mancher Technikpropheten Glauben schenkt. Es bedarf nur einer «Microwave Amplification by Stimulated Emission of Radiation», geeignet, um «künstliche Zeitwellen zu erzeugen». Man kann aber auch gleich den Hutchison-Effekt* nutzen oder eine Merkurstabspule wickeln, wie David H. Childress in seinem Zeitreisenhandbuch empfiehlt.[170]

Vieles davon kann man mit Fug und Recht als blanken Unsinn bezeichnen, weil es an theoretischer Rechtfertigung und praktischer Umsetzbarkeit mangelt. Andere Bauprinzipien lohnen aber einen genaueren Blick. Ob aber grundsätzlich funktionieren kann, was nach herrschender Lehrmeinung nicht funktionieren darf, werden wir nicht klären können.

---

* Der kanadische Experimentator Hutchison soll bei Hochspannungsexperimenten mit nur 75 Watt Leistung schwere Metallkugeln levitiert und Metalle in einen biegsamen Zustand gebracht haben. Allerdings ließen sich die Experimente nicht kontrollieren.

Denn leider sind die folgenden beiden Aussagen über die vom wissenschaftlichen Mainstream abweichenden Meinungen und Theorien gleichermaßen zutreffend. Erstens: Es wimmelt von durchgeknallten Spinnern, die uns, aus welchen Gründen auch immer, irgendeinen sinnentleerten Käse mit pseudowissenschaftlichem Getöse unterjubeln wollen. Und zweitens: Das Etikett «durchgeknallte Spinner, die uns, aus welchen Gründen auch immer, irgendeinen sinnentleerten Käse mit pseudowissenschaftlichem Getöse unterjubeln wollen» wurde in der Wissenschaftsgeschichte sehr häufig auch jenen Visionären und Avantgardisten angeheftet, die ihrer Zeit voraus waren, den weltanschaulichen Mainstream ihrer Epoche widerlegten und ein paar Jahre oder Jahrhunderte später als legitime Erneuerer des jeweiligen Weltbildes und der Vorstellungen in ihrem Fachgebiet geadelt wurden. Wer es schaffen wird, sich durchzusetzen, und wer in der Versenkung verschwindet, ist aus der Perspektive der jeweiligen Zeitgenossen allerdings kaum zu beurteilen.

Daher werden wir uns wohlwollend und offen den Forschern zuwenden, die behaupten, verblüffende Lösungen für das Zeitmaschinen-Problem parat oder in Arbeit zu haben. Es geht nicht darum, für verkannte Genies eine Lanze zu brechen. Die Geschichte wird über sie urteilen. Doch auf der Suche nach dem Kellerfenster, hinter dem vielleicht bereits in diesem Moment die Zeit unter Magnetfeldern oder schwerem Tachyonenbeschuss ächzt und ihre unvorstellbaren Tore öffnet, darf man weder feige noch allzu skeptisch sein.

HARD PROBLEMS – SOFT SCIENCES?

Heinz von Foerster, einer der Begründer der Kybernetik und mit der philosophischen Postmoderne flirtender* Konstruktivist, behauptete einmal: «Die ‹hard sciences› sind erfolgreich, weil sie sich mit den ‹soft problems› beschäftigen; die ‹soft sciences› haben zu kämpfen, denn sie haben es mit den ‹hard problems› zu tun.»[171]

Zeitmaschinen-Modelle werden oft im Umfeld eines ganzen Netzes aus alternativen physikalischen Weltbildern und technologischen Hypothesen entwickelt. Dazu gehören Skalarwellen, die weniger bekannten Erfindungen von Nikola Tesla, das neue Äthermodell, Experimente und Theorien zu freier Energie und Antigravitation. Und letztlich werden auch die legitimen Nachlassverwalter Einsteins, die mit einem C4-Gehalt auf den Lehrstühlen der Theoretischen Physik sitzen, von vielen Normalbürgern oft für Fantasten gehalten.

DIE RUSSISCHEN VARIANTEN

Die Fans sogenannter Grenz- oder Parawissenschaften, deren führende Köpfe auch New Scientists genannt werden, haben seit einiger Zeit ein Faible für Forscher aus der ehemaligen Sowjetunion entwickelt. Auch dort soll es schon in den fünfziger Jahren Zeitmaschinen-Experimente gegeben haben.

Dass es hinter dem Eisernen Vorhang, insbesondere im militärischen Bereich, geheime Forschungen gab, ist nichts Neues. Aber anders als bei den US-Tüftlern der Area 51 oder anderer

---

* Oder besser sie mit ihm.

verborgener Forschungseinrichtungen konnte sich keine Verschwörungstheorie darüber entwickeln, weil alles, was sich die politische Führung einfallen ließ, per se als Verschwörung gegen das eigene Volk empfunden wurde. Und die verbreitetsten westlichen Verschwörungshypothesen über Forschungen in der UdSSR waren zumeist jene über das völlig überschätzte Ausmaß der militärischen Bedrohung während des Kalten Krieges.

Mit dem Ende der Sowjetunion kam plötzlich scheinbar Licht in manches der Öffentlichkeit verschlossene Labor. Und viele Geheimnisträger waren plötzlich keine mehr. Andererseits bot diese historische Umwälzung auch prima Gelegenheiten für Hochstapler, sich als Insider auszugeben. Immer wieder tauchen irgendwelche angeblichen Akademie-der-Wissenschaften-Forscher auf, die erzählen, sie hätten an PSI-Experimenten teilgenommen oder an geheimen Raumfahrtentwicklungen geforscht – diese Behauptungen sind nur schwer nachprüfbar.

EINE ZEITMASCHINE FÜR KURZTRIPS

Russische Wissenschaftler sind heute im Trend, ganz besonders seit den lustigen Videoaufnahmen aus dem Kosmos-Schrotthaufen namens MIR*. Und als Zeitmaschinen-Konstrukteur hat ein gewisser Dr. Vadim Chernobrov eine gewisse Berühmtheit erlangt. Er behauptet nicht nur ernsthaft und ziemlich hartnäckig, eine Zeitmaschine gebaut zu haben, die funktioniert, er hat sich auch mit dem Gerät fotografieren lassen. Chernobrov führte seine Forschung an einem Moskauer Luftfahrtinstitut

---

* мир bedeutet «Frieden», «Welt», «Weltall».

Vadim Chernobrovs Zeitmaschine – in handlicher Laborversion ...

durch und war eigentlich auf der Suche nach Möglichkeiten der Teleportation.

Die bisherigen Prototypen seiner Zeitmaschine, die bereits in den achtziger Jahren entwickelt wurden, können lediglich Zeitverzögerungen oder Beschleunigungen von wenigen Sekunden pro Stunde bewirken. Am effektivsten waren dabei übrigens diskusartige Konstruktionen. Schon die darin erzielten geringen zeitlichen Effekte töteten zunächst aber die Versuchstiere, Mäuse und Insekten, die Chernobrov auf die kurzen Zeitreisen schickte. Anfänglich hat er, wohl um der Kritik auszuweichen, den Begriff Zeitmaschine vermieden, damals hieß es noch: «Prospective Space Transportation System». Mittlerweile will er aber auch Menschen transportiert haben, die den Trip ganz gut überstanden haben und lediglich von einer gewissen Desorientierung berichteten.

Auf der Konferenz «New Ideas in natural Sciences», die 1996 in St. Petersburg stattfand, erläuterte Chernobrov Details seiner Experimente und deren theoretische Grundlage. Für seine Anhänger war dies, obwohl er nur mit spartanischen Mitteln grob darlegen konnte, wie seine Maschine ungefähr funktioniert, die Offenbarung, und Chernobrov wurde von den Zeitreise-Fans fortan als Messias betrachtet. Grundsätzlich beruft sich der Physiker auf die These, dass die Raumzeit durch elektromagnetische Felder beeinflussbar ist. Um einen verstärkten Effekt zu erzielen, kombinierte er, wie es heißt, nicht nur verschiedene in Serie und parallel geschaltete Elektromagneten, sondern schachtelte auch mehrere gleichartige sphärenartige Anordnungen ineinander. 1988 wurde dabei ein Gerät mit etwa einem Meter Durchmesser gebaut. Um eine Beeinflussung der Apparatur auf den Mechanismus der Zeitmesser auszuschließen, wurde die Zeit in dieser Anordnung mit verschiedenen Instrumenten gemessen: von mechanischen Uhren bis zu Paaren von Quartzgeneratoren.

Die Zeit ließ sich in diesem Experiment, so berichtete der russische Forscher, um maximal 1,5 Sekunden pro Stunde verlangsamen oder um 0,5 Sekunden beschleunigen. Das sind zwar nur minimale Effekte, aber das Kriterium einer funktionierenden Zeitmaschine würden sie dennoch voll erfüllen.

... und als Versuchsanordnung für Zeitexperimente mit Menschen.

Für Chernobrov und seine Anhänger steht fest: Die verlangsamten oder beschleunigten Objekte waren in die Zukunft bzw. Vergangenheit gereist. Und es heißt, ab einer gewissen Differenz zwischen den Zeiten, die außerhalb und innerhalb der Maschine vergehen, sähen Versuchspersonen die jeweils andere Zeit als weißen oder leuchtenden Nebel.

Als Schlussfolgerung seiner Experimente schlägt der Russe nun vor, der Zeit mehr als nur eine Dimension zuzubilligen: Zu dem bekannten konkreten Zeit-Ereignis-Punkt käme demnach noch so etwas wie eine eigene Definition einer «Zeitdichte oder -geschwindigkeit» sowie eine Art «Zeit-Erosion».[172]

Eine deutsche Sektion von Chernobrovs «Forschungsgemeinschaft» namens Kosmopoisk ist in Nordrhein-Westfalen aktiv und beschäftigt sich in erster Linie mit der Suche nach Orten, an denen Zeitanomalien auftreten sollen. Nach Aussage von unserem Informanten «Mike», einem Mitglied dieser Gruppe, erzielt Chernobrovs «Lovondatr» genannte Vorrichtung neuerdings sogar Zeitverzerrungen von einer halben Minute pro Stunde: «Dabei waren sowohl Zeitbeschleunigungen wie Zeitversammlungen möglich. Die größten Werte wurden jedoch nicht im Labor, sondern an den Orten erreicht, wo schon von Natur aus Zeitanomalien bestehen», sagt Mike. Denn die Kosmopoisk-Aktivisten gehen von der Existenz eines Zeitfeldes, einer sogenannten Chronosphäre, um die Erde aus, und diese hat an manchen Stellen kleine «Webfehler», wenn man so will, die die Funktion der Zeitmaschine begünstigen.

Auf die Kritik an dem Zeitmaschinen-Erfinder angesprochen, dessen Arbeit Skeptiker für pseudowissenschaftlichen Unsinn halten, erwidert Mike ganz gelassen, dass Chernobrov in seiner Heimat kaum umstritten sei und dort «noch 41 weitere Gruppen und Einzelpersonen ... an diesem Thema arbeiten. In Europa dagegen weiß nur eine Handvoll Menschen von seinen Forschungen.»

An *funktionierenden* Zeitmaschinen scheiden sich die Geister offenbar noch stärker als allein schon an der abstrakten Idee davon. Denn wenn Zeitmaschinen hier und jetzt möglich sind, wäre für die einen ein völlig neues physikalisches Weltbild nötig, das einen Paradigmenwechsel in der Physik einleiten würde, der ähnlich revolutionär wäre wie im 16. Jahrhundert die Ablösung des geozentrischen Weltbildes durch ein heliozentrisches.

NEUE PHYSIKALISCHE WELTBILDER

Die physikalischen Theorien, auf die sich die meisten Zeitmaschinen-Modelle berufen, haben zumeist wenig mit den allgemein anerkannten Zeitdilatationseffekten aus Einsteins Relativitätstheorie zu tun. Kaum jemand beabsichtigt tatsächlich, einen Flugkörper auf annähernd Lichtgeschwindigkeit zu beschleunigen, um damit in die Zukunft zu reisen. Die bekannten Probleme des Massenzuwachses und des immensen Energiebedarfs verderben früh die Lust auf Bastelarbeiten.

Die angeblich existierenden und relativ leicht zu bauenden Zeitmaschinen beruhen dagegen auf kühnen Hypothesen. Bedeutsam ist in diesem Zusammenhang die Theorie eines Gravitationsäthers.

DAS COMEBACK DES ÄTHERS

Der Äther war ursprünglich ein nicht genauer definiertes Medium von sehr geringer Dichte, das als Träger für Licht- und Wärmestrahlung sowie Radiowellen diene, wie die Wissenschaft bis Anfang des 20. Jahrhunderts glaubte. Erste Äthertheorien hat im 17. Jahrhundert Christian Huygens ersonnen. Mit dem unerwartet negativen Ausgang des berühmten Michelson-Morley-Experiments, das mit Hilfe von Licht-Interferenzen eigentlich den Äther nachweisen sollte, und Einsteins Spezieller Relativitätstheorie war der Äther Anfang des 20. Jahrhunderts zunächst einmal komplett passé. Die Suche nach ihm und seiner Natur wurde aufgegeben, weil dank Einsteins Feldgleichungen alle physikalisch-mathematischen Berechnungen auch ohne ihn tadellos zu funktionieren schienen. Die Idee des

Feldes, wie man es vom Magnetfeld her kennt, wurde auf alle Wirkungen über eine gewisse «leere» Distanz übertragen: Felder und die entsprechenden mathematischen Feldgleichungen regierten jetzt die Physik. Doch endgültig ist der Äther noch lange nicht aus der Welt.* Zum einen bezeichnen raffinierte Wortklauber diese Feldtheorien gerne als virtuelles Äthermodell, zum anderen postuliert etwa der Physiker und Philosoph Hartmut Müller, der über zehn Jahre lang in Volgograd arbeitete, einen Äther, der aus Gravitation gebildet wird. Die permanenten Masseveränderungen durch Zerfall und Fusion, die überall im Universum stattfinden, rufen seiner Ansicht nach «Schwingungen des Gravitationsäthers hervor [..., die] zur Herausbildung einer stehenden Gravitationswelle im Universum»[173] führten. Aus dieser Annahme entwickelte Müller eine Theorie des «Global Scalings», nach der diese Gravitationswelle manche physikalische Objekte einfach ausselektiert: Nur bestimmte streng definierte Massen von Teilchen blieben übrig. Um die Gravitationswelle zu beweisen, werden – auch von Laien – sehr viele Experimente durchgeführt. Das Spektrum reicht von Empfangsgeräten für Schwingungen des Gravitationsäthers und Kommunikationsversuchen über ihn bis hin zu angeblich erfolgreichen Antigravitationsexperimenten mit relativ einfachen Mitteln.[174] Diese Szene begrüßt es, dass viele Nachbauer ihre Vermutungen untermauern oder durch häufige Wiederholung glaubwürdig machen wollen. Ob sich damit ein

---

* Dass das Vakuum im Weltraum auch nicht wirklich leer ist, ist mittlerweile ein alter Hut. Schon die Quantenfeldtheorie bringt Unruhe in die Leere. Ihr gemäß wimmelt es von virtuellen Teilchen oder Vakuumfluktuationen der Vakuumenergie in der vermeintlichen Leere.

Äther tatsächlich nachweisen lässt, ist noch fraglich, als Idee hat er jedenfalls bereits ein furioses Comeback hingelegt.

DIE GRAVITATION ALS SCHLÜSSEL ZUR ZEIT

Raum und Zeit besitzen nach Ansicht der Global-Scaling-Anhänger[*] auch tatsächliche physikalische Eigenschaften und sind nicht nur rein mathematische Größen. Die Gravitation ist demnach der Schlüssel zur Zeit.

Bei vielen Experimenten, bei denen die Gravitation angeblich aufgehoben oder wenigstens verringert wird, spielen beispielsweise rotierende Massen eine entscheidende Rolle. Beim sogenannten Gelsenkirchener Experiment soll Diplom-Ingenieur Eduard Krausz 1991 durch eine Rotationsgeschwindigkeit von 85 000 Umdrehungen pro Minute ein 728 Gramm schweres Bleistück um 4 Gramm erleichtert haben.

Auch der russische Physiker Nikolay Kozyrev experimentierte mit solchen rotierenden Massen, stellte Gewichtsverringerungen fest und kam zu ungewöhnlichen Schlussfolgerungen bezüglich des Wesens der Zeit. Er war dabei, so erläutert der Global-Scaling-Experte André Waser[175], zunächst auf der Suche nach einer Möglichkeit, Zeit zu quantifizieren. Ausgehend von der Annahme, dass Zeit die Differenz zwischen Ursache und Wirkung markiert, suchte er eine Einheit für diesen zeitlichen Abstand zwischen Ursache und Wirkung, ein Maß für die Wirkungsgeschwindigkeit also.

---

[*] Der Kerngedanke der Global-Scaling-Theorie besteht darin, dass in der Natur nicht wie gemeinhin angenommen lineare Maßstäbe vorherrschen, sondern logarithmische, die zusätzlich fraktale Eigenschaften aufweisen.

Als Abfolge von Ereignissen geht das Verstreichen der Zeit nämlich mit einer Ordnungsänderung einher, also mit einer Änderung der Entropie. Und diese Änderungsschritte können nicht alle gleichzeitig stattfinden. Die Einteilung dieser Ordnungsänderung in Einzelschritte ist eine Quantisierung der Zeit.

Die Wirkungsgeschwindigkeit, also die Geschwindigkeit der Kausalität, ist für Kozyrev eine Konstante, die sich mit der «Geschwindigkeit von materiellen Vorgängen überlagern [... kann, sodass] dadurch zusätzliche Kräfte an den involvierten Massen auftreten müssen.»[176] So erklärt sich nach Kozyrevs Theorie der von ihm beobachtete Massenverlust bei Rotationen.

Die zusätzlichen Kräfte interpretiert er als Zeitwirkung, und die Wirkungsgeschwindigkeit dieser Kräfte betrachtet er dabei «als eine Art Zeitfluss»[177], dessen Dichte variieren kann. In Sternen ist sie beispielsweise sehr hoch, im kühlen Weltraum niedrig. Der Zeitfluss lässt sich durch Massen abschirmen, und die Lichtgeschwindigkeit bildet keine Obergrenze für ihn, was Kozyrev durch Versuche mit Entropieänderungen gezeigt haben will. Dazu fokussierte er mit einem Teleskop verschiedene Sterne, Galaxien und Bereiche des Weltraums und versuchte, den Zeitfluss quasi einzufangen. Dessen Wirkung musste sich seiner Theorie nach als Entropieänderung feststellen lassen. Daher nutzte Kozyrev als Detektoren Kristalle, deren Entropie beispielsweise durch den Brechungsindex des Kristallgitters gemessen werden kann. Und es gelang ihm angeblich tatsächlich, Zeitflusswirkungen nachzuweisen.

Diese Theorie «subtiler entropischer Kräfte»[178], wie es André Waser formuliert, hat aber nicht nur Implikationen für die Möglichkeit, die Gravitation zu beeinflussen. Sollte es tatsächlich einen physikalischen Zeitfluss geben, lässt sich der eventuell auch auf anderem Weg als durch große Massen abschirmen. Die Zeit könnte somit manipuliert werden. Auf Kozyrevs Theorie fußen im Wesentlichen auch die angeblichen Zeitmaschinen-Erfolge von Vadim Chernobrov.

PASSIERBARE WURMLÖCHER

Wir haben bereits von kühnen Russen außerhalb der anerkannten Wissenschaft gehört. Einer, der sich aber auch im Westen Respekt erworben hat, ist Sergej Krasnikov. Ein theoretischer Physiker, der zwar einerseits beklagt, das Thema Zeitreisen ziehe viele Wahnsinnige an, andererseits aber behauptet: «Wir werden die Grenzen der Lichtgeschwindigkeit überwinden und womöglich eines Tages in andere Zeitepochen reisen.»[179]

Krasnikov setzt dabei auf eine Kombination von Zeitdilatation durch hohe Geschwindigkeiten und den bislang nur vermuteten Wurmlöchern im Universum. Nach seiner Ansicht könnte es davon durchaus viele geben, vielleicht sogar ein ganzes Netz, das seit den Anfangstagen des Universums bestehen könnte. Nach herkömmlicher Auffassung wären solche Wurmlöcher aber niemals groß genug, um beispielsweise ein Raumschiff passieren zu lassen. Die Gravitation würde sie kollabieren lassen. Gegenüber der Zeitschrift *New Scientist*[180] vertrat Krasnikov aber die Auffassung, dass es große Wurmlöcher gibt, die selbst so viel sogenannte exotische Materie erzeugen, dass sie stabil bleiben. Er habe dazu umfangreiche Berechnungen angestellt.[181]

DIE ZEIT WISSENSCHAFTLICHER REVOLUTIONEN

Auf den ersten Blick scheinen die meisten dieser ungewöhnlichen Theorien und Konzepte Hirngespinste zu sein. Und gegen die Abweichler vom wissenschaftlichen Mainstream werden die immer gleichen Argumente vorgebracht: Wo bleibt der Nobelpreis für diese physikalischen Revolutionen, warum veröffentlichen die Genies nicht in *Nature* oder *Science*, warum stürzen sich nicht längst kommerzielle Verwerter auf ihre Entdeckungen?

Offenbar sind die einzigen begeisterten Nutzer solcher Off-Mainstream-Technologien geheime US-Militärorganisationen. Aber die lassen sich a priori nicht als Kronzeugen bemühen, was sowohl von den Gegnern als auch den Anhängern obiger Theorien als Indiz angeführt wird.

Die provozierenden Fragen nach der wissenschaftlichen Anerkennung durch die scientific community haben aus wissenschaftshistorischer Sicht wenig Bestand. Schließlich waren sehr viele große Erneuerer des Wissens und geniale Forscher zu ihrer Zeit verfemte Häretiker. Die Garde reicht von Galileo Galilei bis in die Neuzeit: Der junge Londoner Physikprofessor João Magueijo, der mit einer Theorie der variablen Lichtgeschwindigkeit gegen die herrschende Lehrmeinung verstößt, behauptet über den sogenannten Peer-Review-Prozess, also die Beurteilung eingereichter Forschungen durch Gutachter, dieser Prozess filtere neue Ideen heraus. Die Gutachter würden die Artikel überhaupt nicht lesen: «Ihr Urteil ist eine soziologische Reaktion auf Titel, Zusammenfassung, Namen und Herkunft der Autoren»[182], so Magueijo.

Aber wie eine Exkursion in die Wissenschaftsgeschichte zeigt, haben gerade die auf den ersten Blick besonders abstrus wirkenden Einfälle manchmal die besten Chancen, sich letztlich als wirklichkeitsnah zu erweisen. Der Schweizer Philosoph und Astronom Paul Feyerabend, der als Begründer einer anarchistischen Erkenntnistheorie[183] gilt, erläuterte 1992 in einer Diskussion an der Universität Trento, Italien, warum gerade «silly ideas» zu soliden Ergebnissen führen können. Er meinte damit: «Albern [nur] verglichen mit der allgemeinen Meinung der Zeit, in der man lebt» – und weiter: Wer glaube, neue Entdeckungen könnten nur auf eine präzise vorgegebene Weise gemacht werden, der irre. Feyerabend zeigt dies anhand eines Beispiels: «Wir wissen, wir leben auf einer festen Erde, aber Anaximander sagte, die Erde schwebt durch die Luft ... Das war ein Schock [für seine Zeitgenossen], denken Sie mal darüber nach: Nichts schwebt durch die Luft, wenn Sie etwas in die Luft setzen, fällt es herunter.» Aus der Perspektive der Menschen der Antike war Anaximanders Hypothese eine völlig absurde Vorstellung, die allerdings von der Idee her unser heutiges Weltbild vorwegnahm. Feyerabend postulierte in diesem Zusammenhang sein legendäres «anything goes» als wissenschaftstheoretisches Minimalprinzip: «‹Alles geht› – das heißt, beschränken Sie Ihre Vorstellungen nicht, denn sehr alberne Ideen können zu sehr soliden Ergebnissen führen.»[184] Und man möge sich bitte nicht einmal von der Logik am freien Denken hindern lassen, so seine Aufforderung.

Kann es also sein, dass auch an breiter Front morgen bereits Humbug ist, was heute an Lehrstühlen verbreitet wird – und umgekehrt die Spinner von heute die Koryphäen von morgen sein werden?

Der amerikanische Wissenschaftstheoretiker Thomas S. Kuhn glaubte, dass es sich tatsächlich ähnlich verhält. Seine Analysen über «die Struktur wissenschaftlicher Revolutionen»[185] kamen zu dem Ergebnis, dass sich die Paradigmen, also die Leitlinien der Wissenschaft, sprunghaft und in Brüchen verändern. Die Fakten können bereits zuvor eine andere Sprache sprechen, aber erst der Paradigmenwechsel läutet eine neue Ära der Wissenschaft ein. Denn auch die Wahrnehmung und das Verhalten der Wissenschaftler werden durch das herrschende Paradigma beeinflusst. So scheint es zwingend notwendig, dass abweichende Erkenntnisse, selbst wenn sie zutreffen, eine Zeitlang ignoriert oder umgedeutet werden – bis zur nächsten wissenschaftlichen Revolution eben, für die die Zeit aber erst reif werden muss.

Ob sich also durch sehr junge Theorien wie Global Scaling, neue Äthervorstellungen oder die Versuche, die Zeit elektromagnetisch zu beeinflussen, dramatische Paradigmenwechsel abzeichnen, lässt sich nur vermuten.

DIE HOFFNUNG IN OPEN SOURCE

Durch die Popularität des Themas Antigravitation und aller für Zeitmaschinen relevanten Ansätze besteht aber die Chance, dass viele Hartnäckige doch noch zu Ergebnissen kommen, die eines Tages einer Prüfung durch offizielle Gremien standhalten.

In der Antigravitations- und Freien-Energie-Szene sorgt das Open-Source-Prinzip für eine weite Verbreitung der Ideen und Experimente. Informationen über Experimente zum Nachbauen von Antigravitations-Flugkörpern etwa werden für wenig Geld oder sogar kostenlos im Internet zur Verfügung gestellt. Gelegentlich muss man aus Gründen der Fairness die Verpflichtung abgeben, die zur Verfügung gestellten Erkenntnisse nicht selbst zum Patent anzumelden. Diese Offenheit führt dazu, dass zwar die etablierten Kräfte weiterhin nicht nach dem wissenschaftlichen Underground schielen, aber dessen empirische Basis ein ganz beachtliches Ausmaß annimmt.

14. HARDWARE
DIE JÜNGSTEN ENTWICKLUNGEN AUF DEM MARKT FÜR ZEITMASCHINEN: PROTOTYPEN, PATENTE UND ZEITMASCHINEN AUS DEM VERSANDHANDEL

> «*Heute ist man sich ziemlich einig darüber und auf der physikalischen Seite der Wissenschaft fast ganz einig, dass der Wissensstrom auf eine nichtmechanische Wirklichkeit zufließt; das Weltall sieht allmählich mehr wie ein großer Gedanke als wie eine große Maschine aus.*»
>
> James Hopwood Jeans (1877–1946)

Als Synonym für eine radikale Flucht aus dem Jetzt hat die Vokabel Zeitmaschine in den letzten hundert Jahren seit ihrer erstmaligen Erwähnung in Wells' gleichnamigen Roman eine erstaunliche Karriere hingelegt. Und das, obwohl die meisten Menschen fest davon überzeugt sind, dass Zeitmaschinen keineswegs bereits in unterirdischen Geheimanlagen oder gar in Nachbars Hobbykeller in Betrieb sind. Dabei wäre es so schön.

Stattdessen ist der Begriff Zeitmaschine zur Metapher für sehr Gegenwärtiges verkommen. Für den Gerichtsmediziner ist die halb verdaute Fischplatte im Magen seines Patienten eine kleine Zeitreise zu den Ereignissen des Vorabends. Radiosender nennen ihre historischen Rückblicke plakativ Zeitmaschine. Planetarien, Museen, Videogeräte und vor allem gewöhnliche Uhren werden im Rahmen modernen Marketings ebenfalls als Zeitmaschinen bezeichnet.

Doch mit solchen Mogelpackungen wollen wir uns an dieser Stelle nicht zufriedengeben. Wir haben uns auf die Suche nach tatsächlich existierenden Plänen und Prototypen gemacht – und sind fündig geworden.

DAS GEFÄHRLICHE LEBEN DER ZEITMASCHINEN-KONSTRUKTEURE

Wer könnte bereits im Besitz einer solchen Maschine sein? Und was würde er damit unternehmen? Wenn er klug ist, was bei einer solchen erfinderischen Leistung anzunehmen sein dürfte, erzählt er besser nicht allzu vielen Leuten davon. Denn wahrscheinlicher als wissenschaftlicher Ruhm oder wirtschaftlicher Erfolg mit dem Ding wäre es, zunächst mal als Spinner und Hochstapler oder Betrüger denunziert zu werden. Sollten allerdings die richtigen Leute glauben, dass man es wirklich geschafft hat, wird es noch unangenehmer. Es gibt wohl kaum eine Regierung auf diesem Planeten, die von einem solchen Gerät ihre nationalen Interessen nicht empfindlich berührt sähe. Und kaum ein großer Konzern dürfte seine wirtschaftlichen Interessen davon unbeeinträchtigt wähnen. Die Folge: So ziemlich alle Geheimdienste, Schurken mit oder ohne Regierungsunterstützung und die Fraktion gemeingefährlicher gedungener Einzelkämpfer, die für Macht und Geld alles tun, würden Jagd auf die Erfindung machen. Jedes Gezeter um Atomwaffensperrverträge und ein paar langweilige Ultrazentrifugen wäre harmlos im Vergleich zu den Hoffnungen oder Befürchtungen und damit verbundenen Kurzschlusshandlungen, die eine Zeitmaschine auslösen könnte. Dem Erfinder einer Zeitmaschine mit vernünftigem Wirkungsgrad bliebe nur der Ausweg, sich damit in ein weniger paranoides Jahrhundert auf den Weg zu machen oder kein Sterbenswörtchen über seine Meisterleistung zu verraten.

EIN BESUCH BEI DER KREUZIGUNG

Einer der wenigen, der sich um solche Vorsichtsmaßnahmen zunächst einmal nicht so richtig kümmerte, war Pater Alfredo Pellegrino Ernetti (1926 –1994). Der Theologe und Physiker brachte die Pläne seiner Zeitmaschine angeblich in den Archiven des Vatikans in Sicherheit, als ihm die Sache zu heiß wurde, und spielte damit in einer erheblich elitäreren Klasse als der säkulare Zeitmaschinen-Bastler. Doch es gab nicht bloß Pläne. Dem Benediktiner-Pater soll es zwischen den fünfziger Jahren und 1990 *tatsächlich* gelungen sein, ein Gerät zu konstruieren, mit dem man die Vergangenheit sichtbar machen kann: den sogenannten Chronovisor.

Der Autor von Büchern über grenzwissenschaftliche Phänomene Peter Krassa behauptet, dass an dieser Entwicklung insgesamt zwölf Physiker beteiligt waren, darunter Legenden wie Enrico Fermi und Wernher von Braun.[186] Motivation für den Bau des «Zeit(fern)sehers» war dabei in erster Linie Pater Ernettis Interesse an alter Musik. Der Inhaber eines Lehrstuhls für Präpolyphonie interessierte sich einfach dafür, wie der Sound der Antike wirklich geklungen haben mag. Er hatte es vor allem auf die Tragödie *Thyestes* von Quintus Ennius aus dem Jahr 169 vor Christus abgesehen. Und es gelang ihm angeblich auch, diese Oper zum Erklingen zu bringen.

Doch damit nicht genug. Wie es sich für ordentliche Katholiken gehört, warfen Ernetti und seine Mitarbeiter auch einen Blick auf die tatsächlichen Vorkommnisse bei der Kreuzigung Christi – und zwar im Jahr 1956. Dort habe sich angeblich vieles wie biblisch bekannt zugetragen, aber eben nicht alles. Zum Beispiel sei der Satz «Mich dürstet» falsch überliefert. Jesus habe nichts trinken wollen, sondern vom Durst nach den Seelen der Menschen gesprochen. Außerdem habe Maria keineswegs am Kreuz geweint. Jesus selbst habe zudem ziemlich zerschunden ausgesehen; seine Knochen seien durch die Geißelung teilweise sichtbar gewesen.

Klingt alles ungeheuerlich. Und was ist mit Zeugen? Ernetti hat sich wohl recht freimütig und geradezu naiv gegenüber Medienvertretern und auch auf Esoteriker-Treffen zu seinem Chronovisor geäußert. Am bemerkenswertesten erscheint uns allerdings Peter Krassas Hinweis, die Chronovisor-Enthüllungen der Kreuzigung seien gefilmt und auch einem kleinen Kreis vorgeführt worden. Er zitiert in diesem Zusammenhang Pere François Brune, einen Freund von Ernetti und Sorbonne-Professor, dem der Pater angeblich die ganze Chronovisor-Geschichte noch ausführlicher offenbart hat. Und dieser Brune behauptet demnach, dass sowohl Papst Pius XII., Italiens damaliger Staatspräsident und etliche andere diese Aufnahmen auch gesehen haben. Jahre später, im Herbst 1993 habe Ernetti dann noch einmal einen Vortrag vor der päpstlichen Akademie und einigen Kardinälen gehalten, in dem er präzise den Stand seiner Forschung darlegte.

GEHEIME KONSTRUKTIONSPLÄNE IM VATIKAN

Und warum ist das Ding nicht in Serie gegangen und wird nun von Sony vertrieben, fragen sich die Skeptiker. Angeblich weil ihr Schöpfer vor seinem Tod im Jahr 1994 verfügte, den Chronovisor in seine Einzelteile zu zerlegen und diese an seine Mitarbeiter zu verteilen. Er fürchtete angeblich den Missbrauch seiner Erfindung. Konstruktionspläne des Apparats seien aber in den Archiven des Vatikans gelandet. Und auf diesen Plänen müsste nach Angaben von Chronovisor-Experte Peter Krassa etwa Folgendes zu sehen sein: Antennen aus unterschiedlichen Metalllegierungen, die kettenförmig angeordnet und miteinander verbunden sind. Dadurch könnten sowohl elektromagnetische als auch nicht-elektromagnetische Wellen empfangen werden. Ernetti soll bei seinen Erläuterungen ebenfalls von der Existenz eines Äthers ausgegangen sein, in dem sich vergangene Ereignisse aufgrund ihrer hinterlassenen Spuren energetischer Natur angeblich orten lassen: ein gigantischer Speicher für alles jemals Geschehene. So ein Weltgedächtnis deutete schon der für seine Prophezeiungen berühmte Arzt Nostradamus im 16. Jahrhundert an, und die legendäre Akasha-Chronik, eine von der Theosophin Helena Petrovna Blavatsky im übersinnlichen Bereich angesiedelte Chronik des menschlichen Daseins, hat ebenfalls Ähnlichkeiten mit diesem «Zeit-Speicher». Auch die Theorie der morphogenetischen Felder von Rupert Sheldrake harmoniert mit dieser Idee und wird gerne als Begründung herangezogen.

Angesichts der Tatsache, dass Astrophysiker dank der kosmischen Hintergrundstrahlung Daten aus der Frühzeit des Universums empfangen und schon ein gewöhnlicher Blick von der Erde auf die Sonnenscheibe erkennen lässt, wie sie vor etwa acht Minuten aussah, klingt die bloße Existenz eines Weltgedächtnisses eigentlich noch nicht allzu verrückt. Aber die Leistung, diese ominösen Spuren aus der Vergangenheit zu klingenden 3-D-Bildern rekonstruiert zu haben, erscheint uns mehr als erstaunlich. Vor allem da Ernetti sich – obwohl er auch als Exorzist tätig war – ausschließlich auf physikalische Phänomene als Funktionsprinzipien seiner Zeitmaschine stützt. Er distanziert sich sogar von «irgendwelchen esoterischen Pseudowissenschaften […], mit denen gewisse Kreise alles und jedes zu erklären versuchen, was mit Stimmen, Tönen und Wesenheiten aus dem Jenseits sicht- und hörbar gemacht worden sei».[187]

Die Geschichte von Pater Ernetti und seinem Chronovisor enthält alles, was das Zeitmaschinen-Phänomen faszinierend macht. Spirituelle Aspekte, verschwörungstheoretische Andeutungen, historische Enthüllungen und eine ordentliche, angeblich funktionierende Hardware – die nur leider demontiert wurde. Ähnlich wie die biblische Bundeslade verstaubt der Chronovisor also in irgendeiner Asservatenkammer, und wir werden vielleicht nie erfahren, was es damit wirklich auf sich hat.

EINE ZEITMASCHINE AUS DEM VERSANDHAUS

So wünscht es sich der bequeme Fantast: einfach den entsprechenden Shop im Web aufspüren, Bestellung ausdrucken, durchs Faxgerät jagen, und nach wenigen Wochen hat man die georderte Zeitmaschine im Briefkasten. Vorkasse nicht vergessen. Dieses absurde Angebot[188] gibt es wirklich. Es stammt von Steven Gibbs aus Lyndon in Kansas, und er verlangt

TECHNOLOGIE DER ZEITMASCHINE 310

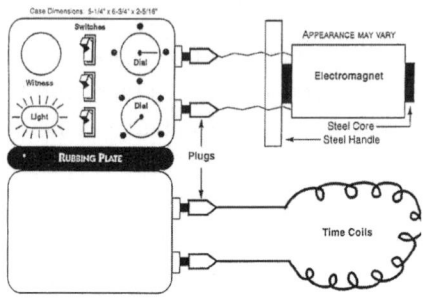

Der Hyper-Dimensional Resonator ...

... manchmal reicht es nur für one-way-Passagen.

360 Dollar für einen sogenannten Hyper Dimensional Resonator. Bei Future Horizons, einem amerikanischen Versandhandel, der auch Baupläne für FLUX-Kondensatoren, UFO-Detektoren und Geräte, mit denen man Ampelanlagen per Knopfdruck auf Grün schalten kann, im Angebot hat, ist ein Resonator für 590 US-Dollar ausverkauft (www.futurehorizonts.net/time.htm).

Das Gerät besteht im Wesentlichen aus einer Box weitgehend unbekannten Inhalts und einer «Zeitspule», die wie ein Stirnband um den Kopf gelegt wird, sowie einem Elektromagneten oder wahlweise zwei Kupferplatten, die im Solarplexus-Bereich auf dem Körper platziert werden. An der Box sind zwei Drehregler angebracht, anhand derer man Datum und Uhrzeit des anvisierten Zeitreise-Ziels programmieren soll.

DIE 360-DOLLAR-ZEITMASCHINE

Nachdem man das Gerät einige Minuten lang eingeschaltet und daraufhin eine Weile meditiert hat, soll der Astralkörper des jeweiligen Nutzers durch die Zeit transportiert werden. So verspricht es jedenfalls Future Horizons in einer Kurzanleitung. Doch damit nicht genug. Wenn man sich an besonderen Orten, vom Hersteller nicht näher bezeichneten Zeitknoten oder -wirbeln,* aufhält, könne man auch *körperlich* durch die Zeit reisen. Steven Gibbs brachte es mit seiner Zeitmaschine immerhin in die Sendung des amerikanischen Radiomoderators Art Bell. Wobei so viel aktive Öffentlichkeitsarbeit seinerseits uns verwundert, da Gibbs auch glaubt, dass Men in Black oder «die Grauen»** die Informationen über Zeitreisen vertuschen wollen.

Es gehört auch ohne Furcht vor Verschwörungen nicht wenig Mut dazu, sich ein mysteriöses Gerät, das auf der einen Seite mit dem 110-Volt-Stromnetz verbunden ist, mit dem anderen Ende am Kopf zu befestigen und dann einfach mal abzuwarten, was passiert. Zyniker mögen an dieser Stelle einwenden, dass es in US-Gefängnissen mehrere ähnlich beschaffene Zeitmaschinen gibt – getarnt als elektrische Stühle, die einen garantiert flugs aus der Gegenwart verschwinden lassen.

Doch auch bei regulärem Einsatz des «Hyper Dimensional Resonators» ist eine Rückkehr von der jeweiligen Zeitreise keineswegs gesichert. In einem Interview mit dem amerikanischen *Strange Magazin*[189] behauptet Konstrukteur Gibbs,

---

* Es handelt sich wohl um Anspielungen auf geomantisch relevante Energiebahnen und deren Kreuzungen auf der Erdoberfläche.
** Die Grauen, englisch «the greys», ist eine Metapher für Außerirdische.

dass einige der Leute, die den Resonator gekauft haben, bislang nicht zurückgekehrt sind – von wo auch immer. Das sei eben die Gefahr beim körperlichen Zeitreisen, gerade wenn man sich dabei in die fünfte Dimension begebe. Da kommt nämlich offensichtlich keiner lebend raus. «Because there are some beings in the fifth dimension that are really headstrong about somebody setting foot in their realm up there.»[190]

Ein gewisses Risiko müssen angehende Zeitreisende also schon eingehen. Selbst die traditionelle Physik verbindet mit einer Zeitreise schließlich auch gerne mal die subatomare Verdauung des Touristen in einem Schwarzen Loch. Angesichts dieser Gefahren könnte man behaupten, dass Zeitmaschinen-Konstrukteure die wahren Helden der Underground-Physik sind. Das gilt nicht nur für die Wagemutigen, die sich auf ernsthafte Paragraphen-Scharmützel mit den Patentämtern einlassen, sondern erst recht für jene Hasardeure, die sich mit der real vorhandenen Hardware auch dem Risiko aussetzen, dass das Ding einfach nicht richtig funktioniert.

PATENTIERTE ZEITMASCHINEN

Einsteins Postulat, dass Informationen nicht schneller als Lichtgeschwindigkeit transportiert werden können, ist nicht nur für Theoretische Physiker eine Herausforderung. Auch Ingenieure und Laien versuchen sich an der Lösung des Problems. Diejenigen, die glauben, es gelöst zu haben, möchten dann auch gern damit reich werden und reichen ihren Vorschlag bei Patentämtern ein, um ihre geniale Erfindung schützen zu lassen.

Schon Albert Einstein hatte als technischer Experte am Berner Patentamt das zweifelhafte Vergnügen, die Erfindungen der Eidgenossen auf ihre Neuheit und technische Brauchbarkeit hin zu untersuchen. Man vermutet, dass dies für ihn eine gute Schule war, später intuitiv zu erkennen, welche Idee funktionieren kann und welche nicht.

Nach der Rechtsprechung des Bundesgerichtshofs «sind Patentanmeldungen zurückzuweisen, deren Gegenständen die technische Brauchbarkeit fehlt. Das trifft auch auf alle Erfindungen zu, die gängigen Naturgesetzen widersprechen.» Immer wieder reichen Erfinder neue Vorschläge für ein Perpetuum mobile ein, also für eine Vorrichtung in einem geschlossenen System, die ohne Energiezufuhr immer weiterläuft und am besten noch Arbeit dabei verrichtet. Das widerspricht grundsätzlich dem Energieerhaltungssatz, und daher werden diese Patentanmeldungen standardmäßig abgelehnt – sämtliche Zeitmaschinen werden dagegen abgelehnt, weil sie das Kausalitätsprinzip verletzen, nach dem einer Wirkung erst einmal eine Ursache vorausgegangen sein muss.

Patentanmeldungen werden in Form von Offenlegungsschriften veröffentlicht und sind für jedermann zugänglich. Hält eine Anmeldung der Prüfung durch Experten stand, wird das Patent erteilt. Zeitmaschinen-Patentschriften, also erteilte Patente, liegen aus obengenannten Gründen weltweit nicht vor. Aber es gibt natürlich interessante Patentanmeldungen. Wir veröffentlichen die Nummern der Offenlegungsschriften, für alle, die selbst in den Datenbanken des Deutschen und Europäischen Patentamtes prüfen möchten, ob die vorgestellten Geräte einen fairen Prozess hatten.

OFFENLEGUNGSSCHRIFT «ZEITSTROM-SIMULATION: VERFAHREN ZUR LICHTSCHNELLEN WIE ÜBERLICHTSCHNELLEN FORTBEWEGUNG» (DE 100 51 179 – A1)

Ein Erfinder aus Wangen schlägt im Jahr 2002 zur Überbrückung der Raumzeit ein synthetisch erzeugtes Raum-Zeit-Gefüge vor. Seiner Meinung nach besteht die Möglichkeit, eine Hülle (Aura) zu erzeugen, die an die physikalischen Gesetzmäßigkeiten der uns bekannten Welt, er nennt sie «Einstein-Universum», nicht mehr gebunden ist. Grundlage für sein Verfahren ist die Annahme, dass sämtliche Materie in einer diesem Universum entsprechenden Frequenz schwingt, die er «materieausmachende Basisfrequenz» nennt. Manipuliert man nun diese Basisfrequenz und erzeugt Schwingungen, die außerhalb des in unserem Universum gültigen Spektrums liegen (müssen), dann entsteht ein künstliches Raum-Zeit-Gefüge, das «Zeitplasma-Simulationsfeld». Wenn dieses wie eine Blase den zu transportierenden Körper (oder ein Fahrzeug) umschließt, wird dadurch seiner Meinung nach «ein dimensionelles Herauslösen aus dem gültigen Zeit-Raum-System ermöglicht». Für die Dauer der Projektion unterliegt das Objekt nicht mehr den «kosmischen Gesetzen der gemeinhin messbaren Zeit und in deren Folge des Raumes», sondern denen seines eigenen «synthetisch erzeugten Kosmos».

Diese «hochfrequente Impuls-Aura» soll durch eine Apparatur erzeugt werden, die der Erfinder «Oszillatorenphalanx» nennt und deren prinzipieller Aufbau mit «einem Multi-Höchstfrequenz-Oszillator, einem Klystron von äußerst präziser wie effizienter Funktionalität, vergleichbar» ist. Der Erfinder beschreibt in seiner Patentschrift ausführlich, wie diese überirdi-

HARDWARE 315

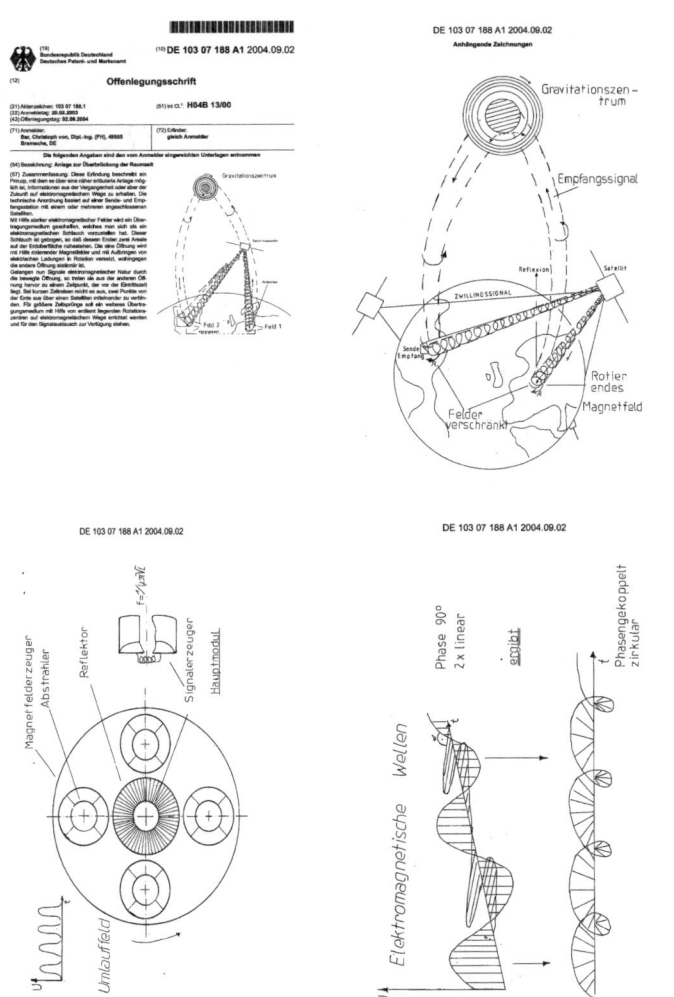

Patentreife Geniestreiche oder Verschwendung von Steuergeldern? Um das herauszufinden, reichen manche Erfinder ihre Zeitmaschinenentwürfe bei Patentämtern ein.

sche Steigerung der Frequenzen mit herkömmlichen Mitteln erreicht werden soll. An den Zielkoordinaten versetzt man die Aura wieder in die Normalfrequenz, und damit «taucht» das Objekt dann wieder im Normalkontinuum auf oder, wie er es nennt, in das «gültige, kosmische System der gegenwärtigen Strukturverhältnisse» ein.

Es muss ein beeindruckender Anblick sein, wenn der Apparat in Betrieb ist. Der Erfinder schildert das Hochfahren der für die Hochfrequenzerzeugung notwendigen «Oszillatoren-Kaskade» folgendermaßen:

«Durch die kontinuierliche Erhöhung der Frequenzen wird das gesamte Spektrum an Frequenzen simuliert, vom tiefen bis zum höchsten noch akustisch wahrnehmbaren Ton, von infraroter Wärmestrahlung über Ultraviolett bis zum nicht mehr sichtbaren Frequenzbereich taucht der zu bewegende Körper ein in die Wellenlänge der radioaktiven Strahlungen und endlich der temporären Raumverzerrung.»

Wichtig ist bei der Zeitstrom-Simulation nicht nur, dass die manipulierte Frequenz stets synchron zur Ursprungsfrequenz des «kosmischen Originals» verläuft, sondern auch unbedingt «von der Oberfläche des Körpers nach außen hinweg wirksam sein» muss. Diese rein äußerliche Wirkung ist die vom Erfinder sogenannte Aura. Eine Abweichung wäre für das Körperinnere fatal: Fehler bei der Synchronisation würden «ein Zeitfrequenz-Echo entweder in die Zukunft oder die Vergangenheit zur Folge haben oder [...] den Körper in einen zu seiner Umgebung relativen Zeitversatz bringen. Er hätte dann ein Parallel-Universum wohl für sich allein, wenigstens aus der Sicht der am Ausgangspunkt Verbliebenen.»

Hier wird – wie in einigen anderen Zeitmaschinen auch, die

wir in diesem Buch beschreiben – das Kausalitätsprinzip dadurch umgangen, indem man eine neue Dimension (Paralleluniversum) postuliert. Es wird aber wohl noch eine Weile dauern, bis es den amtlichen Gutachtern möglich sein wird, diesen Bestandteil seiner Patentanmeldung empirisch zu überprüfen.

OFFENLEGUNGSSCHRIFT «ANLAGE ZUR ÜBERBRÜCKUNG DER RAUMZEIT» (DE 103 07 188 – A1)

Ein Erfinder aus Norddeutschland reichte 2004 eine noch aufwendigere Apparatur ein, die unter bestimmten Umständen mit einem Gravitationszentrum im erdnahen Weltraum korrespondiert. Sie soll es ermöglichen, Informationen aus der Zukunft und der Vergangenheit zu erhalten. Zur Realisation greift der Erfinder unter anderem auf die von theoretischen Physikern ersonnenen Ideen «nackter rotierender Singularitäten mit geschlossenen Zeitschleifen» zurück, die wir an anderer Stelle schon detailliert beschrieben haben. Und sein Vorschlag zur Signalübertragung beruht auf ähnlichen Prinzipien wie die bereits beschriebenen Teleportations- und Tunnelexperimente, die im Kapitel 16 nachzulesen sind.

Für die technische Lösung ist eine Sende- und Empfangsstation notwendig, «mit einem oder mehreren angeschlossenen Satelliten». Den Weg des Signals muss man sich entlang eines gezwirbelten Schlauchs vorstellen, dessen eines Ende stärker rotiert als das andere. Dies geschieht durch ein künstlich erzeugtes Gravitationszentrum, das man durch «in schnelle Rotation versetzte magnetische Felder» an der einen Öffnung erzeugt, während die andere Öffnung «stationär ist».

Signale können «eine enge Bahn mit schraubenförmigem Kurs längs diesem rotierenden Schlauch beschreiben und so einen Weg in die Vergangenheit antreten. Geradlinige Ausbreitung am Rande der weniger gekrümmten Ebene beschreibt dagegen eine Reise in die Zukunft». Es sollen also offensichtlich irgendwelche Wege um Raum-Zeit-Verzerrungen herum genutzt werden: Die einen dienen als Abkürzungen in die Zukunft, und die anderen führen in die Vergangenheit. «Gelangen nun Signale elektromagnetischer Natur durch die bewegte Öffnung, so treten sie aus der anderen Öffnung hervor zu einem Zeitpunkt, der vor der Eintrittszeit liegt.» Diese Anlage ermöglicht also eine waschechte Kausalitätsverletzung und verstößt somit gegen das Naturgesetz, dass einer Wirkung immer eine Ursache vorausgehen muss.

Eine zweite Funktionskomponente der Anlage stützt sich auf die Eigenschaften verschränkter Photonen, Tunneleffekte und das Verhalten von Wellenpaketen. Ihr Weg führt aber nicht direkt vom Sender zum Empfänger, sondern über ein «weiter entferntes magnetisches Rotationszentrum, [...] von denen allein Hunderte in unserer Galaxie vorhanden sind». Das künstlich erzeugte Rotationszentrum soll auf eine nicht genau erklärte Weise mit dem im All in Verbindung treten.

Die zweite Methode zur Signalübertragung mit dem langen Weg über das Gravitationszentrum im All soll zu folgendem Effekt führen: «Beeinflusse ich [...] ein Zwillingssignal, welches ich um die Erde leite zu einem bestimmten Zeitpunkt, bekomme ich Informationen elektromagnetischer Art aus der zurückliegenden Zeit, je nach Dauer des Experiments.»

Irritierend ist die lapidare Feststellung des Erfinders, dass die notwendigen Konstruktionen zur Herstellung eines Gravitationsfeldes anscheinend ganz einfach funktionieren: «Um ein für diese Zwecke taugliches Gebilde im Raum entstehen lassen zu können, werden in schnelle Rotation versetzte magnetische Felder benutzt.» Später schreibt er: «Im Speziellen ist es erforderlich, ein rotierendes starkes Magnetfeld aufzubauen, welches in der Lage ist, schwache gravitatorische Effekte zu erzeugen. Dies lässt sich einfach mit einer rotierenden, mit Elektromagneten bestückten Scheibe realisieren.»

Selbst wenn die Gutachter über die Kausalitätsverletzung hinweggesehen haben sollten, sind sie vermutlich spätestens dann ausgestiegen, als sie folgende Ausführungen zur Nutzung seiner Erfindung gelesen haben: «Weitere Möglichkeiten bietet uns die Biophysik. So ist es kein Geheimnis mehr, dass höhere Lebewesen durch ihre vorhandene Hirnaktivität eine schwache elektromagnetische Abstrahlung verursachen, welche seit längerem messtechnisch erfasst und nach ihrem Informationsgehalt ausgewertet werden kann. Durch die permanente Verbesserung der Messmethoden kann dies auch aus größerer Entfernung erfolgen und Aufschluss geben über die Lebensweise biologischer Systeme, ja sogar Informationen aus der Umgebung derselben liefern. Somit könnte man auf biophysikalischem Wege Bilder aus der Vergangenheit oder Zukunft in die heutige Zeit übertragen.»

Wir fragen uns, warum er nicht erst einmal die ominösen elektromagnetischen Gravitationsfelderzeuger und Messapparate für elektromagnetische Hirnaktivitäten über große Distanz erfindet? Oder hofft er, dass sein eigenes Ich diese maßgeblich notwendigen Komponenten seiner Anlage in der Zukunft liefert? Selbst wenn es ihm (auch ohne Patent) eines Tages gelingt, die Anlage zu bauen, wird sie offenbar nicht in der Lage sein, Signale in die Zeit vor ihrer Entstehung zu übertragen. Denn sonst hätte der Erfinder sich selbst alle Details übermittelt, die für eine genehmigungsfähige Patentanmeldung erforderlich sind.

> **KOMMENTAR VON EXPERIMENTAL-PHYSIKER DR. WOLFGANG SCHMID ZU DEN OFFENLEGUNGSSCHRIFTEN**
>
> Seine Analyse gibt wenig Grund zur Hoffnung auf eine Anerkennung dieser Patente, hier Auszüge seiner Beurteilung:
>
> «Der Autor des Patents DE 103 07 188 ‹Anlage zur Überbrückung der Raumzeit› schreibt zum Beispiel: ‹Dadurch wird eine Kommunikation mit einer anderen Zeitebene als realistisch angesehen.› Das setzt schon mal voraus, dass unser Raum-Zeit-Gefüge eine Überlagerung von Welten mit unterschiedlichem zeitlichem Fortschritt darstellt. Es gibt aber bisher keine Anzeichen dafür, dass unsere Welt so aufgebaut ist.
>
> Dann beschreibt er ‹ein rotierendes starkes Magnetfeld, durch eine rotierende mit Elektromagneten bestückte Scheibe...›. Das ist das besondere Kennzeichen der Erfindung. Die folgenden abhängigen Patentansprüche beschreiben nicht Merkmale des Apparates, sondern die hypothetische Struktur der Raumzeit. Außer der Abstrahlung elektromagnetischer Wellen gewöhnlicher Art durch die rotierenden Elektromagneten auf der Scheibe wird der Apparat dieser Erfindung nichts Weiteres bewirken.
>
> Im Patent DE 100 51 179 werden ebenfalls Annahmen über die Struktur der Raumzeit gemacht, nämlich dass man sich mit technischen Mitteln aus dem Raum-Zeit-Gefüge abkoppeln könne und an weit entfernter Stelle bzw. der Zukunft wieder eingliedern kann. Wieder soll es mit elek-

tromagnetischer Strahlung, diesmal einem höchstfrequenten Wellenfeld, machbar sein. Eine Anordnung aus Mikrowellengeneratoren (Klystrons) umgibt den Zeitreisenden mit einem hochfrequenten Wellenfeld, das diese Abkopplung von der Raumzeit ermöglichen soll. Dass Mikrowellen den Zeitablauf beeinflussen oder ‹abschirmen›, ist in der Physik aber bisher nicht bekannt.

Der Patentprüfer wird diese Patente voraussichtlich ablehnen, mit der Begründung, dass sie nicht mit den heute bekannten Gesetzen der Physik vereinbar sind bzw. sich auf Effekte berufen, die mit den beschriebenen Vorrichtungen nicht hervorzubringen sind.

Schade. Ich hatte gehofft, die Erfinder sind erfinderischer.»

DIE WICHTIGE FRAGE DES DESIGNS

Ein kleines Gedankenexperiment: Wie sähe sie aus, die perfekte Zeitmaschine – unter rein ästhetischen Gesichtspunkten betrachtet; filigran und doch mächtig, wie das aus rotierenden Scheiben und Spiegeln bestehende Modell, das in George Pals filmischer Adaption des Wells-Romans aus dem Jahr 1960 durch die Jahrtausende rast, oder eher wie der durch Selfmade-Hightech aufgemotzte DeLorean* aus *Zurück in die Zukunft*?

---

* Die wenigen tatsächlichen Besitzer jenes Automobils müssen sich dank des Umbaus von Doc Brown immer noch dumme Fragen wegen des zumeist fehlenden Flux-Kompensators anhören.

Aufgrund unserer Recherchen über das Wesen der Zeitreise sind wir zu dem Ergebnis gekommen, ein funktionierendes Gerät wäre am ehesten eine Kombination aus organischer Struktur und abstraktem Hightech – vielleicht in der Kombination wie bei jenen bedrohlichen Schöpfungen, die der Schweizer Künstler H. R. Giger[*] ersinnt. Denn um nicht zum hilflosen Opfer der gähnenden Leere jenseits der Dimensionen zu werden, sollte eine Zeitmaschine auf jeden Fall einen vitalen Kern haben, etwas Organisches, das die menschliche Komponente der Zeit verkörpert. Schließlich ist Zeit, vor allem ihre begrenzenden Komponenten, auch und vielleicht in erster Linie ein Phänomen, das den Menschen betrifft.

EINE ZEITMASCHINE IM TEMPEL

Von der Ästhetik her gefällt uns jene Zeitmaschine nicht schlecht, die sich auf dem Gelände einer «Damanhur» genannten esoterischen Gemeinschaft in Norditalien befindet: in den Voralpen des Piemont, etwa 50 Kilometer nördlich von Turin. Die von ihrem Gründer Oberto Airaudi als «Stadt des Lichts» bezeichnete, mit mehreren hundert Mitgliedern vermutlich größte esoterische Kommune der Welt verfügt über einen unterirdischen Tempelkomplex, der im Geheimen gebaut wurde und mehr als 3500 Quadratmeter groß sein soll. In der esoterikkritischen Zeitschrift *Berliner Dialog* beschreibt Colin Goldner ferngesteuerte Geheimtüren, «verwinkelte Treppen und Abstiege», Säulen, Galerien und große Säle. Über den so-

---

[*] Von ihm stammt beispielsweise das Design des Aliens aus dem gleichnamigen Kinofilm von James Cameron aus dem Jahr 1986.

genannten Raum der Sphären schreibt er, es sei «ein ganz in Blattgold ausgeschlagenes Gewölbe mit acht Kristallkugeln in altarartigen Nischen. Diese Kugeln ... seien mit alchemistischer Flüssigkeit gefüllt ...»[191] Die millionenschweren Investitionen, die nötig waren, so ein unterirdisches Labyrinth zu bauen, stammen angeblich aus der Turiner Okkultismus-Szene. Nahe dem Raum der Sphären befindet sich auch ein Forschungslabor für Reinkarnations-Experimente und die legendäre Zeitmaschine oder «Zeitkabine», wie sie die Gemeinschaft nennt.

Die Zeitmaschine von Damanhur.

Der Frankfurter Pädagoge und Autor David Luczyn hatte Gelegenheit, Damanhur mehrere Male zu besuchen,* und zeigt sich in einem Artikel darüber sehr beeindruckt: «Die Zeitkabine selbst ... hat mich überzeugt, um nicht zu sagen, überwältigt.»[192] Wichtiger Bestandteil der Zeitmaschine seien sogenannte selfische Strukturen, spiralförmige metallische Gebilde, die gemeinsam mit von Flüssigkeiten erfüllten Kugeln die Zeit «biegen» sollen. Weitere Bestandteile der Vorrichtung seien «Kristalle, elektromagnetische Felder, Laser, Oszillatoren». Das genaue Funktionsprinzip bleibt aber in Luczyns Schilderungen im Dunkeln.

Die Theorie hinter der Zeitmaschine beruft sich einerseits auf die Teilung der Zeit in 66 Jahre große Zeitpakete, die durch

---

* Die Damanhurianer veranstalten laut Luczyn bereitwillig mehrsprachige Besucherführungen gegen Eintrittsgebühr und nach vorheriger Anmeldung.

«Momente göttlicher Aufmerksamkeit» definiert seien, und andererseits auf die Annahme, dass Zeit ein «zirkulierendes Meer von ewiger Gegenwart» sei. In diesem Meer könne man reisen, ohne dabei Masse zu besitzen, und zwar über ein irgendwie außerzeitliches Feld.

Wichtig scheint in diesem Zusammenhang auch zu sein, dass Damanhur sich an einem sogenannten Kraftort befindet, wo sich verschiedene, aus Sicht der Geomantie energiereiche Linien kreuzen. Unterirdisch seien dadurch «Zeitminen» definiert, die für eine Zeitreise geeignet sein sollen. Bedeutsam finden wir, dass die Damanhur-Zeitmaschine angeblich nicht nur das Bewusstsein oder, wie Luczyn schreibt, den «feinstofflichen Körper» transportiert, sondern auch den physischen Körper mit Haut und Haaren, aber unbedingt nackt, in die Vergangenheit reisen lässt. Es ist also nicht möglich, etwas anderes «als sich selbst» mitzunehmen: keine Videokamera, kein Tonbandgerät, nicht einmal einen Bleistift. Der Nudistenfaktor – und das angebliche Desinteresse der Gemeinschaft, die Welt von der Wahrheit und Wahrhaftigkeit ihrer Lebensweise und Technologien zu überzeugen – sei der Grund für das Fehlen jeglicher Beweise für die Fähigkeiten dieser Zeitmaschine.

Die Technik ist zwar völlig schleierhaft, aber die Hardware existiert immerhin. Dass es davon sogar Fotos gibt, ist erstaunlich, denn von den wenigsten gerüchteweise existierenden Zeitmaschinen gelingt es ja, authentische Abbildungen zu beschaffen.

Bei der konkreten Zeitreisemethode in Norditalien handelt es sich aber wohl um eine Kombination aus Hardware und spirituellen Techniken. Angeblich sei jahrelange Vorbereitung für die entsprechenden Exkursionen nötig. Von 1000 Reisen mit mehr als hundert Menschen berichtet David Luczyn – dabei seien die Damanhurianer sogar mehr als 60 000 Jahre in die Vergangenheit gelangt. Wobei es als wesentlich einfacher geschildert wird, so weit in die Vergangenheit zu reisen, als beispielsweise nur drei oder 80 Jahre zurück.

Ob Patente ohne Prototyp, Zeitmaschinen, die gut aussehen, aber die Naturgesetze ignorieren, oder Black-Box-Modelle mit Kribbelfaktor – konkrete Geräte der Gattung Zeitmaschine sind die Krönung der Forschung auf dem Gebiet des Zeitreisens. Und es scheint bislang viel zu wenige davon zu geben. Oder die Erfinder der Zeitmaschinen haben durch konkrete Ausflüge in andere Realitäten und Zeiten erfahren müssen, dass unsere nicht die lebenswerteste der erreichbaren Zeiten ist. Das wäre übrigens auch eine Begründung für die seltenen offiziellen Besuche anderer Zeitreisender in unserem Jetzt.

15. «PHYSIK MUSS SICH AN DER WIRKLICHKEIT ORIENTIEREN» – DIE SKEPTISCHE PERSPEKTIVE

INTERVIEW MIT DEM EXPERIMENTAL-PHYSIKER DR. WOLFGANG SCHMID VOM MAX-PLANCK-INSTITUT FÜR EXTRATERRESTRISCHE PHYSIK IN GARCHING BEI MÜNCHEN

Die Verfechter einer neuen Äthertheorie, die auch die Vorstellung von der Zeit im neuen Licht erscheinen lässt, sind nicht gerade wenige. Ist die Relativitätstheorie bereits zum Abschuss freigegeben?
Nach meiner Auffassung hält sich die Relativitätstheorie noch ganz gut. Da glaube ich eher, dass sich im Bereich der Teilchenphysik etwas in Richtung große Vereinfachung tut. Quarks und Gluonen sind dann vielleicht noch nicht gleich Humbug, aber so etwas wie das ptolemäische Weltbild des Mikrokosmos.

Die Idee von einer stehenden Gravitationswelle im Universum und die Global Scaling Theorie berufen sich ja auf die Urquellen: James Clark Maxwell zum Beispiel. Und später auf den eher technisch orientierten Nikola Tesla, den wir als Erfinder des Wechselstroms kennen. Wie konnte eigentlich ein ganzer Zweig der Physik in den Untergrund verbannt werden? Tesla hat ja angeblich sogar bereits daran gearbeitet, Energie aus dem offiziell nicht existierenden Äther zu gewinnen.

In Berlin in der Nähe des Funkturms, auf dem sich einige starke Sendeanlagen befinden, haben Schrebergärtner in einer Kleingartensiedlung mit einer Dipolantenne eine Glühbirne zum Leuchten bringen können. Das ist Energiegewinnung aus dem Äther, und das ist mit der Physik vereinbar. Es wäre auch interessant zu erfahren, ob dort signifikant viele Kleingartenparzellen durch frühe Todesfälle wieder zur Pacht angeboten werden.

Die Sache mit der stehenden Gravitationswelle und den daraus abgeleiteten besonderen Massen- und Größenverhältnissen, die in der Natur etwa durch lebende Systeme besetzt sein sollen, finde ich dagegen sehr gewagt.

Wolfgang Schmid – «kleine Schwarze Löcher knallen ganz ordentlich».

Die Grenzlinie zwischen anerkannter Physik und noch nicht etablierter verläuft fließend. Der Casimir-Effekt, nach dem Vakuumfluktuationen durch virtuelle Teilchen hervorgerufen werden, wobei für sehr kurze Zeit Antimaterie entsteht, klingt für den Laien irre, ist aber beispielsweise Minimalstandard ...

Die neuere Quantenelektrodynamik lehrt, dass das Vakuum nicht so leer ist, wie man Ende des 19. Jahrhunderts glaubte. Der «Horror vacui» der alten Philosophen manifestierte sich noch darin, dass viele Physiker ungern von der anschaulichen und handfesten Äthertheorie abrücken wollten. Die Heisenberg-Relation deckt aber energetisch permanent stattfindende ganz reale als «virtuelle» Teilchenerzeugungsprozesse auf kurzer Zeitskala und auf mikroskopischen Längenskalen ab.

Die Quantenmechanik erlaubt sozusagen Überziehungskredit auf den Energieerhaltungssatz, mit einem Limit, das durch die Größe des sehr kleinen Planck'schen Wirkungsquantums begrenzt ist.

... eine sechsdimensionale Feldtheorie wie die von Burkhard Heim dürfte dagegen noch nicht als anerkannt gelten.
Heims Tensor-Mathematik ist furchteinflößend schwer. Ich frage mich bei hochdimensionalen Theorien immer, brauche ich die vielen Parameter und Dimensionen wirklich. Das Kochrezept für eine hochdimensionale Theorie ist ja grundsätzlich sehr einfach:
1. Man schreibe alle bekannten Feldgleichungen mit dem «=» in der Mitte eines Blattes übereinander.
2. Man definiere sich eine Matrix bzw. einen Tensor, in dem alle Größen jeweils links und rechts des «=» zusammengefasst werden.
3. Man wähle ein Koordinatensystem oder eine Beschreibungsbasis, in der das Ganze noch beeindruckender aussieht.
4. Für den physikalischen Gehalt der Theorie hat man dann einiges an Gestaltungsfreiheit, ohne jemals Voraussagen machen zu müssen oder zu können. Vielparametrige Theorien passen sich immer gerne an alle möglichen «Realitäten» an.

Der Russe Vadim Chernobrov behauptet, eine Zeitdilatation von etwa 40 Sekunden pro Stunde mit seiner Maschine zu erreichen. Das ist ja fast zu unspektakulär, um bloß ausgedacht zu sein. Voraussetzung dafür ist, dass sich Zeit tatsächlich durch elektromagnetische Strahlung beeinflussen ließe.

Wenn die Energiedichte eines elektromagnetischen Feldes genügend hoch ist, repräsentiert es nach E = mc² auch Masse. Möglicherweise lässt sich diese selbst nach «Schul»-Physik mögliche Beeinflussung der Zeit in der Nähe extrem hoher Magnetfelder zum Beispiel rotierender Neutronensterne sogar messen.

In kleinerem Rahmen ist das ohne ätherartige Konstruktion nicht möglich?
Wenn man ad hoc einen Äther postuliert, um ihn mit einem zeitbeeinflussenden «Flux» nach Kozyrev auszustatten, ist das wohl auch so. Aber erklärt diese Theorie dann noch irgendwas anderes, außer den behaupteten Zeitbeeinflussungseffekt?

Die Idee, dass Gravitation eine Wirkung des «Zeitflusses» ist, impliziert, dass man sowohl Gravitation als auch Zeit beeinflussen kann. Zu verrückt, um wahr zu sein?
Mal angenommen, man findet einen Stoff oder Körper, der durch Gravitation andersartige als herkömmliche Massen abstößt. Dann müsste tatsächlich so manches an der Gravitationstheorie umgeschrieben werden. Abschirmung oder besser gesagt gegenseitige Kompensation von Gravitationsfeldern wäre dann nach den üblichen Feldtheorien möglich. In Gravitationsfeldern gibt es aber bisher keine Evidenz für «negative» gravitative «Ladungen», also Massen. Es gibt sogar ein Experiment mit gestoppten Antiprotonen, das beweist, dass auch deren Masse positiv ist: Auch die Antiprotonen fallen im Schwerefeld nicht nach «oben».

Manche Physiker konstatieren eine Schnittstelle zwischen Quanteneffekten und Bewusstsein. Selbstorganisierende Bio-

gravitationsfelder tauchen dabei ebenso auf wie die Verknüpfung von Raumzeit und Bewusstsein. Rein esoterische Ersatzreligion oder eine Erforschung wert?
Die Vorstellung, dass etwa menschliches Denken nicht ohne zugeordnete physikalische Wirkungen abläuft, die das Denken konstituieren, ist auch in der Argumentation des Sprachphilosophen und Künstliche-Intelligenz-Forschers John Searle ein zentrales Element. Getreu dem Motto: Es gibt eine Bewusstseins-Kraft. Es gibt eine Denk-Kraft. Und so fort. Ersetzen Sie zum Spaß mal Kraft durch Energie, Feld, Schwingung oder Welle. Es ist schon erstaunlich, wie sehr die ganzen Paratheorien auf das Vokabular der Physik angewiesen sind.

Die von Menschen, die immerhin einen Physiklehrstuhl ihr Eigen nennen können, verbreiteten Zeitreisetheorien sind meistens mit Schwarzen Löchern, extremen Geschwindigkeiten, bislang rein hypothetischen Wurmlöchern und anderen gigantomanischen oder kosmologischen Phänomenen verknüpft. Verblüffend unsexy, oder nicht?
Leider ist die Physik keine Geisteswissenschaft, sondern muss sich an der beobachtbaren Wirklichkeit orientieren.

Schwarze Löcher im Mini-Format inspirieren den klassisch orientierten Zeitmaschinen-Fan natürlich sehr. Einfach aufblasen, irgendwie stabilisieren – ob mit oder ohne exotische Materie – und dann mit Schwung hindurch. Selbst diese von Paul Davies vorgeschlagene Konstruktion scheiterte bislang an nicht verfügbaren Schwarzen Löchern. Nun sollen die aber an Ihrem ehemaligen Arbeitsplatz am CERN in Genf in Serie hergestellt werden. Erscheint es Ihnen denn grundsätzlich denkbar, dass eine von diesen für den Laien oft unverständli-

chen Beschleunigeranlagen eines Tages der Ursprung von Entdeckungen wie Zeitmanipulationen oder Antigravitation sein kann?

Hawkings berühmte Arbeit aus den siebziger Jahren, die eine Verbindung von Gravitation und Quantentheorie darstellt, besagt, dass ein Schwarzes Loch nicht wirklich schwarz ist.

Ein Photon ohne Ruhemasse mit Impuls p < a/s (Heisenberg) kann nämlich aus einem Schwarzen Loch der Größe s ($s = s \cdot M / c^2$) ausbrechen.

Für die Energie gilt dann: $W = kT = a \cdot c^3 / (s \cdot M)$.

Nach Stefan und Boltzmann gilt für die Gesamtstrahlungsleistung: $P = s^2 \cdot (kT)^4 / (at \cdot c^2)$.

Ein genügend kleines Schwarzes Loch zerstrahlt also irgendwann: $d/dt\, M(t) = -a \cdot c^4 / (sM)^2$

$M(t) = M\_anfang \cdot (1 - t/T) \cdot \cdot 1/3$, mit $T = s^2 \cdot M\_anfang^3 / (a \cdot c^4)$.

M_anfang ist dabei die Masse des Schwarzen Loches am Anfang, t die Zeit, T eine definierte Zeitkonstante, G die allgemeine Gravitationskonstante $6.67 \cdot 10^{-11}$ m³/(kg s²), c die Lichtgeschwindigkeit, h Plancks Wirkungsquantum, k die Boltzmannkonstante.

Für t = T ist ziemlich abrupt Schluss, mit am Ende ruinösem Energieumsatz. Für M_anfang = 10^{16} g dauert das ganze 10^{10} Jahre. Das bedeutet, ein Schwarzes Loch mit der anfänglichen Masse 10^{16} g braucht etwa das Alter des Universums, um in der Gegenwart zu zerstrahlen.

In der letzten Millisekunde werden 10^{11} g in Energie umgesetzt, also etwa die Äquivalenz von 10^8 Megatonnen TNT.

Vereinfacht gesagt: Kleine Schwarze Löcher knallen ganz ordentlich am Ende ihrer Lebensdauer. Sie brauchen jetzt nicht zu befürchten, dass man am CERN auch nur einen Bruchteil von 10^{11}g Materie zum Schwarzen Loch komprimiert, wobei man ja noch nicht mal sicher weiß, ob das überhaupt funktionieren wird.

Was halten Sie denn grundsätzlich von der New Scientist Bewegung, die auch eine «neue Physik» beinhaltet, wie sie etwa in den USA die Zeitschrift New Scientist thematisiert? Ein Totschlagargument der Skeptiker lautet in diesem Zusammenhang häufig: Warum veröffentlichen die Genies ihre bahnbrechenden Entdeckungen nicht in Nature oder Science und kassieren diverse Nobelpreise? Das Gegenargument bringt der Londoner Physik-Professor Magueijo: «Der Peer-Review-Prozess filtert neue Ideen heraus!», schimpft er. Die Gutachter würden die Artikel überhaupt nicht lesen. «Ihr Urteil ist eine soziologische Reaktion auf Titel, Zusammenfassung, Namen und Herkunft der Autoren.» Steht es so schlimm um die Objektivität in der scientific community?

Bei meinen eigenen Veröffentlichungen in *Physical Review* oder *Nuclear Physics* habe ich die Erfahrung gemacht, die Referees lesen eingereichte Arbeiten recht genau. Es gibt aber tatsächlich Journale der «Para»-Wissenschaft, und als so eines ist der *New Scientist* zum Beispiel verschrien.

Generell gilt, dass man nicht ohne weiteres Resultate veröffentlichen kann, die mit nicht nachvollziehbaren Methoden oder nicht reproduzierbaren Experimenten gewonnen wurden. Für das Postulat, beispielsweise den Energieerhaltungssatz aufgeben zu wollen, muss ich mit einer neuen Energietheorie schon einiges an nachprüfbaren Folgerungen bieten, beziehungsweise einige der ungelösten Rätsel der Physik mit meiner neuen Theorie erklären können.

Aber das hat ja immer schon erfolgreich stattgefunden. Die

Eigenschaften der Neutronensterne hat Lew Landau beispielsweise schon berechnet, bevor sie überhaupt beobachtet wurden. Leverrier hat den Neptun mit dem Rechenstift gefunden. Aber auf der anderen Seite haben viele Astronomen mit ihren Beobachtungen, mit der sogenannten Bahnstörungsrechnung und Newtons Gravitationstheorie einen geheimnisvollen Planeten Vulkan postuliert, der sich innerhalb der Merkurbahn nahe der Sonne befinden sollte und den es, wie wir heute wissen, doch nicht gibt.

Problematisch scheint doch zu sein, dass beim Review-Prozess die Methoden kontrolliert werden, der aktuelle Wissensstand der Forschung berücksichtigt sein muss und die meisten Naturgesetze eingehalten werden sollen. Wer sehr Innovatives entdeckt, verstößt vielleicht nach aktuellem Kenntnisstand gegen die Kriterien, kann aber dennoch recht haben. Um das zu prüfen, müsste man beispielsweise Experimente exakt nachbauen; das passiert doch äußerst selten, oder?

Es kommt eben *nicht* darauf an, dass man die Experimente «exakt nachbaut». Aber auch ein in einer Fachzeitschrift beschriebenes Experiment sollte – wie es auch die meisten Patentrechte dieser Welt verlangen – «dem Durchschnittsfachmann Lehre zum technischen Handeln erteilen».

Ich denke da etwa an die Entdeckung der Hochtemperatursupraleitung (HTSC) etwa um 1987 herum, die einen regelrechten Hype auf die Suche nach Materialien mit Supraleitung bei Flüssigstickstofftemperatur oder besser noch bei Raumtemperatur auslöste. Die grundlegende Beschreibung der Struktur eines Hochtemperatursupraleiters machte es möglich, beinahe im Wochenabstand Supraleiter mit höherer Sprungtemperatur zu entdecken, und zwar durch Dutzende verschiedener Gruppen auf der Welt. Das ist gerade nicht dadurch passiert, dass die anderen zur simplen Verifikation «exakt» das nachgemacht haben, was die ersten HTSC-Entdecker gemacht haben.

Und wenn man nicht bedeutend genug ist, wird man bei zu großer Abweichung vom Mainstream mit dem Argument «nicht plausibel» abgebügelt. Ist das so? Kann da nicht sehr viel an interessanten Erkenntnissen verlorengehen? Beispiel: kalte Fusion. Es hat zwar nicht direkt mit Zeitmaschinen zu tun, aber die Experimente von Stanley Pons und Martin Fleischman wurden 1989 in der Luft zerrissen. Neue Gutachten 2005 haben allerdings das US-Energieministerium bewogen, die Forschung wieder zu unterstützen. Ist das physikalische Establishment vielleicht oft zu voreilig beim Ablehnen allzu revolutionärer Ergebnisse?

Die kalte Fusion gibt es wirklich als Myonen-katalysierte Fusion – allerdings nicht so, wie sich das Pons und Fleischman wünschen: Ein Myon mit der 207fachen Elektronenmasse bildet myonische Moleküle mit einem um 207-mal kleineren Bindungsabstand, das Proton in einem solchen myonischen Molekül «tunnelt» – das bedeutet die quantenmechanische Durchdringung eines Potenzialwalls bei Raumtemperatur – in den benachbarten Atomkern. Für energetisch positive Bilanz muss allerdings ein und dasselbe Myon etliche hundert Male eine Fusion katalysieren können innerhalb seiner $2{,}2 \cdot 10^{-6}$ Sekunden Lebensdauer.

Sie haben selbst lange in der Teilchenphysik gearbeitet. Anhänger einer Wirbeltheorie der Materie oder auch diejenigen, die bereits eine allgemeine Feldtheorie gefunden zu haben glauben, werfen der Teilchenphysik vor, viel Geld für eine rela-

tiv sinnlose Forschung auszugeben. Und natürlich würden sich alternative Ideen, die im Widerspruch zur gängigen Auffassung stehen, nicht durchsetzen, weil sonst die ganzen CERN- und Daisy-Mitarbeiter und Koryphäen auf diesem Gebiet bedeutungs- oder gar arbeitslos würden. Was denken Sie über solche Behauptungen?
Das riecht mir jetzt sehr nach Verschwörungstheorie vom «wissenschaftlich-militärisch-industriellen Komplex». Alternative Ideen haben sich immer durchgesetzt: Wer kennt heute noch das Maupertuis-Prinzip, Gottes Wirken in den Variationsprinzipien? Gleichwohl ist die Variationsrechnung immer noch ein anerkanntes Werkzeug der Mathematik. Und was blieb von der Impetus-Theorie? Von der Phlogistontheorie? Dem Mesmerismus? Es ist aber durchaus eine berechtigte Frage, ob der Output der kostspieligen Unternehmungen sein Geld wert ist. Ich persönlich freue mich über Cassini-Huygens Bilder vom Titan und die Bilder der NASA-Marsmission und empfinde das als eine moderne Kulturleistung der Menschheit. Das kann ich von dem segelförmigen 7-Sterne-Hotel in einem der Golfstaaten nun nicht behaupten. Auch wenn ich mit dem nötigen Kleingeld dort sicher mal Urlaub machen würde.

Ist denn der Open-Source-Gedanke der Antigravitationsszene, die Patente ablehnen und alle zum Nachbau auffordern, eine potente Alternative zur bereits von Meinungsführern dominierten scientific community?
Ich glaube, da zäumt man das Pferd von hinten auf: Eine geistlose community bringt niemals allein schon durch open mindness eine «potente Alternative» hervor. Sehr frei nach John R. Searle: «Die bloße Manipulation von Symbolen, wie komplex auch immer, manifestiert keine Intelligenz.»

Linus Torvalds, dessen Linux-Betriebssystem mit dem Open-Source-Gedanken in Verbindung gebracht wird, war und ist ein genialer Betriebssystementwickler. Er hat aber keineswegs durch Bekenntnis zu «open source» den Linux-Code etwa durch Moderieren eines virtuellen «Brainstorming» aus dem Internet zusammengeschrieben. Der Wert von «open source» ist ein anderer. Nämlich Kulturbesitz der Menschheit, also Wissen, vor dem Zugriff und der exklusiven Ausbeutung durch private Unternehmungen zu bewahren.

Wird die Physik jemals eine Zeitmaschine hervorbringen? Oder ist das für alle Zeit Fantasterei?
Man soll ja nie nie sagen. Die Reise in die Vergangenheit halte ich aber schon für unmöglich, da in keiner dieser Theorien die Grundgesetze der Thermodynamik berücksichtigt werden. Die Entropie, also die Unordnung, nimmt in einem geschlossenen System im Laufe der Zeit einfach unumkehrbar zu. Vereinfacht gesagt, entwickelt sich die Welt zum wahrscheinlichsten Endzustand hin. Das bedeutet, die Zeit ist nun mal eine Einbahnstraße. Bei der Reise in die Zukunft sieht das schon ganz anders aus, man denke nur an die Zeitdilatation bei Flügen nahe der Lichtgeschwindigkeit.

Aber ist es denn erstrebenswert, die Zeit zu verpassen, die die «Zurückgebliebenen» verlebt haben, während ich auf einer zeitgedehnten Weltraumfahrt bin?

16. FINDEN ZEITREISEN BEREITS STATT?
DIE KONKRETE PHYSIK DER ZEITMASCHINE

«Nichts kann im Widerspruch zur Natur existieren, sondern nur im Widerspruch zu dem, was wir darüber wissen.»

Special Agent Dana Scully, aus *Akte X*

Wenn auf dem Raumschiff Enterprise der sagenhaft praktische «Transporter» zum Einsatz kommt, wird «gebeamt»: Egal, ob Mensch, Maus oder Maschine, alles kann von einem Ort zum nächsten teleportiert werden, ohne die Strecke tatsächlich physisch durchlaufen zu müssen. Sämtliche Informationen, die das Objekt ausmachen, inklusive Erinnerungen und Charakterzüge werden eingescannt und mit dem Transporterstrahl vom Schiff aus zu einem Ort der Wahl geschickt, um dort wieder im selben Verhältnis wie zuvor aufgebaut zu werden. Der Tatsache, dass es unmöglich ist, gleichzeitig Ort und Geschwindigkeit eines Teilchens zu messen oder zu scannen, wie es die Heisenberg'sche Unschärferelation besagt, tragen die Star-Trek-Techniker mit einem «Heisenberg-Kompensator» Rechnung. Der wurde erfunden, um diese Unmöglichkeit eben irgendwie zu «kompensieren».

In der Fernsehserie vergehen einige Sekunden zwischen dem Verlassen des Transporterraumes auf dem Schiff und dem Wiederauftauchen auf der Planetenoberfläche. In Wirklichkeit vergeht aber beim idealen Beamen keine Zeit. Das ist ja gerade der Witz. Dieser Vorgang geschieht in der Realität tatsächlich *im selben Moment*, ist damit schneller als die Lichtgeschwindigkeit und deshalb ein ganz entscheidender Aspekt auf der Suche nach einer tauglichen Zeitmaschine.

Beamen ist heute bereits praktisch möglich und im Prinzip ganz einfach. Bedauerlich nur, dass das Original bei diesem Vorgang ausgelöscht wird, aber dazu später.

DIE ZEITLOSIGKEIT DES BEAMENS

Mehreren Wissenschaftlerteams ist es in letzter Zeit gelungen, Informationen gewissermaßen zu beamen. Genau gesagt, wurden Quantenzustände von Lichtteilchen (Photonen) über verschiedene Distanzen geschickt. Das ist leider nicht genau das, was wir beim Enterprise-Beamen so lieben, aber immerhin ein Anfang.

Dem Team von Anton Zeilinger von der Universität in Wien gelang es 2004, die Polarisation, also die Bewegungseigenschaften von Lichtteilchen, auf die andere Seite der Donau zu teleportieren. Noch einmal: Nicht das Teilchen selbst wird bewegt, sondern «nur» die Information darüber, wie sein elektrisches Feld schwingt, also sinngemäß, ob es waagerecht wackelt oder senkrecht hüpft. (Tatsache ist sogar, dass das arme Teilchen selbst bei solchen Versuchen in einer Falle festgehalten werden muss, damit es sich nicht verflüchtigt.) Zu allem Überfluss kann man

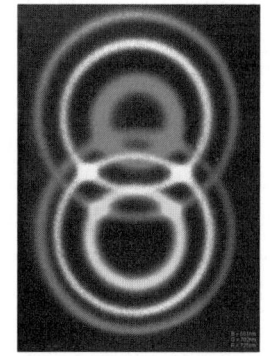

Verschränkte Photonen – spukhafte Fernwirkung ohne Würfel.

auch nicht sagen, dass sich die Information bei einer solchen Teleportation irgendwie «bewegt», sondern sie *ist* plötzlich einfach woanders. Und zwar ohne Zeitverzögerung, also instantan. Für dieses Experiment hat sich Zeilinger einige winzigste Lichtquanten genommen und sie paarweise miteinander «verschränkt».

Verschränkte Teilchen sind auf so merkwürdige Weise verbunden, dass das verschickte Teilchen B sich in genau demselben Moment verändert, in dem man das dagebliebene Teilchen A manipuliert, zum Beispiel durch eine Messung. Gerne verwenden Wissenschaftler zur Veranschaulichung dieses Phänomens das Beispiel des wundersamen Würfelpaares, beide Würfel landen bei jedem Wurf immer mit der gleichen Augenzahl, egal, wer wann wie wirft: immer Pasch.

An beiden Ufern der Donau schwirrten nun 2004 die Zwillingsphotonen mit ihrer jeweiligen Polarisation, und schlagartig, nachdem die Wissenschaftler das eine Teil gemessen und dadurch manipuliert hatten, bewegte sich das andere Teilchen plötzlich anders. Es «wusste» sozusagen, was mit seinem Partner passiert war. Woher hatte es die Information? Um es vorwegzunehmen: Niemand weiß es.

EIN BEUNRUHIGENDES GEHEIMNIS

Das Verhalten von verschränkten Teilchen ist ein so bizarrer Vorgang, dass er Albert Einstein zutiefst irritierte. Er nannte das Phänomen «spukhafte Fernwirkung», und zusammen mit seinen Kollegen Boris Podolsky und Nathan Rosen versuchte er, in einem Gedankenexperiment diese inakzeptable Unwillkürlichkeit und damit gleich die ganze Quantenmechanik zu widerlegen: Man könnte rein theoretisch so lange warten, bis sich die beiden Photonen an entgegengesetzten Enden des Universums befänden, also den denkbar größten Abstand voneinander hätten. Misst man dann das eine Photon, wird dieses schlagartig mit einer neuen Polarisationsrichtung reagieren. Damit steht auch die Polarisationsrichtung des Partners automatisch fest (senkrecht dazu). Das erste Photon müsste also seinem Zwilling mit Überlichtgeschwindigkeit (nämlich im selben Moment) mitteilen, für welche Richtung es «sich entschieden» hat. Da aber die Überschreitung der Lichtgeschwindigkeit laut Relativitätstheorie nun einmal unmöglich ist, schlossen Einstein, Podolsky und Rosen, dass das nicht geht. Der Zustand jedes Photons müsse schon vor der Messung festgelegt sein, also schon bevor die beiden Teilchen losgeschickt werden, dies ist das sogenannte EPR-Argument, also Einstein-Podolsky-Rosen-Argument.

Aber spätere Untersuchungen belegten: Tatsächlich nehmen die Photonen ihre Zustandsänderung nicht bereits bei ihrer Erzeugung mit auf den Weg, sondern es entscheiden sich beide Teilchen beharrlich immer erst in dem Moment, in dem sie zu einer Entscheidung gezwungen werden, ohne Ausnahme und immer zeitgleich. Jeff Kimble vom California Institute of Technology in Pasadena drückte das Phänomen einmal so aus: «Verschränkung ist, wenn man das eine Teilchen kitzelt, und das andere lacht.»

Es wäre sicher bitter für Einstein, wenn er wüsste, dass ausgerechnet das EPR-Argument inzwischen flächendeckend als Paradebeispiel *für* die Quantenmechanik herangezogen wird. Wenigstens musste er den praktischen Beweis für die unerhörten Eigenschaften der Quanten nicht mehr miterleben. Erst 1982 gelang es nämlich dem französischen Physiker Alain Aspect in Paris, die «spukhafte Fernwirkung» im Laborversuch nachzuweisen. Dabei konnte er auch beweisen, dass der Zustand der Photonen tatsächlich nicht vor der Messung durch «verborgene Variablen» festgelegt ist. Forschern um Nicolas Gisin von der Universität Genf gelang es sogar 2001, diese «heimliche Absprache» zwischen Photonen über eine Entfernung von zehn Kilometern nachzuweisen. Das Zwillingspaar wurde so aufgeteilt, dass ein Photon die Strecke zwischen Genf und Bellevue durchlief, während das andere Photon sich auf den Weg nach Bernex machte. Kurz vor dem Ende der Rennstrecke durchlief jedes Photon eine Y-förmige Apparatur, in der es die Wahl zwischen beiden Ausgängen hatte. Wählte beispielsweise eines den rechten Ausgang, so tat der Zwilling das Gleiche. 2004 gelang der Gruppe von Dave Wineland vom National Institute of Standards and Technology (NIST) in Boulder sogar ein Test mit einzelnen, tiefgekühlten Kalzium- und Beryllium-Atomen – wesentlich eindrucksvoller als bloß mit Lichtteilchen. Durch einen quantenphysikalischen Trick konnten sie die Parameter eines Atoms auf ein anderes kopieren, sodass eine exakte Kopie seines Quantenzustands entstand. Diese Kopie ist vom Original nicht mehr zu unterscheiden, dessen Quantenzustand allerdings in der Prozedur zerstört wird – der Quantenzustand ist damit von einem Atom auf das andere teleportiert worden.

Das Beamen selbst beschreibt Anton Zeilinger[193] nicht als Teleportation im Sinne von Scannen, wie wir es vom Enterprise-Transporter oder vom Fax her kennen, sondern einfach als Neuerschaffung. Ein Teilchen wird nicht «eingelesen» und dann beim Empfänger am anderen Ort gemäß seiner eingescannten Daten wieder als Duplikat «ausgespuckt», sondern seine Informationen werden am einen Ort gelöscht und am anderen wiederhergestellt, *ohne* vorher eingelesen zu werden. Anton Zeilingers Gruppe gelang die erste Teleportation eines Photons schon 1997, immerhin von einem Ende seines Labortisches zum anderen. Das Original verliert laut Zeilinger dabei seine Information und gibt sie komplett ab, es ist sozusagen blanko oder ausgewaschen. Wenn das so ist, braucht man auch keinen Heisenberg-Kompensator, allerdings wirkt die Idee, bei jedem Beamen ausgelöscht zu werden, selbst auf eingefleischte Science-Fiction-Fans verstörend. Die Teleportation von Quantenzuständen ganzer Atome gelang im Jahr 2004 gleich mehreren Forschergruppen, und demnächst sollen sogar Moleküle und Viren gebeamt werden können. Fragt sich nur, welchen Sinn es haben könnte, möglicherweise Krankheitserreger zu beamen.

Die übernatürlich anmutende Reaktion von Quantenteilchen ist nach wie vor eine Sensation. Komischerweise haben sich ausgerechnet die Physiker damit gut abgefunden, ohne bis heute zu wissen, wie sie zustande kommt.

DIE QUANTENKRYPTOGRAPHIE

Auch wenn es uns im Alltag ziemlich egal sein kann, wie mikroskopische Teilchen reagieren und untereinander kommunizieren, sind bestimmte Leute sehr scharf darauf, noch miterleben zu dürfen, wie man dieses Phänomen nutzen kann, denn es steckt eine Menge Profit in dieser Idee. Da es sich um eine Information handelt, die am einen Ende abgeschickt wird und am anderen Ende auch prompt ankommt, aber dazwischen einfach nicht existiert, sind all jene begeistert, die sich für Informationstechnologie interessieren. Denn dieses Phänomen lässt die Hoffnung zu, man könne einen superschnellen Quantencomputer herstellen oder eine Chiffriermaschine, die durch Quantenkryptographie abhörsichere Nachrichten versendet. Nachrichtendienste, Hacker und eifersüchtige Ehemänner könnten einpacken, weil es keinen Weg oder Kanal mehr gibt, auf dem sie die geheime Nachricht abfangen, kopieren, messen, abhorchen könnten.

Wieder war es Anton Zeilinger, der mit seinem Team am 21. April 2004 den Durchbruch in der Quantenkryptographie schaffte. Es gelang den Österreichern, eine verschlüsselte Überweisung zu verschicken. Die Bank Austria Creditanstalt spendete 3000 Euro an sein Institut, und damit die auch auf dem Institutskonto gutgeschrieben werden konnten, ließ er die Überweisung mit Hilfe von Quantenzuständen verschlüsseln. Sie wurde durch ein Glasfaserkabel vom Institut übermittelt und bei der Bank dechiffriert.

EXKURS: PRAKTISCHE PHYSIK – KERNSPIN

Für alle, die denken, dass Quanten nur für Mathematiker und theoretische Physiker interessant sind, sei klargestellt, dass die Lasertechnologie und viele andere wichtige Apparaturen der modernen Medizin ihre Wurzeln in der Quantenphysik haben, die neben irrwitzigen Phänomenen durchaus brauchbare Ergebnisse liefert. Eine segensreiche Entwicklung aus der Quantenmechanik ist die Kernspintomographie. Zwar geschieht hier nichts schneller als mit Lichtgeschwindigkeit, aber Patienten mit Schäden an inneren, wasserhaltigen Organen können mit dieser Methode ohne schädliche Nebenwirkung ihr Innerstes abbilden lassen. Dabei nutzt ein Computer die Daten, die er von den Atomkernen erhält. Vorher zwingt ein mächtiger Magnet allen Elektronen denselben Drehimpuls auf, den Spin. Aber erst, wenn das magnetische Feld abgeschaltet wird, entstehen die Daten, die der Computer verarbeiten kann: Er misst, was beim «Zurückschnellen» von der Einheitsrichtung in den eigentlichen, eigenen Spin passiert. Diese Daten werden in Bilder umgeformt. Heraus kommt ein klares Bild der inneren Beschaffenheit von wasserhaltigen Organen. Knochen und Lunge können so nicht untersucht werden, weil ihr geringer Wassergehalt zu wenig Resonanz ergibt.

DIE ERSTE ZEITMASCHINE?

Einstein behauptete, dass die Gravitation die Krümmung von Raum und Zeit nicht nur verursacht, sondern identisch mit ihr ist. Im Rückschluss kann man sagen, wo Raum und Zeit verzerrt sind, herrscht Gravitation. Alles, was Masse oder Energie besitzt, also jeder Materieklumpen, verzerrt den umliegenden Raum und die Zeit. Und versetzt man diesen Klumpen Materie in Rotation, dann beginnen auch der umliegende Raum und die Zeit zu rotieren. Das ist so ähnlich wie beim Rühren im Cappuccino: Der Löffel hat den Schaum hinter sich hergezogen und einen Strudel erzeugt. Je dichter die Materie ist und je schneller sie sich bewegt, desto mehr verzerrt sie die Raumzeit. Verfolgt man diese Idee weiter, dann zeigt sich, dass die Zeit so stark gekrümmt werden kann, dass sie nicht als unendlich lange Gerade von der Vergangenheit in die Zukunft verläuft, sondern sich zu einem Kreis schließt. Schickt man einen Körper entlang dieser Kreislinie, dann könnte er theoretisch in die Vergangenheit zurückgehen.

Das glaubt zumindest Ronald Mallett, Professor der Physik

an der Universität von Connecticut: Doch nicht Materie, sondern zirkulierende geschlossene Lichtschleifen (Energie) sind für ihn die Lösung. Er legte im Jahr 2001 in der Zeitschrift *New Scientist* dar, dass zwei im Kreis einander entgegenlaufende Laserstrahlen die Zeit krümmen. Seine Idee lässt sich mit der Gummischlauch-Analogie verdeutlichen: Reicht die Kraft, um einen Gummischlauch zu einem Ring zu verbiegen, würden sich entsprechend bei Malletts «Lichtschlauch» Vergangenheit und Gegenwart begegnen. Hat man nun diesen Ring und lässt zwei Laserstrahlen gegeneinander durch den Ring laufen, sodass bei ihrem Zusammentreffen durch ihre Energie eine Raum-Zeit-Krümmung verursacht wird, entsteht ein Eingang, um in der Zeit herumzuwandern. Vergangenheit und Gegenwart treffen hier aufeinander.

Der enorme Energieaufwand ließ Mallett daran zweifeln, ob seine Theorie jemals verwirklicht werden könne. Als es dann etwas später zwei Teams gelang, ein sogenanntes Bose-Einstein-Kondensat* herzustellen, wurde Malletts Idee plötzlich aus der theoretischen Physik in den Bereich des Möglichen katapultiert, denn um eine Zeitreise nach seiner Theorie zu ermöglichen, ist es notwendig, das Licht in der Zeitschleife abzubremsen. Das Bose-Einstein-Kondensat ist eine tiefgekühlte Version des Quantenschaums – sozusagen ein minus 273 Grad

---

* Das Bose-Einstein-Kondensat (BOC) ist ein System, dessen energiearmer Zustand einen neuen Aggregatzustand beschreibt, neben den bekannten Aggregatzuständen fest, flüssig, gasförmig und dem etwas weniger bekannten «Plasmazustand», bei dem sich der Atomkern von den Elektronen trennt. Die einzelnen Atome verlieren im BOC ihre Identität und funktionieren völlig synchron oder «uniform», ungefähr so wie Tänzer oder Soldaten, die perfekt aufeinander abgestimmt agieren. Physiker sprechen von einem Trupp von Atomen im BOC als einem einzigen Quantenzustand.

Celsius kaltes Quanten-Sorbet. Darin ist es möglich, Licht abzubremsen und sogar zum Stillstand zu bringen. Taut man es auf, steht dieselbe Lichtenergie wieder zur Verfügung.

Mallett glaubt, dass ein langsamer, zirkulierender Lichtstrahl einen Weg in die Vergangenheit öffnen könnte. Bei ausreichender Intensität sollten Zeit und Raum gewissermaßen die Rollen tauschen. Die Zeit würde im Inneren des zirkulierenden Laserstrahls rotieren, und jemand, der sich innerhalb des Strahls in eine bestimmte Richtung bewegte, sollte sich tatsächlich in der Zeit bewegen, also auch in die Vergangenheit reisen können. Allerdings nur bis zu dem Moment, in dem der Kreis geschlossen wurde. Würde die Konstruktion solch einer Maschine also in der Zukunft eines Tages gelingen, so könnten auch dann unsere Nachkommen nicht in unsere Zeit zurückreisen.

Das wäre auch eine weitere grundsätzliche Erklärung dafür, dass wir – obwohl es theoretisch möglich scheint – keine Zeitreisenden antreffen: Jede Zeitmaschine kann nur von dem Moment an funktionieren, in dem sie in Betrieb genommen wird. Man kann nun also spekulieren, dass Mallett im Jahr 2010 der Durchbruch gelingt, aber er kann seinem Ich des Jahres 2005 nicht helfen und ihm keinen Tipp geben, damit es schneller geht. Er kann auch nicht ins Jahr 1950 zurückreisen, um seinen Vater davor zu warnen, seine Gesundheit zu ruinieren. Der frühe Tod seines geliebten Vaters war es nämlich, der den kleinen Ronald bewegte, sich mit Zeitreisen zu beschäftigen und später Physiker zu werden. Selbst wenn er seinen Traum verwirklichen und eine Zeitmaschine herstellen kann, wird er gemäß seiner eigenen Theorie trotzdem niemals sein ursprüngliches Ziel erreichen: Er kann seinen Vater nicht retten.

Obwohl man keinen Fehler in seinen Berechnungen gefunden hatte, hielten Kritiker Malletts Plan schon 2001 für unmöglich, als er erstmals mit seiner Theorie an die Öffentlichkeit ging. So äußerte sich Alan Guth vom Massachusetts Institute of Technology (MIT) zwar nicht ablehnend, jedoch äußerst zurückhaltend. Zeitmaschinen seien höchstens eine theoretische Möglichkeit, «und wenn es eine Möglichkeit gibt, in der Zeit zu reisen, dann definitiv nicht in unserem Leben». Stanley Deser von der Brandeis University in Waltham, Massachusetts, zweifelte ebenfalls an der Durchführbarkeit: «Das ist so, als wolle man die gesamte Materie des Universums in einem kleinen Gebiet anhäufen. Viel Glück.» Malletts eigener Chef William Stwalley, Direktor des Bereichs Physik an der University of Connecticut, wollte wohl nicht so pessimistisch klingen, er sagte lediglich: «Seine Ideen sind sicher sehr wertvoll, ich denke, einige ergeben schöne Tests der Allgemeinen Relativitätstheorie.»[194]

Bevor Menschen die Mallett'sche Zeitschleife ausnutzen können, muss es erst einmal gelingen, subatomare Teilchen auf die Reise zu schicken. Daher wurde angekündigt, entsprechende Versuche mit Neutronen zu starten. Diese sollen gewissermaßen am anderen Ende der Zeitschleife herauskommen, bevor sie dort eingetreten sind.

2001 hieß es in verschiedenen Veröffentlichungen, hierfür seien die technischen Grundlagen vorhanden und Malletts Team an der University of Connecticut sei bereits dabei, ein solches Gerät zu bauen. «Mit dieser Konstruktion kann es eine praktische Möglichkeit werden, durch die Zeit zu reisen», erklärte Mallett damals. «Ich sage nicht, dass es einfach ist. Aber wir reden hier nicht mehr nur über exotische Technologien.»

Ronald Mallet erklärte uns im März 2005*, dass er seitdem

---

* In seiner E-Mail an uns vom 25. März 2005: «...Experimental and weiterhin sowohl theoretisch als auch praktisch an Zeitreisen forscht, die Finanzierung weiterer Experimente durch sogenannte Granting-Agenturen sei beantragt. Obwohl es bisher noch keinen Durchbruch gab, ist seine Euphorie aber nicht verflogen. Das mag auch daran liegen, dass er auch ohne fertige Zeitmaschine berühmt geworden ist: Sogar der Discovery Channel hat ihm eine Dokumentation gewidmet: «The World's First Time Machine».

DER TUNNELEFFEKT – MYSTERIÖSE UNBESTIMMTHEIT

Die Idee, dass man sich in einer Zeitschleife selbst begegnen könnte, erinnert an das Phänomen des superluminalen Tunnelns aus der experimentellen Physik: Hierbei scheint tatsächlich ein Signal früher anzukommen, als es abgeschickt wurde, weil es sich schneller als das Licht bewegt. Diese Kausalitätsverletzung hielt man lange für praktisch unmöglich, doch es gibt inzwischen Experimente, die anscheinend das Gegenteil beweisen. Einige Experten streiten sich sehr heftig darüber, ob Superluminalität nun tatsächlich experimentell bewiesen worden sein könnte, und wenn ja, ob die Kausalität dadurch überhaupt verletzt wurde und damit ein Konflikt mit der Speziellen Relativitätstheorie (SRT) Albert Einsteins besteht, die besagt, dass nichts schneller als Lichtgeschwindigkeit (LG) bewegt werden kann. Interessanterweise behaupten diejenigen Forscher, die Überlichtgeschwindigkeit erzeugt und beobachtet haben, dass dieses Resultat nicht im Widerspruch zur SRT steht.

---

theoretical work is continuing. Granting agencies have been contacted for funding of the experimental work.»

Obwohl nach der SRT Information bzw. Energie nicht mit Überlichtgeschwindigkeit übertragen werden kann, dürfen bestimmte Geschwindigkeiten im Zusammenhang mit der Wellenausbreitung die Lichtgeschwindigkeit sehr wohl überschreiten.[*] Die Geschwindigkeit des Signalanfangs – dem ersten Anzeichen dafür, dass eine Welle unterwegs ist – muss dagegen immer kleiner als die LG sein, wenn es in Einsteins Sinn mit rechten Dingen zugehen soll.

Das Tunneln selbst beschreibt einen Vorgang, bei dem ein Teilchen ohne Zusatzenergie einen Weg auf die andere Seite einer Barriere findet. Um das Problem zu verdeutlichen, bietet sich das Bild des Meeres an, das gegen einen Deich brandet. Um ihn zu überwinden, würde das Wasser zusätzliche Energie benötigen. Aber einzelne Tropfen kommen auf der anderen Seite an, sie haben sich einen Tunnel geschaffen, sind durchgetunnelt, gebeamt, gezaubert, was auch immer: Sie sind auf «unscharfe Weise» auf die andere Seite gekommen – typisch Quantenmechanik. Tatsächlich erklärt sich das Tunneln mathematisch mit der Wellenfunktion der Teilchen, also sinnbildlich der «Welle der Möglichkeiten». Und da eine (sehr kleine) Wahrscheinlichkeit besteht, dass das Tröpfchen durch die Wand geht, brauchen wir uns nicht zu wundern, wenn es tatsächlich geschieht. Dieselbe Unbestimmtheitsrelation zwischen Energie und Zeit, die es ermöglicht, dass ein Teilchen (Quant) kurzzeitig auf eine höhere Energiestufe springt, könnte auch die Ursache des Tunneleffekts sein, so jedenfalls schlagen es Günter Nimtz und Astrid Haibl von der Universität Köln vor.

---

[*] Zum Beispiel können die Phasengeschwindigkeit und die Gruppengeschwindigkeit oder die Schwerpunktsgeschwindigkeit eines Wellenpakets durchaus größer sein als Lichtgeschwindigkeit.

Der Tunneleffekt ermöglicht etwa die Kernreaktionen im Inneren der Sonne, bei denen manche Protonen trotz aller widrigen Umstände (zu kalt) doch zueinander finden und verschmelzen (Proton-Proton-Effekt), und andere Phänomene, die sich mit klassischer Physik nicht erklären lassen, wie die elektrische Leitfähigkeit von oxidiertem Aluminium: Hier tunneln die Elektronen einfach durch die isolierende Oxidschicht hindurch. Den Tunneleffekt nutzt auch das in den achtziger Jahren entwickelte Rastertunnelmikroskop: Es ist in der Lage, Strukturen bis hinab zur Größe eines Atoms abzutasten. Durch den Tunneleffekt fließt Strom, wo eigentlich keiner fließen dürfte. Tastet man nun mit der Sonde systematisch die Oberfläche ab und registriert an jedem Punkt die Stärke des Tunnelstroms, so erhält man ein Bild dieser Oberfläche, das so fein ist, dass es sogar noch die Erhebungen der einzelnen Atome zeigt.

MOZART IM TUNNEL

Eine Steigerung dieses interessanten Phänomens ist das superluminare Tunneln. Das heißt, dass die Teilchen im Laborexperiment eine Barriere schneller als mit Lichtgeschwindigkeit im Vakuum passieren. Testergebnisse, die eine Signalübertragung nach jenseits einer Barriere mit vielfacher Lichtgeschwindigkeit zutage brachten, werden unter Physikern sehr kontrovers behandelt. Skeptiker meinen, es müsse sich, wenn nicht um Mess-, dann aber doch um Interpretationsfehler handeln. Auch die ungeklärte Frage, was eine «Information» physikalisch überhaupt *ist*, macht die Diskussion um das Thema nicht gerade einfacher.

Praktische Erfolge konnte ein Team der Universität Köln

um Günther Nimtz vorweisen. Ihm ist es gelungen, Mikrowellenphotonen durch Hohlleiter mit einer darin eingebauten Barriere schneller als mit Lichtgeschwindigkeit zu tunneln. Die 40. Symphonie von Mozart ist mit 4,7-facher Lichtgeschwindigkeit auf der anderen Seite der Barriere empfangen worden. Das Hindernis wurde wiederum instantan übersprungen oder durchtunnelt. Das heißt ohne auch nur die geringste Zeitverzögerung. Ähnliche Experimente bestätigten dieses Ergebnis. Zum Beispiel experimentiert Professor Raymond Chiao von der Universität Berkeley mit Photonen und kommt zu ähnlichen Ergebnissen wie Nimtz, allerdings spricht Chiao nicht von «Informationen», die übertragen wurden, weil es seiner Ansicht nach purer Zufall ist, was am anderen Ende der Barriere herauskommt.

Auch von der Gruppe um Lijun Wang am NEC Forschungsinstitut in Princeton[*], New Jersey, liegen Ergebnisse vor, die sie im Jahr 2000 im britischen Fachjournal *Nature* vorgestellt hat. Wang und seinen Kollegen ist es gelungen, folgendes verrücktes Phänomen zu beobachten: Sie entwickelten ein Gas aus kalten Cäsiumatomen, in dem die Lichtpulse schneller als im luftleeren Raum vorankommen.[**] Der Lichtstrahl bewegte sich so

---

[*] Bis 2008 war Wang Leiter der Abteilung II des Max-Planck-Instituts für die Physik des Lichts in Erlangen und forschte an einer Atomuhr, die mit Hilfe eines optischen Frequenzstandards auf Basis eines Indium-Ions als Quantenoszillator arbeitet. Auf die Optik als Mittel zur Präzisionsmessung gestützt, wollen die Wissenschaftler dieses Instituts auch ein hochgenaues absolutes Schwerkraftmessgerät konstruieren, um Variationen der Erdanziehungskraft in Echtzeit messen zu können.

[**] Ein Lichtpuls besteht aus einer Reihe von Strahlen oder Wellen und bewegt sich mit einer bestimmten Gruppengeschwindigkeit. Die einzelne Welle kann nicht schneller werden als das Licht. Bei

«schnell» durch die Gaskammer, dass er scheinbar 62-billionstel Sekunden früher aus der Kammer trat, bevor er überhaupt dort vollständig eingedrungen war. Es wurde eine Geschwindigkeit festgestellt, die dem 310fachen der Lichtgeschwindigkeit im Vakuum entspricht.

Dennoch verstoße das Experiment weder gegen die Relativitätstheorie noch gegen das Prinzip der Kausalität, behaupten die Wissenschaftler um Wang, es zeige lediglich, dass sich Licht auf eine Art und Weise bewegen kann, die Einstein überrascht hätte: Die Cäsiumatome verändern die Eigenschaften des Lichts, wodurch es sich schneller als im Vakuum bewegen kann. Günter Nimtz ist in seinen Äußerungen progressiver: «Es wird die sogenannte Einstein-Kausalität verletzt», gibt er zu, schränkt aber ein, dass die allgemeine Kausalität zwischen Ursache und Wirkung davon nicht betroffen ist. Er schlussfolgert: «Es kann keine Zeitmaschine konstruiert werden.»[195] Er distanziert sich auch von der Annahme, dass beim superluminalen Tunneln negative Geschwindigkeiten gemessen werden könnten; es seien lediglich sogenannte negative Gruppengeschwindigkeiten des gesamten Wellenpakets aufgetreten, die nicht mit der Signalübertragungsgeschwindigkeit verwechselt werden dürfen und die als Verzerrung des übertragenen Signals verstanden werden müssen. Dass diese Gruppengeschwindigkeit negativ sein kann, sei bereits seit fast 100 Jahren rechnerisch bekannt, so Nimtz.

Tests in anderen überlichtschnellen Systemen wie zum Beispiel die des Experimentalphysikers Michael D. Stenner und

---

einem zusammengesetzten Lichtpuls kann es aber durch geschickte Beeinflussung der Wellen zu einer höheren Gruppengeschwindigkeit kommen.

seiner Kollegen von der Duke University in North Carolina im Jahr 2003 mit Laserstrahlen in mit Natriumgas gefüllten Glaszellen bestätigen allerdings, dass die alles entscheidende Informationsgeschwindigkeit auch in überlichtschnellen Systemen die Lichtgeschwindigkeit nicht überschreiten kann. Obwohl der Laserpuls, der die Gaszellen passiert hatte, schneller war als ein exakt gleicher Puls im Vakuum, dauerte es länger, bis die ihm aufgeprägte Information registriert war. Die Forscher führen das unter anderem auf spezielle Veränderungen der Pulsform während der Ausbreitung im Gas zurück.[196]

Die Diskussionen über die Interpretation des superluminalen Tunnelns werden noch eine Weile andauern. Solange renommierte Wissenschaftler von anerkannten Instituten solche sonderbaren Ergebnisse präsentieren, werden sie wenigstens diskutiert. Viele andere – und mögen sie noch so genial sein – werden von der scientific community nicht einmal wahrgenommen.

PRAKTISCHE PHYSIK ZUM MITMACHEN

Im Rahmen des sogenannten SETI-Projektes* entstand aus Geldmangel und Enthusiasmus eine revolutionäre Lösung: Tausende private PC-Besitzer helfen den Forschern, die anfallenden Datenmengen zu analysieren, die bei der Überwachung des Weltraums durch Radioteleskope anfallen.

Nun ist es wieder möglich, als Privatperson der Forschung unter die Arme zu greifen und vielleicht sogar der Erste zu

---

* Die Abkürzung SETI steht für Search for Extra Terrestrial Intelligence.

sein, auf dessen Rechner eine bahnbrechende Entdeckung gemacht wird: Gravitationswellen. Seit 1916 versucht man, die geheimnisvollen Wellen, die Einstein vorausgesagt hat, zu finden. Dabei handelt es sich um kleinste Verwerfungen der Raum-Zeit-Struktur, die durch beschleunigte Bewegung von Massen entstehen sollen, zum Beispiel der von Pulsaren.* Dass sie bisher nicht gefunden werden konnten, ist nicht verwunderlich, denn selbst die Explosion eines Nachbarsternes würde das Raum-Zeit-Gefüge zwischen Erde und Sonne nur um den Abstand eines Wasserstoffatoms verändern, also nicht gerade einen Effekt hervorrufen, der sich mit dem Lineal messen ließe. Erst seit kurzem sind die notwendigen, hochempfindlichen Messgeräte verfügbar, sogenannte Interferometer.

Um die winzigen Längenveränderungen, die Gravitationswellen auslösen sollen, aufzuspüren, gibt es weltweit verschiedene Detektoren, die eine Art Wettlauf veranstalten. Die besten Chancen hat ein Projekt, für das der deutsch-britische Gravitationswellendetektor GEO600 bei Hannover und zwei amerikanische LIGO-Detektoren** zusammengeschlossen worden sind.

Für die Forschung nach Gravitationswellen wird weltweit viel Geld investiert. Man verspricht sich davon die Lösung vieler Rätsel, die uns das Universum aufgibt und die mit anderen

---

* Man vermutet, dass Pulsare extrem schnell rotierende Neutronensterne mit Rotationsgeschwindigkeiten von 1000 Umdrehungen pro Sekunde und Durchmessern von möglicherweise nur wenigen Kilometern sind. Sie scheinen einmal pro Pulsperiode rotieren zu können und so dicht zu sein wie vergleichsweise ein Stecknadelkopf mit einer Masse von mehr als 90 000 Tonnen.

** LIGO steht für Laser Interferometer Gravitational Wave Observatories.

Methoden nicht zu knacken sind. Dennoch reicht der Aufwand nicht aus. Kein Großrechner der Welt kann die anfallenden Datenmengen bewältigen. Die Forscher erhoffen sich nun eben Hilfe von hunderttausenden Freiwilligen, die ihre persönlichen Computer zur Verfügung stellen, um in Leerlaufzeiten die erforderlichen Berechnungen für ein Projekt namens Einstein@home durchführen zu lassen. Distributed Computing nennt sich dieses Konzept. Der Einstein@home-Server schickt die Datenpakete via Internet an die beteiligten Rechner und holt sie dort auch wieder ab. Wenn das Programm aktiv ist, erscheint ein Bildschirmschoner mit dem entsprechenden Ausschnitt des Weltalls, der gerade analysiert wird. Die ausgetauschten Pakete werden codiert, so kann im Fall eines nachgewiesenen Gravitationswellchens nachvollzogen werden, auf wessen Rechner die Sensation stattgefunden hat.

Eine Verformung der Raumzeit direkt nachzuweisen, dürfte fast schon automatisch mit der Verleihung des Nobelpreises verbunden sein. Zwar wird er normalerweise dem Forscher, unter dessen Leitung das jeweils gewürdigte Projekt steht, verliehen. In diesem Fall wären es aber wohl die Chefs aller angeschlossenen Einrichtungen. Doch Einstein@home bietet auch den privaten Unterstützern etwas: Es gibt ein Punktesystem, nach dem die Teilnehmer in eine Art Wettstreit treten können.*

---

* Nähere Informationen erteilt der Leiter des Einstein@home-Projektes Prof. Bruce Allen von der Universität Leibniz (Hannover) unter http.einstein.phys.uwm.edu – auf dieser Website wird täglich der «User of the day» präsentiert. Wir gehen davon aus, dass der Rechnerbesitzer, auf dessen Maschine Gravitationswellen analysiert werden, mindestens zum «User of the month» gekürt werden wird.

17. SCHNELLER ALS DAS LICHT
NOTWENDIGKEIT UND FUNKTIONSWEISE DER ZEITMASCHINEN UNSERER AUSSERIRDISCHEN BESUCHER

> «Alles glänzt mir neu und neuer,
> Mittag schläft auf Raum und Zeit –:
> Nur dein Auge – ungeheuer
> Blickt mich's an, Unendlichkeit!
>
> Friedrich Nietzsche, *Nach neuen Meeren*

Außerirdische müssen über Zeitmaschinen verfügen, das steht fest. Wie sonst könnten sie die enormen Entfernungen von ihrem Heimatplaneten zu unserer Erde bewältigen? Für interstellare Reisen können auch Raum-Zeit-Maschinen vermutet werden: Die Nachbarn im Weltall müssen jedenfalls die uns bekannte Physik überwinden, sonst wären sie länger zu uns unterwegs, als es jeder biologische Organismus überleben könnte. Es wird behauptet, dass Außerirdische seit Jahrtausenden die Erde besuchen, aber leider hat keiner der Raumfahrer bisher einen Motor zur Inspektion hiergelassen.

Zwar ist jedes unbekannte Flugobjekt erst einmal ein UFO (Unidentifiziertes Flug-Objekt), das heißt aber nicht, dass es automatisch extraterrestrischer Herkunft ist. Da sich dieses Kürzel für außerirdische Raumschiffe eingebürgert hat, bleiben auch wir dabei, obwohl wir «fliegende Untertasse» schöner finden, dieser Begriff wurde von den ersten neuzeitlichen Augenzeugen 1947 geprägt.

UFOs befinden sich in guter Gesellschaft mit Homöopathie und Gefahren durch Mobilfunk: alles Glaubensfragen. Die Informationssituation zum Thema UFO ist wie bei allen kontrovers geführten Diskussionen in Befürworter und Gegner gespalten, die sich gegenseitig als Lügner, Spinner und Ignoranten beschimpfen. So ist auch die Geschichte eines UFO-Absturzes in der Nähe von Roswell, New Mexico, im Juli 1947 ein Paradebeispiel für Desinformation. Nur durch einen Strudel von Argumenten und Gegenargumenten konnte dieser Vorfall, der schon über fünfzig Jahre zurückliegt, zum berühmtesten UFO-Ereignis aller Zeiten werden. Einige Berichterstatter haben ein bisschen dazugedichtet, andere haben eventuell sogar Fakten beigesteuert, völlig unwichtige Details wurden aufgebauscht, wichtige Fragen gar nicht erst gestellt. Fantasterei, Wunschdenken, Rechercheergebnisse und Übersetzungsfehler vermischten sich mit den Dementis verschiedener Regierungsbehörden. Dieses Muster macht es generell völlig unmöglich, von «Faktenlage» zu reden. Jedoch hindern uns die verworrenen Informationen nicht, auch UFOs als Zeitmaschinen in Betracht zu ziehen.

Seit Jahrzehnten durchforsten Wissenschaftler das Weltall systematisch auf der Suche nach Außerirdischen. Man verlässt sich dabei nicht allein auf Teleskope und Sonden, man horcht auch: Seit 1992 wird im Rahmen des SETI-Projektes der USA ganz offiziell und hochwissenschaftlich der Kosmos belauscht auf der Suche nach Botschaften von intelligenten Wesen. SETI steht für **S**earch for **E**xtra**t**errestrial **I**ntelligence. Wir Erdlinge senden auch selbst Botschaften ins All, aber es hat wohl noch niemand geantwortet. Allerdings ist die staatliche Förderung für SETI drastisch reduziert worden; das Projekt wird heute vorwiegend durch private Zuschüsse finanziert.

PIONEER 10 ALS BOTSCHAFTER IM ALL

Schon 1972 schickte die NASA die Raumsonde Pioneer 10 ins All. An Bord befindet sich eine vergoldete Aluminiumplakette mit eingravierten Grüßen an die Empfänger, unter anderem die berühmte Darstellung von einem nackten Menschenpaar und sicherheitshalber unsere Adresse im Weltraum: Die Position der Erde ist angegeben in Relation zu 14 Pulsaren und zum Zentrum der Milchstraße, für den Fall, dass der Finder die Sonde persönlich zurückbringen möchte.

Unten auf der Plakette befinden sich eine Darstellung unseres Sonnensystems und die Reiseroute der Raumsonde darin. Interessant ist dabei, dass die Botschaft sich nur an Wesen im All richtet, die Abitur haben. Wer sonst sollte etwas anfangen können mit einer komischen «Brille» oben links auf der Plakette, die einen Hyperfeinstrukturübergang des Wasserstoffatoms darstellt?

Pioneer 10 hat das Sonnensystem längst verlassen und ist mittlerweile mehr als 12 Milliarden Kilometer und damit doppelt so weit wie der Planet Pluto von der Erde entfernt. Seit 2002 hat die NASA allerdings keinen Kontakt mehr zur Sonde. Pioneer 10 steuerte zuletzt den 68 Lichtjahre entfernten Stern Aldebaran an, den sie in mehr als zwei Millionen Jahren erreichen könnte. Und auch wenn die Technologie der heutigen Aliens flottere Reisen erlaubt, wären sie immer noch eine kleine Ewigkeit unterwegs, ehe sie hier ankämen.

Radiowellen flitzen mit 300 000 Kilometern pro Sekunde durch den Raum, also genauso schnell wie das Licht. Seit der Ausbreitung des Rundfunks zu Beginn des 20. Jahrhunderts sendet die Menschheit Radioprogramme – auch in den Weltraum. Da sich Radiowellen mit Lichtgeschwindigkeit ausbreiten, entspricht die zurückgelegte Strecke der Radiowellen in Lichtjahren der Zahl von Jahren, die seit der Ausstrahlung vergangen sind. Um die Erde liegt somit eine Soundhülle mit einem Radius von etwa 100 Lichtjahren, die mit mehr oder weniger unterhaltsamen Radiosendungen angefüllt ist. Schlägt man einen Kreis um die Sonne mit einem Radius von 300 Lichtjahren, dann befinden sich darin ungefähr 100 000 sonnenähnliche Himmelskörper. Eventuell gehören zu einigen dieser Sterne Planeten, und sollten auf diesen Planeten tatsächlich intelligente Zivilisationen mit Empfängermedien vorkommen, dann stehen die Chancen gut, dass sie sich einmal über unsere Radiosendungen wundern. Allerdings wird dieser Raum erst in mehr als 200 Jahren vollständig von den künstlichen irdischen Radiowellen ausgefüllt sein. Die Radioansprachen von Hitler, Churchill und Shirley Temple können vorerst nur in einem Bereich von 3000 bis 4000 Sternen empfangen werden. Dass noch keiner geantwortet hat, heißt aber nicht unbedingt, dass es dort keine intelligenten Wesen gibt; es heißt vielleicht nur, dass sie den Rundfunk noch nicht erfunden haben.

Die interstellaren Entfernungen sind für den menschlichen Verstand schwer zu fassen. Wer kann sich schon ein Lichtjahr, also 9500 Milliarden Kilometer, vorstellen? Unser nächster Nachbar ist das Alpha-Centauri-System. Die beiden Hauptsterne Alpha Centauri A und Alpha Centauri B liegen nur 4,35 Lichtjahre entfernt. Sie ähneln unserer Sonne, der dritte Stern des Systems, Proxima Centauri, ist ein sogenannter Roter Zwerg und wesentlich kleiner als die beiden anderen. Alpha Centauri A und B umkreisen einander in einem Abstand von 3600 Millionen Kilometern. Proxima Centauri ist nur 4,24 Millionen Lichtjahre von der Erde entfernt und damit der uns am nächsten gelegene Stern.

Dagegen sind die am weitesten entfernten Objekte, die bisher vom Hubble-Weltraumteleskop gesichtet wurden, Galaxien im sogenannten Hubble Deep Field (HDF). Das bedeutet, dass wir beim Betrachten des HDF um genau diese Zeitspanne in die Vergangenheit schauen. Der jetzige Zustand der beobachteten Galaxien ist aber nicht bekannt. Es wäre durchaus möglich, dass einige von ihnen schon nicht mehr existieren; die Astronomen können sie jedoch so lange sehen, bis ihr letzter Lichtstrahl uns erreicht hat.

Alpha Centauri ist bereits angefunkt und beobachtet. Offensichtlich gibt es dort kein intelligentes Leben. Auch alle anderen optisch oder mit Hilfe von Radioteleskopen abgetasteten Himmelskörper geben keinen Hinweis auf Bewohner – weder mit noch ohne Abitur. Skeptiker der Suche nach außerirdischem Leben merken an, dass höchstens ein paar mickrige Kohlenstoffverbindungen und Aminosäuren in weitentfernten Galaxien zu finden sein könnten, aus denen sich eines Tages vielleicht einmal etwas Lebendiges entwickeln könnte. Aber ist das eine Reise wert?

Die Wahrscheinlichkeit, nach der Leben im All existiert, ist allerdings berechenbar. 1961 hat Dr. Frank Drake, der spätere Direktor des SETI-Projektes, eine Formel entworfen, mit der sich die Anzahl möglicher Zivilisationen in einer Galaxie abschätzen lassen soll.* Sie ist als Drake-Formel in die Lehr-

---

* $N = R * F(p) * N(e) * F(l) * F(i) * F(c) * L$. Dabei steht R für die mittlere Sternentstehungsrate, F (p) für den Anteil der Sterne mit Planeten in der Milchstraße, N (e) für die Anzahl der Planeten pro Sonnensystem, die Leben tragen könnten, F (l) für den Anteil der bewohnbaren Planeten mit Leben. F (i) für den Anteil der Planeten mit intelligenten Zivilisationen, F (c) für die Anzahl der Planeten mit intelligenten Zivilisationen, die Möglichkeiten interstellarer

bücher der Astrophysik eingegangen. Man kann anhand dieser Berechnung bei optimistischen Schätzwerten durchaus davon ausgehen, dass einige hundert Planeten der Milchstraße lebendige Organismen beherbergen. Es wird auch nicht ausgeschlossen, dass darunter vielleicht sogar intelligente Wesen sind.

DAS FERMI-PARADOXON

1950 ging eine launige Bemerkung beim Mittagessen in die Wissenschaftsgeschichte als «Fermi-Paradoxon» ein: Physik-Nobelpreisträger Enrico Fermi behauptete, dass jede Zivilisation, die über Raumfahrttechnologie verfüge, die Galaxis sehr schnell kolonisieren könne. Innerhalb von nur zehn Millionen Jahren könnte jedes Sternensystem unter die Fittiche eines Imperiums gebracht werden. Zehn Millionen Jahre mögen nach einer sehr langen Zeit klingen, tatsächlich aber ist es eine vergleichsweise kurze Zeit, wenn man bedenkt, dass unsere Galaxis mehr als 13 000 Millionen Jahre alt ist und dass die Menschheit nur ungefähr einhundert Jahre von den Anfängen komplexer Technologie bis hin zur möglichen Selbstzerstörung durch Atombomben benötigt hat.

Fermis Meinung nach hätten Außerirdische genug Zeit gehabt, um sich über die Galaxis auszubreiten. Schaut man sich aber um, so sieht man keine eindeutigen Hinweise auf ihre Anwesenheit. Dies veranlasste Fermi, die Frage zu stellen: «Wo sind sie denn alle?»[*]

Kommunikation entwickelt haben, und L für die Lebensdauer dieser Zivilisationen.

[*] Das Fermi-Paradoxon erinnert an Stephen Hawkings Bemerkung über Zeitreisen: Wenn es möglich sei, eines Tages Zeitmaschinen zu

DER LANGE WEG

Die möglichen Heimatplaneten von Außerirdischen sind also unvorstellbar weit weg. Es gilt als sicher, dass kein biologischer, mit Intelligenz ausgestatteter Organismus bei konventioneller Reisegeschwindigkeit in der Lage wäre, das Ende einer solchen Reise zu erleben, geschweige denn, die Ergebnisse den Daheimgebliebenen persönlich präsentieren zu können. Ob Alien-Regierungen Reisen ohne Wiederkehr bewilligen? Wie machen sie das ihren Alien-Steuerzahlern klar? Aber vielleicht haben die Außerirdischen gar kein Interesse, wieder zurückzukehren, sondern sind, wie die Besatzung der Arche Noah, auf der Suche nach einer neuen Heimat, und wenn es die erste Generation nicht schafft, den richtigen Planeten zu finden, dann vielleicht die nächste. Viele UFO-Fans können sich für die Idee erwärmen, dass Gemeinschaften von fruchtbaren Alien-Adams und Alien-Evas mit der Aussicht ausgeflogen sein könnten, dass erst deren Ururenkel sich auf einem besseren Planeten niederlassen.

Eine Superzivilisation, die ins All aufbricht, wird das Entfernungsproblem wahrscheinlich mit einem Superantrieb gelöst haben. Geschwindigkeiten, die eine nennenswerte Zeitdilatation hervorrufen, also eine Verlangsamung der Zeit innerhalb des Raumschiffes gemäß Einsteins Spezieller Relativitätstheorie, machen interstellare Reisen schon wahrscheinlicher; der Durchmesser der Milchstraße beträgt 100 000 Lichtjahre. Mit einem Tempo von 99 Prozent der Lichtgeschwindigkeit könnte

---

bauen, warum, fragte er, «ist dann noch niemand aus der Zukunft zurückgekommen, um uns zu sagen, wie es geht»? Quelle: «Public Lectures – Space and Time Warps» auf Hawkings Website: www.hawking.org.uk.

ein UFO-Kapitän unsere Galaxie in nur 14 000 Jahren durchqueren. Bei 99,999999 Prozent käme er schon nach 1400 Jahren an.[197] Sollte er aber tatsächlich Lichtgeschwindigkeit erreichen, was praktisch ausgeschlossen ist, würde er die Entfernung theoretisch zurücklegen, während für ihn nur ein Augenblick vergeht – je nachdem, wie lang seine Beschleunigungs- und Abbremsphasen dauern, würde er entsprechend mehr Zeit benötigen. Wir wissen seit Einstein, dass die Geschwindigkeit eines Körpers nicht größer werden kann als die des Lichts. Wenn man sich der Lichtgeschwindigkeit annähert, muss man sehr viel Energie für die weitere Beschleunigung aufwenden, da sich mit der Geschwindigkeit des Raumschiffs auch seine Masse erhöht. Bei halber Lichtgeschwindigkeit ist sie beispielsweise bereits um 115 Prozent angestiegen. Sogar um ein Schlumpfraumschiff auf Lichtgeschwindigkeit zu bringen, müsste man unendlich viel Energie aufbringen, weil seine Masse unendlich groß wird. Da nützt es auch nichts, dass es im Vakuum des Weltalls keinen Reibungswiderstand gibt. Für uns Erdlinge ist es schon enorm schwierig (und deshalb teuer), winzige atomare Partikel in großen Teilchenbeschleunigern auf annähernd Lichtgeschwindigkeit zu bringen. Um ein kompaktes Raumschiff auf Lichtgeschwindigkeit zu beschleunigen, müssten sich die Außerirdischen schon einen besonderen Antrieb einfallen lassen.

Eine andere Methode, um sehr lange Strecken irgendwie rascher zurückzulegen, besteht darin, die Raumzeit zwischen Anfangs- und Endpunkt so zu verbiegen, dass eine Abkürzung möglich wird. Wir haben an anderer Stelle erklärt: Je stärker ein Schwerkraftfeld ist, desto größer die Krümmung der Raumzeit, und desto kürzer wird also auch die Entfernung zwischen den Punkten A und B. Dementsprechend müsste man einfach nur Gravitationsfelder künstlich erzeugen und beeinflussen. Wie das theoretisch geht, haben wir im Kapitel 12 beschrieben; wie es praktisch möglich ist, müssten uns die Aliens erklären. Aber sie wollen ihr Geheimnis anscheinend nicht lüften.

DIE UNSICHTBAREN AUSSERIRDISCHEN

UFO-Forscher wie Erich von Däniken haben zahlreiche Indizien dafür gesammelt, dass Außerirdische die Erde sehr oft besucht haben müssen. Die Forschungsrichtung, die sich auf diese Annahme stützt, nennt sich «Prä-Astronautik» oder auch «Paläo-SETI». Nicht nur nach von Dänikens Ansicht sind viele rätselhafte Bauwerke, deren Entstehungsweise wir uns nicht erklären können, von Außerirdischen erschaffen oder zumindest angeregt und beeinflusst worden. Allen voran seien sämtliche Pyramidenbauten weltweit nur durch außerirdische Technologien möglich gewesen, ebenso die berühmten Steinfiguren auf den Osterinseln und die überdimensionalen Bodenlinien in Peru. Sowohl die berühmten Bodengrafiken von Nazca als auch die Anfang 2005 entdeckten Riesenkunstwerke in der Nähe der Stadt Palpa wurden vor ungefähr 1400 bis 2600 Jahren erschaffen und sind mit ihren Kurven und kilometerlangen pfeilgeraden Linien in ihrer ganzen Schönheit nur aus großer Höhe zu erfassen. Erst aus dem Flugzeug erkennt man die abstrakte Darstellung von Tieren wie Kolibri und Affe. Von Däniken ist sich sicher, dass diese Linien an fliegende Objekte, sehr hoch fliegende Objekte, gerichtet waren, und weil die Menschheit erst vor hundert Jahren mit der Luftfahrt begann, muss es sich seiner Meinung nach um Start- oder Landebahnen gehandelt haben.

Ob von Däniken und seine Anhänger recht haben mit ihrer Behauptung, dass haufenweise Aliens auf unserem Planeten gelandet sind, lässt sich weder beweisen noch widerlegen. Der Wissenschaftspublizist Erich von Khuon stellt die Frage, wie man beweisen soll, «dass in der Vergangenheit Vernunftwesen von fremden Planeten nicht auf der Erde gelandet sind? Dass etwas nicht stattgefunden hat, ist nur zu beweisen, wenn es nicht stattgefunden haben kann. Etwa weil es denkunmöglich ist oder weil es nachweislich gegen die Naturgesetze verstößt. Die Idee des Besuchs fremder Intelligenzen auf dem Planeten Erde ist weder denkunmöglich, noch verstößt sie gegen ein erkanntes Prinzip der Natur. [...] Also formuliert es die Wissenschaft vorsichtig: Es ist möglich, es ist nicht auszuschließen. Zu beweisen ist es (bisher) nicht. Und vielleicht geht sie noch weiter und sagt: Nach dem Stand unseres Wissens ist es sehr unwahrscheinlich.»[198]

Für die Frage nach außerirdischen Zeitmaschinen sind Beweise und Wahrscheinlichkeiten auch nicht wichtig. Entscheidend ist vielmehr: Wenn sie hier waren, wie haben sie das geschafft?

Wann immer sich die Hinweise auf eine neuzeitliche Alien-Landung verdichten, wie 1947 in Roswell, bei dem ein UFO in der Wüste von New Mexico abgestürzt sein soll, schnappt sich anscheinend sofort ein militärischer Geheimdienst die Wesen und ihre Vehikel und lässt sie in der Versenkung verschwinden. Dann vertuschen die Behörden die Existenz der Besucher und ihrer Technologie. Gewaltige Bücherberge mit Spekulationen und Verschwörungstheorien türmen sich auf. Sie enthalten zum Teil sehr spannende Geschichten über höhere Mächte, die konspirativ verhindern, dass die Öffentlichkeit Klarheit über die Aktivitäten der Aliens gewinnt.

Doch warum soll die Anwesenheit Außerirdischer dazu geeignet sein, weltweit viele Behörden multilateral so einvernehmlich und effizient zusammenarbeiten zu lassen, ohne dass dabei etwas an die Öffentlichkeit durchdringt? Und vor allem: Was wäre so schlimm daran, wenn ein Besucher mit seinem Raumschiff landete und sagte, hallo, hier bin ich? Wenn auch nur eine der vielen tausend gemeldeten UFO-Sichtungen authentisch ist, warum haben die Wesen es so eilig, unerkannt wieder zu verschwinden?

Wenn die Linienfiguren in der Wüste von Peru von Außerirdischen angelegt worden sind, dann gibt es noch eine weitere Interpretation dieser Zeichen: Ein irdischer Soldat lernt für das Überleben in der Fremde zuerst, eine sehr große Markierung auf dem Boden anzubringen, um die Chancen zu vergrößern, dass eine Flugzeugbesatzung sein Signal erkennt. Es bedeutet: Ich bin in Not, bitte holt mich hier raus! Vielleicht wollten die außerirdischen Künstler von Peru den Planeten Erde dringend verlassen.

DIE FRAGE DER EXISTENZ VON AUSSERIRDISCHER INTELLIGENZ

Viele Menschen fragen sich, wieso es für die Ufologie von staatlicher Seite nicht die gleiche Unterstützung wie für andere Forschungsobjekte gibt. Schließlich wurden über drei Milliarden Euro zur Verfügung gestellt, um den größten Teilchenbeschleuniger der Welt am CERN (Centre Européenne pour la Recherche Nucléaire) in der Schweiz zu bauen, damit endlich das Higgs-Feld und sein zugehöriges Elementarteilchen, das Higgs-Boson, gefunden werden können. Beide wurden von Physikern zwar postuliert, konnten aber bisher noch nicht zweifelsfrei nachgewiesen werden.

Das CERN beschäftigt etwa 3000 Mitarbeiter, außerdem forschen dort 6500 Gastwissenschaftler von 500 Universitäten und Instituten aus über 80 Nationen. Wenn man dagegenstellt, wie viele Menschen schon einmal ein UFO am Himmel gesehen haben wollen und wie gering die Forschungsanstrengungen sind, die zur Aufklärung *dieses* Phänomens bereitgestellt werden, dann kann man diesen Proporz durchaus in Frage stellen.

Für durchschnittlich 94,4 Prozent[199] aller UFO-Phänomene gibt es eine plausible irdische Erklärung: zum Beispiel militärische Manöver, Lichtspiegelungen und Meteoriteneinschläge. Viele angebliche «Beweismittel» stellen sich auch als Fälschungen heraus. Aber die übrigen 5,6 Prozent bleiben unerklärlich: unbekannte Flugobjekte eben ... Zwar beschäftigen sich zahlreiche pseudowissenschaftliche Institute, Vereine und freie Gruppen mit den ungeklärten Vorkommnissen, aber ihre Ergebnisse finden keine Anerkennung. Dummerweise disqualifizieren zahlreiche UFO-Forscher sich selbst und damit ihr Forschungsgebiet durch sinnfreies Geplapper und miserabel geführte Argumentationen, sodass dadurch ihre ganze Disziplin in Misskredit gerät. Dennoch titulieren sich UFO-Autoren gegenseitig als «international anerkannte Forscher» oder – wenn es sich um Akademiker handelt – als «renommierte Wissenschaftler» und schreiben dabei voneinander ab, was das Zeug hält. Manche «UFO-Forscher» richten am Image der Disziplin mehr Schaden an als die Spaßvögel, die eine Fälschung nach der anderen in Umlauf bringen.

Klassisches «Wissen» und Gewissheiten wird es über UFOs

nicht geben, solange das Phänomen nicht ernsthaft und wissenschaftlich seriös untersucht wird. Wir müssen uns daher mit Spekulationen begnügen. Und jene davon, die sich mit dem Verdacht beschäftigen, dass UFOs die Vehikel von Zeitreisenden sein könnten, fassen wir im Folgenden zusammen.

DIE ANTRIEBSMODELLE DER UFOS

Die meisten UFO-Berichte, die seit Ende des Zweiten Weltkrieges gesammelt wurden, beschreiben untertassen- oder zigarrenförmige Objekte. Später benutzten die Besucher offenbar gerne eiförmige oder bumerangähnliche Flugapparate, und seit den neunziger Jahren ist sehr häufig von Dreiecken und Dreiecksformationen die Rede. Es gibt also anscheinend alle paar Jahrzehnte eine Art Design-Revolution im UFO-Gewerbe. Worin sich aber alle Zeugenaussagen ähneln, ist die Schilderung der Art von Flugmanövern, die die beobachteten UFOs vollführt haben sollen. Sie warten gern mit atemberaubenden Kunststücken auf oder stehen still in der Luft. Ein anderes beliebtes Muster besteht darin, sich minutenlang parallel zu einem irdischen Flugzeug zu bewegen – anscheinend, damit es von der Besatzung und den Passagieren wahrgenommen werden kann – und dann mit blitzartiger Geschwindigkeit die Position zu wechseln oder ganz zu verschwinden. Zu solchen Manövern ist die irdische Technologie angeblich nicht in der Lage.

Der übriggebliebene Prozentsatz von UFOs möglicherweise extraterrestrischer Herkunft liefert übereinstimmend Hinweise auf eine Antriebsart, die sich von den offiziell bekannten und betriebenen Antrieben radikal unterscheidet, und zwar durch:

1. extreme Geschwindigkeit,
2. extreme Beschleunigung,
3. extreme Manövrierfähigkeit,
4. lautloses Schweben.

Aus einer Hypothese von Matt Visser, der an der School of Mathematics and Computer Science an der Victoria University in Wellington in Neuseeland lehrt, entwickelte der Paraphysik-Experte Ernst Meckelburg einen interessanten Ansatz für ein lautloses UFO: Dessen Antrieb bedient sich einer Art zahmen Wurmlochs, entlang dessen Oberfläche sich die Zeitreisenden bewegen könnten. «Sie könnten hier in unterschiedlicher Gestalt auftreten – als Sonden, als durchsichtige oder materiell erscheinende Zeitreise-Fahrzeuge (UFOs), bemannt mit humanoid aussehenden Wesen, oder auch als Erscheinungen.»[200]

Meckelburg nennt verschiedene Beispiele, bei denen ein solches Zeittunnel-UFO beobachtet werden konnte: Im September 1956 fühlte sich ein Mann im englischen Berkshire von einem eiförmigen Objekt in zehn Meter Entfernung beobachtet, das ausgesehen habe wie ein großer Regentropfen und etwa zwei Meter über dem Boden schwebte. Nach einigen Sekunden habe es sich mit hoher Geschwindigkeit entfernt. Ebenfalls in England, allerdings zwölf Jahre später, konnten zwei Personen in Bristol eine ähnliche Entdeckung machen, nur stand das Ei diesmal hundert Meter weit entfernt und war fünf Meter hoch. Die beiden Zeugen schilderten dieses Objekt als durchsichtige halbkugelförmige Kuppel, die gelblich strahlte und nach zwanzig Sekunden «verlosch». Meckelburg bringt diese Zeitreise-Phänomene problemlos mit dem Kausalitätsprinzip in Einklang: Die Zeitreisenden könnten zwar «in unsere heutige Realität und in Realitäten vergangener Epochen hineinwirken», wären für uns aber nur «außerzeitliche» Objekte – dreidimensionale «Schatten» aus anderen Zeiten oder gar aus anderen Universen. Meckelburg schlägt im Laufe seiner Erörterungen über Zeitreisen und in Hinblick auf die Gestalt der humanoid wirkenden fremden Besucher, die eventuell sogar irdische Verwandte sein könnten, vor, nicht von Außerirdischen zu sprechen, sondern von «Außerzeitlichen».

DAS GEHEIMNIS DER GRAVITATION

Die meisten Theorien der UFO-Forscher gehen bei ihren Mutmaßungen über mögliche Antriebe von einer höchst effektiven Manipulation der Gravitation mit Hilfe des Elektromagnetismus aus. Starke Magnetfelder sollen die elegante, lautlose und flexible Manövrierfähigkeit ermöglichen. Noch faszinierender wird diese Wendigkeit dadurch, dass sie einen menschlichen Piloten natürlich schlagartig umbringen würde. Militärpiloten halten beispielsweise maximal eine Belastung des Achtfachen ihres eigenen Körpergewichtes aus, also eine Beschleunigung mit $8g^*$, ehe sie ohnmächtig werden. Berechnungen der protokollierten UFO-Flugmanöver ergeben, dass UFO-Besatzungen anscheinend in der Lage sind, viel stärkere Beschleunigungen auszuhalten. So schildert der UFO-Forscher Illobrand von Ludwiger** einen Fall in Belgien[201], bei dem eine Beschleunigung von 43 g errechnet wurde. Er folgert, dass in einem UFO fünfmal geringere Trägheitskräfte auftreten als in einem irdischen Flugzeug. Ludwiger hat selbst auf Basis der Berechnungen des

---

* Die Konstante g bezeichnet die Fallbeschleunigung auf der Erde.
** Veröffentlicht auch unter dem Pseudonym Illo Brand.

Physikers Burkhard Heim seine sogenannte Projektortheorie entwickelt mit dem Ergebnis, dass durch «gravitative Feldantriebe» Zeitreisen möglich sind*.

Diese Antriebsart «stört» das Gravitationsfeld der Erde und nutzt diese Störungen, um über einen sechsdimensionalen Hyperraum eine Versetzung in der Raumzeit zu erreichen. Die Maschinen selbst, «die elektromagnetische Strahlung großflächig in Gravitationswellen** umwandeln», heißen Kontrabatoren. Der in den fünfziger Jahren durchaus anerkannte, blinde Physiker Burkhard Heim arbeitete lange daran, die Idee eines solchen Antriebs in die Praxis umzusetzen, aber 2001 starb der kauzige Eigenbrötler letztlich erfolglos.

Dass es sich bei vielen beobachteten UFOs um Flugapparate des speziellen Typs handeln muss, der durch die Dimensionen rauscht, steht für Meckelburg fest. Diese Fahrzeuge, die in der Lage sind, «allen Gesetzen der Aerodynamik Hohn sprechende Wendemanöver» zu vollführen, sind für ihn keine Wurmloch-

---

* Laut Ludwiger hat Burkhard Heim eine sechsdimensionale allgemeine Feldtheorie entworfen, die er selbst aber niemals komplett und nachvollziehbar veröffentlichen wollte. Angeblich fürchtete er, die Konsequenzen daraus könnten der Menschheit schaden. Ludwigers Versuche, diese Berechnungen der Nachwelt verständlich zugänglich zu machen, sind unter dem Titel *Die einheitliche 6-dimensionale Quanten-Geometrodynamik nach Burkhard Heim* erschienen in der Vereinsveröffentlichung MUFON-CES-Bericht 6 1979, 267–377. Wer sich dem Formelwerk vertieft widmen möchte, kann das unter www.heim-theory.com tun. Ludwiger ist selbst seit 1974 Leiter der zentraleuropäischen Sektion des US-amerikanischen Mutual UFO Network (MUFON-CES) in Feldkirchen-Westerham, einer privaten Gesellschaft zur Untersuchung von anomalen atmosphärischen und Radar-Erscheinungen.
** Gravitationswellen werden zwar vermutet, konnten bisher aber nicht experimentell nachgewiesen werden.

Zeitmaschinen, sondern fallen unter die Rubrik «interdimensional», mit ihnen ließen sich «aus dem Stand heraus nicht nur Raum und Zeit, sondern auch andersdimensionale Zustände überbrücken»[202].

Als Energiequelle schlägt Meckelburg im Weltraum fluktuierende Energie, sogenannte freie Energie, vor, die eines Tages nutzbar gemacht werden könnte*. Die Idee der freien Energie ist bei UFO-Forschern, New-Age-Anhängern und Esoterikern sehr beliebt, aber auch Naturwissenschaftler beschäftigen sich zunehmend damit.

Der pensionierte österreichische Lehrer Guido Moosbrugger stellt in seinem Buch *Flugreisen durch Zeit und Raum*[203] sehr ungewöhnliche physikalische Ideen zu Zeit- und Raumreisen vor. Im Gegensatz zu uns ist er aber in der Lage, von realen Raum-Zeit-Reisen wohlgesinnter, mitteilsamer Außerirdischer zu berichten, die sich öfter in der Schweiz aufhalten und dort Botschaften an die Menschheit hinterlassen. Moosbruggers Freund Billy Meier, ein einarmiger Schweizer, will seit den siebziger Jahren telepathische Berichte und reale Besuche von den Bewohnern der Plejaden erhalten, einem Sternenhaufen im Sternbild Stier, der 420 Lichtjahre von der Erde entfernt ist. Billy Meier hat durch die Veröffentlichungen der Protokolle seiner mehr als 250 Gespräche, mehr als tausend UFO-Fotos und einiger sehr schöner UFO-Filmchen eine beharrlich größer werdende Fangemeinde um sich geschart. Er behauptet

---

* Er benutzt dabei den Begriff Nullpunktsenergie. Nullpunktenergie wird in der Esoterikszene als Lebensenergie bezeichnet. In der Physik ist Nullpunktenergie bekannt als Restbewegung von Teilchen im Vakuum beim absoluten Temperaturnullpunkt von 0 Kelvin bzw. – 273,15 Grad Celsius. Sie wird auch ZPE, Zero-Point-Energy, genannt.

von sich selbst, er sei eine Reinkarnation Christi, der wiederum selbst ein Plejadier/Plejaner gewesen sei. Guido Moosbrugger gilt als einziger Autor, der von Meier autorisiert ist, die plejadischen Gesprächsprotokolle ebenfalls zu veröffentlichen. Moosbruggers Leser erhalten nicht nur Informationen darüber, wie Naturphänomene das Bermudadreieck zur Todesfalle für Flugzeug- und Schiffsbesatzungen machen, wie Atlantis unterging, sondern auch ganz nebenbei, wie die Plejaner und andere außerirdische Rassen ihre Raumfahrt gestalten. Diese Berichte schildern exemplarisch die wundersame Welt der Fortbewegung durch Raum und Zeit, wie sie andere Zivilisationen anscheinend zu praktizieren pflegen.

«Die außerirdischen Flugkörper lassen sich in drei Gruppen einteilen, und zwar in materielle Flugkörper, immaterielle Flugkörper und bioorganische Flugkörper.»[204] Der letzte Aspekt ist sehr innovativ; denn dass Aliens selbst zu UFOs werden, hört man selten. Diese Objekte seien «wandlungsfähige, dimensionswechslungsfähige Energiekörper, die [...] jedoch keine Form bewussten Bewusstseins haben». Diese merkwürdigen Erscheinungen sind selbst den anderen Außerirdischen rätselhaft: Moosbrugger zitiert ein Gespräch, in dem Billy Meier von seinem plejadischen Kontaktwesen namens Ptaah darüber Auskunft erhält: «So können wir solche Bioorganer, wie wir sie nennen, auch auf unseren Welten beobachten, wobei wir jedoch selbst nicht genau wissen, welcher Art diese Lebensformen nun sind ... In ihrer Art sind sie absolut harmlos oder gar spielerisch ... Sie leben in einem uns noch verschlossenen Parallelraum.»[205] Gut zu wissen, dass die Außerirdischen auch ihre Grenzen haben.

Der Begriff immaterielle Flugkörper dagegen bezieht sich auf Phänomene, die als Astralreisen bekannt sind: Es handelt sich um «feinstoffliche Materie, also aus einer Art von Energie». Moosbrugger konnte bereits selbst solch ein Schiff sehen, und: «bei den Insassen handelt es sich um eine Zwergenrasse, die Nabulaner heißen und aus dem mehr als zwei Millionen Lichtjahre entfernten Andromedagebiet stammen»[206].

Man kann Moosbruggers Berichten über die Eigenschaften der unterschiedlichen (materiellen) Raumschiffe nicht gerade einen Überfluss an Details bescheinigen: «Mit Ausnahme der nur planetar einsatzfähigen Flugobjekte vermögen ihre Raumschiffe in sämtliche Raum-Zeit-Ebenen einzudringen und auch absolut verlässlich wieder zum Ausgangspunkt zurückzukehren. Sie sind mit den modernsten Apparaturen ausgerüstet, von denen wir vorerst nur träumen können.» Über die Zeitreisefähigkeiten der Außerirdischen behauptet Moosbrugger: «Sie besitzen die Kunst der Zeitmanipulation ... Dabei wird gewissermaßen der Zeiger der Uhr zurückgedreht, wodurch ein Mensch die Stunden oder Tage, die er bereits durchlebt hat, noch einmal von vorne wiederholen kann.»[207]

Es erstaunt uns, dass die Außerirdischen ihre Kunst ausgerechnet dazu verwenden, etwas bereits Erlebtes noch einmal von vorne zu wiederholen, aber warum auch nicht? Billy Meier ist nicht das einzige irdische Medium, das die Plejaner auserwählt haben, ihre Botschaft zu verkünden. Meiers amerikanischer Kollege Daniel Fry will von ihnen zum Beispiel etwas präzisere Informationen darüber erhalten haben, wie ihre UFOs funktionieren. Demnach speisen sie diese mit «Energiegefälle-Quellen», zum Beispiel aus ionisierten Schichten der Erdatmosphäre, sowie mit hochenergetischen Elektronen des Sonnenwindes, die zuvor in einem Sammler aufgefangen worden sind. Zwischen den Polen des Sammlers entsteht durch Spannungsunterschiede ein Potenzialgefälle. Mit Hilfe zweier

Kraftringe wird ein starkes Magnetfeld erzeugt, und «durch bestimmte Resonanzvorgänge entsteht schließlich ein resultierendes Kraftfeld, das zum Antrieb ihrer Raumschiffe dient»[208]. Da es im Weltall von frei umherschwirrenden Elektronen wimmelt, müssen die Plejaner auf ihren Reisen zum Tanken nirgends anhalten, das Reservoir ist unerschöpflich. «Das Abstoßungsprinzip findet hier seine Anwendung, indem die zum Antrieb dienenden Elektronen gewissermaßen im Gefüge des Weltraumes selbst einen Halt finden, sodass sich die Elektronen durch ihre ausgestrahlten Schwingungen an sich selbst abstoßen können. Sozusagen ein Perpetuum mobile, wenn man die notwendige Technik dazu kennt», schlussfolgert Moosbrugger.[209]

Selbstverständlich haben die Plejaner auch ein fabelhaftes Rezept, um Zeitreisen zu unternehmen, so nutzen sie zum Beispiel einen Tachyonenantrieb. Denn im Gegensatz zu unseren Wissenschaftlern haben ihre das geheimnisvolle Elementarteilchen nicht nur entdeckt, sondern bereits nutzbar gemacht. Dank Tachyonen sind sie in der Lage, «millionenfache Lichtgeschwindigkeit zu erzielen», so Moosbrugger. Leider kann er nicht genau beschreiben, wie sie das schaffen: «Wie das im Einzelnen funktioniert, wurde uns aus bestimmten Gründen wohlweislich verschwiegen, wie so manches andere ebenfalls. Sodass ich darüber keine detaillierten Angaben machen kann.»[210]

DIE ZEITMASCHINEN DER AUSSERIRDISCHEN

Dessen ungeachtet berichtet Moosbrugger unerschütterlich über weitere Zeitreise-Methoden, die die Plejaner nutzen, wie etwa den «Raumwellenantrieb», der mit Hilfe eines Elektronenkonverters am Heck des Raumschiffes eine Verzerrung im Raum-Zeit-Kontinuum erzeugt, die es ermöglicht, das Raumschiff «durch einen geeigneten Hyperraum zu schleudern». Hierbei wird keine Entmaterialisierung notwendig, während bei der Transmission und der Teleportation «fast immer Materialisierungsvorgänge beteiligt sind»[211]. Die erwähnte Transmission würden wir auf der Erde als Zauberei empfinden. Es handelt sich um «hyperschnelle Beförderung eines Körpers»[212] durch Dematerialisierung und Rematerialisierung, die mit Hilfe von sogenannten Direkt-, Tele- und Zeittransmittern erfolgt.

Der Weg der Zeitreisenden führt über einen von mehreren möglichen Hyperräumen, also übergeordneten Dimensionen, die als Transitstrecken zur Verfügung stehen. Allerdings scheint dies keine leichte Aufgabe zu sein, denn laut Moosbrugger ist ein Einbruch in den Hyperraum nur «mit einem gewaltigen Anlauf» möglich, den er Hyperraumsprung nennt und für den wieder zigfache Lichtgeschwindigkeit nötig ist. Da aber Raum und Zeit im Hyperraum selbst keine Rolle spielen, verlaufen die Transmissionen ohne Zeitdilatation, und «dies bedeutet, dass für die Besatzung eines Raumschiffes während der Transmission genauso viel Zeit vergeht wie auf ihrem Heimatplaneten». Es gibt viele Transmissionsvariationen. Lustigerweise nennen die Plejaner eine davon, nämlich die, die «im Bereich von maximal drei Lichtsekunden (900 000 km)» stattfindet und praktisch ständig angewandt wird, «Beamen»! Moosbrugger ist stolz, am 4. Januar 1978 selbst Zeuge eines solchen Vorgangs in der Nähe von Billy Meiers Residenz, dem «Semjase-Silver-Star-Center» im schweizerischen Dorf Hinterschmidrüti, geworden zu sein.[213] Billy Meier war spätabends von seinem Kontaktwesen namens Quetzal zuerst telepathisch an einen einsamen Ort, eine halbe Autostunde vom Center entfernt, dirigiert worden. Nachdem er und zwei Begleiter, einer von ihnen Moosbrugger, am Zielort angekommen waren, stieg Meier aus, stapfte durch den Schnee über eine Wiese, und vor den Augen der Gefährten verschwand der Einarmige urplötzlich. Moosbrugger berichtet, dass diese Transmissionsart die gängige Methode ist, um Meier in das jeweilige plejadische Raumschiff zu beamen, damit er dort mit Quetzal oder einem anderen seiner außerirdischen Freunde Gespräche führen kann. Schon nach kurzer Zeit meldete Meier seinen irdischen Begleitern über ein ordinäres Funkgerät, dass er in einiger Entfernung abgeholt werden wollte, und kaum waren seine Freunde am beschriebenen Ort, sprang Meier schon aus der Böschung.

Da Hyperraumsprung-Zeitreisen, so Moosbrugger, zu erheblichen Strukturerschütterungen im interstellaren Raum führen, mussten die Plejaner und alle anderen, die diese Art des Reisens praktizierten, einen zeitlichen Sicherheitsabstand zwischen zwei Starts einführen. Denn der Zeitsprung verursacht eine Sogwirkung, durch die Himmelskörper in den Hyperraum hineingerissen werden können, aus dem sie dann wieder in unser Universum hervorbrechen und als Kometen oder Wandersterne ihr Unwesen treiben. «Solche Vorkommnisse passieren wohl ab und zu, wenn Raumfahrtneulinge aus Unkenntnis oder mangelnder Sorgfalt solche Gefahren heraufbeschwören.»[214] Der erwähnte Sicherheitsabstand konnte durch die Hilfe einer noch weiter fortgeschrittenen Spezies drastisch reduziert werden, sodass die Flugzeit von ERRA, dem plejanischen Heimatplaneten, nach Hinterschmidrüti auf sieben Minuten geschrumpft ist. So hat Billy Meier das Glück, dass ihn die Freunde aus dem Weltall auch mehrmals am Tag aufsuchen können, «wenn sie dies für unbedingt notwendig erachten sollten», wie Moosbrugger betont.

Die Plejaner schalten sämtliche unerwünschten Effekte, die bei Zeit- und Raumreisen entstehen, durch einen sehr effektiven Schutzschirm aus: Strahlung, Luftwiderstand, Schwerelosigkeit, unangenehme Druck- und Temperaturunterschiede, starke Flieh- und Anziehungskräfte, Zeitdilatation sowie störenden Weltraummüll, kreuzende Verkehrsteilnehmer, Schwarze Löcher am Wegesrand und die relativistische Massenzunahme bei hohen Geschwindigkeiten. Eine sehr praktische Erfindung, ohne die diese Art des Reisens wohl völlig undenkbar wäre.

Mögen die rückständigen Plejaner auf solche Tricks noch angewiesen sein, andere Außerirdische sind es nicht mehr. Sie haben den ganzen Techno-Schnickschnack nicht mehr nötig, weil sie eine viel beeindruckendere Art des Reisens entwickeln konnten: geistige Teleportation. Moosbrugger nennt sie «die allerbeste Raumfahrtmethode, die es gibt», weil hier völlig ohne Hilfsmittel, allein durch Gedankenkraft Körper an einem Ort ent- und am anderen rematerialisiert werden können. Bei der Schilderung dieses Effektes führt Moosbrugger eine physikalische Konstante ein, die im Universum gilt: die der größtmöglichen Geschwindigkeit. Während wir auf der Erde seit Einstein weitgehend der Überzeugung sind, dass die Lichtgeschwindigkeit diese Grenze darstellt, konnten die Außerirdischen das Tempolimit um einiges steigern: Für sie ist der Wert der größtmöglichen Geschwindigkeit die zehn-hoch-7000fache Lichtgeschwindigkeit: 10^{7000} c.

Moosbruggers wunderbare Welt enthält nicht nur unser diesseitiges, übrigens eiförmiges Universum, das die Plejaner, wie Moosbrugger schreibt, DERN nennen, sondern auch eine nachbarschaftliche Zwillingswelt, die DAL heißt. Die geistige Teleportation arbeitet im obengenannten extremen Geschwindigkeitsbereich und überwindet die damit zu bewältigenden Distanzen, «wobei der voll auszuschöpfende Anwendungsbereich sogar noch über die Universumsgrenze hinausreicht, sodass – last but not least – sogar der Transfer in das benachbarte DAL-Universum stattfinden kann», so Moosbrugger. Von den Bewohnern dieses Nachbaruniversums, den Sonaern, stammt übrigens die Technik der geistigen Teleportation, die mehr als nur der Willensakt eines Einzelnen ist: «Weil aber das zu leistende Höchstmaß an Geisteskraft einer einzelnen Person für einen solchen Kraftakt in der Regel bei weitem nicht ausreicht, schließen sich mehrere Personen zusammen und bilden einen sogenannten Wir-Block, um in gemeinsamer Anstrengung das erstrebte Ziel zu erreichen.»[215]

DER CHRONONEN-ANTRIEB

Wiederum andere, nicht näher bezeichnete Weltraumbewohner bevorzugen «routinemäßig» einen Antrieb, der sich aus Chrononen speist, einer Art Zeit-Quantum. Das Chronon ist also ein Teilchen, das die materialisierte Zeit im Zeitstrom darstellt, ähnlich wie ein Wasserstrahl aus Tröpfchen besteht. Irdische Wissenschaftler haben noch kein Chronon gefunden, sie suchen es allerdings auch gar nicht[*].

Moosbrugger gibt über die Eigenschaften dieser Chrononen detailliert Auskunft: «Sehr bemerkenswert ist es, dass die Chrononen der Vergangenheit zu überlichtschnellen Tachyonen

---

[*] Sie sind noch mit der Suche nach dem Graviton beschäftigt, dem Wechselwirkungsteilchen, das die Gravitationsinformationen übertragen soll.

werden, und zwar deshalb, weil sie dort ihre Geschwindigkeit beibehalten, die sie in der Gegenwart hatten.»[216] Der Trick besteht darin, überlichtschnelle Teilchen zu nehmen, wenn man in die Vergangenheit reisen möchte (Tachyonen), aber «will man dagegen einen Abstecher in die Zukunft unternehmen, dann wählt man für dieses Unternehmen unterlichtschnelle Futuronen (Chrononen der Zukunft), die wiederum der Zeitflussgeschwindigkeit des Zielortes in der Zukunft entsprechen müssen». Der Antrieb selbst ist ebenso simpel wie die Chrononen-Theorie: Sogenannte Zeitstromeinheiten werden mit den gewünschten Chrononen gefüllt und um das Raumschiff gelagert. Mit einem Katapultstart wird es ohne Ent- und Rematerialisierung durch den Hyperraum in die gewünschte Zeit geschleudert.

So weit zu Guido Moosbruggers Berichten über die Zeitmaschinen-Technologie der Außerirdischen. Der Vollständigkeit halber möchten wir hinzufügen, dass sein Informant, Billy Meier, von Skeptikern als einer der dreistesten Betrüger aller Zeiten gepriesen wird und Moosbrugger als dessen Gefolgsmann den Status eines naiven Dummkopfs einnimmt. Den Betrug bestätigt auch Meiers Exfrau Kalliope, allerdings nur zum Teil. In einem Interview mit dem Journal für UFO-Forschung *(Jufof)*, in dem sie die zahlreichen Fotos, die Billy Meier der Öffentlichkeit vorlegt, als Fälschungen bezeichnet, behauptet sie, er fertige diese heimlich an, um den Wahrheitsgehalt seiner Begegnungen mit den Außerirdischen zu unterstreichen. Die Treffen selbst finden für Meier subjektiv allerdings wirklich statt. Er glaube selbst daran, behauptet seine Exfrau.[217]

Wir bedauern es sehr, dass sich die Wesen, die über Zeitreisentechnologien verfügen, nicht glaubwürdigere Gastgeber aussuchen. Es wäre sehr hilfreich, wenn sie bei anerkannten

Wissenschaftlern auftauchten. Was hält sie wohl davon ab, Staatsoberhäuptern, Nobelpreisträgern und dem Papst einen diskreten Besuch abzustatten? Wir erwarten ja nicht, dass sie während einer laufenden Fußballweltmeisterschafts-Liveübertragung mitten auf dem Spielfeld einschweben; das würde viele Menschen wohl zu sehr verstören – aber was spricht eigentlich gegen eine Stippvisite bei CNN oder der Tagesschau?

18. SIND SIE LÄNGST UNTER UNS?
WEITERE THEORIEN ÜBER ZEITREISENDE

«*Es gibt nur sehr wenige Leute, die ihn [den Wissensdrang] besitzen, selbst unter den Forschern; die meisten begnügen sich damit, Karriere zu machen, und geben sich bald nur noch mit Verwaltungsarbeit ab; [...]. Man könnte sich eine Fabel ausdenken, in der eine ganz kleine Gruppe von Leuten – höchstens ein paar hundert Menschen auf dem ganzen Erdball – mit verbissener Hartnäckigkeit eine sehr schwierige, sehr abstrakte, dem Nichteingeweihten völlig unverständliche Tätigkeit verrichtet. Diese Menschen bleiben der übrigen Bevölkerung für immer unbekannt; [...]. Und doch sind sie die wichtigste Macht der Welt, und zwar aus einem einfachen Grund [...]: Sie haben die Schlüssel zur rationalen Gewissheit in der Hand. Alles, was sie als wahr erklären, wird früher oder später von der gesamten Bevölkerung als wahr anerkannt.*»

Michel Houellebecq, *Elementarteilchen*

Über die grundsätzliche Existenz von Zeitmaschinen und darin herumgondelnden Zeitreisenden sind genau genommen lediglich vier leicht zu unterscheidende Hypothesen interessant:

1. Zeitreisen sind unmöglich.
2. Zeitreisen sind zwar für uns Zeitgenossen im Moment nicht möglich, wir werden sie aber in naher oder ferner Zukunft realisieren.
3. Zeitreisende aus der Zukunft haben unsere eigene Ver-

gangenheit besucht, es aber aufgegeben, auch die derzeitige Gegenwart in ihre Forschungen mit einzubeziehen.
4. Zeitreisende aus allen denkbaren Jahrtausenden hängen ständig in unserem Sektor der Raumzeit herum und amüsieren sich blendend dabei, uns gelegentlich zu foppen. Einige davon wollen uns aber auch helfen und hinterlassen aus diesem Grund gelegentlich nützliche Botschaften.

Die erste Hypothese gibt die Auffassung der Mehrheit selbsternannter vernünftiger Menschen wieder: ob Naturwissenschaftler oder besorgte Eltern von im Hobbykeller an rotierenden Scheiben herumbastelnden Sonderlingen. Wir wollen uns mit den Skeptikern nicht weiter abgeben.

Die zweite Hypothese rechtfertigt und bedingt immense Forschungsanstrengungen auf allen Gebieten. Sie ist die Basis für dieses Buch.

ANCIENT TIME-TRAVELLERS

Die dritte Behauptung spielt auf die Thesen des populärwissenschaftlichen Autors Erich von Däniken an, der seit Jahrzehnten darauf besteht, dass die Erde in früheren Zeiten von Außerirdischen besucht wurde.

Als Indizien dienen ihm vor allem frühgeschichtliche Texte sowie archäologische Artefakte: Zu den interessanten Funden gehören unter anderem vorgeschichtliche Flugmaschinen, die in alten tibetischen Texten Erwähnung finden, Steinzeichnungen der Mayas, auf denen Raketen erkennbar sein sollen, oder eine in Russland gefundene Bronzestatue, die ein menschenähnliches Wesen mit Helm und Handschuhen zeigen soll.[218]

Von Däniken gründete 1998 die A.A.S. – «Forschungsgesellschaft für Archäologie, Astronautik und SETI» als Nachfolgerin der «Ancient Astronaut Society»[*]. Die wichtigste Aufgabe der A.A.S. besteht darin, «einen anerkannten Beweis für ehemalige Besuche von Außerirdischen auf unserer Erde zu erbringen».[219][**]

Zu den Klassikern der «Paläo-SETI»-Argumentation, die nicht nur von Däniken bemüht, gehören die im Alten Testament dokumentierten Worte des Propheten Hesekiel. Nach offizieller Lesart beschreiben sie eigentlich Gotteserscheinungen, klingen für biblische Verhältnisse aber sehr spektakulär: von Feuer, Blitzen und verschachtelten Rädern ist da in Zusammenhang mit Gottes Thronwagen die Rede.

Der Autor Ilia Papa kommt zu der Überzeugung, dass die Beschreibungen Hesekiels auf den amerikanischen Kampfhubschrauber Bell UH 1 D zutreffen. Das zitiert jedenfalls Thomas Ritter in einem Artikel in der Zeitschrift *Der einsame Schütze – Magazin für Kryptozoologie und Grenzwissenschaften*[220]. Die naheliegendste Schlussfolgerung daraus: Die Amerikaner treiben sich mit militärischem Gerät in unserer Vergangenheit herum. Und das schon seit langem – sofern diese Formulierung in diesem Zusammenhang noch sinnvoll ist.

Auch Buchautor Ernst Meckelburg erwähnt verschiedene Artefakte, die offensichtlich zu einer Zeit auf der Erde herumlagen, als nach gängiger Vorstellung niemand dort lebte, der in der Lage gewesen wäre, sie zu erschaffen. Seine Spekulatio-

---

[*] Gegründet 1973 vom amerikanischen Rechtsanwalt Gene Phillips.
[**] Zur Methode, diesen Beweis zu erbringen, heißt es dort weiter: «Dabei wollen wir den Grundregeln des wissenschaftlichen Erkenntnisgewinns folgen, uns aber nicht von bestehenden Dogmen oder Paradigmen eingrenzen lassen.»

nen reichen dabei noch weiter in die Vergangenheit zurück. Er beschreibt Funde von vermeintlich menschlichen Fußabdrücken aus dem Trias, also rund 250 Millionen Jahre alt, oder gewöhnliche Nägel, die in Millionen Jahre altem Gestein eingebettet waren. Und in einem Kohleflöz sei 1928 eine 45 Meter lange Mauer aus polierten Betonwürfeln entdeckt worden, die aufgrund ihres Fundortes mindestens 285 Millionen Jahre alt sein müssten.

Zu den berühmtesten Objekten, die es nach herkömmlicher Geschichtsauffassung gar nicht geben dürfte, gehören Land- und Seekarten des Kartographen und Flottenadmirals Piri Ibn Haji Mehme, besser bekannt als Piri Reis. Diese Karten soll er im frühen 16. Jahrhundert gezeichnet haben. Entdeckt wurden sie 200 Jahre später im Istanbuler Topkapi-Palast. Erst Mitte des 20. Jahrhunderts stellte man allerdings fest, dass diese Dokumente zum einen mit heutigen Karten sehr gut übereinstimmen, und zum anderen Kontinente abbilden, die zur Entstehungszeit der Karten noch gar nicht entdeckt waren: Südamerika und die Antarktis beispielsweise.

Die Liste dieser merkwürdigen Objekte, die zur falschen Zeit aufgetaucht sind, lässt sich beliebig verlängern: sonderbare feinmechanische Vorrichtungen aus der Antike, Metalllegierungen aus Chinas Frühzeit, die angeblich erst viel später technisch herstellbar waren, 2000 Jahre alte Miniatur-Düsenjetmodelle aus Gold.[221]

Von wem stammen diese Artefakte? Wie konnte der türkische Kartograph vor fast 500 Jahren von der Antarktis wissen? Haben ihm Zeitreisende oder Außerirdische dabei geholfen – beziehungsweise außerirdische Zeitreisende?

Es gibt noch andere Erklärungen für solche Out-of-place-artifacts: Sie könnten Hinterlassenschaften einer vormenschlichen Zivilisation auf unserem Planeten sein oder durch eine Art Teleportation an ihre Fundorte gelangt sein. Beide Erklärungen klingen nicht weniger verrückt als die Zeit-Touristen-Theorie. Für Meckelburg jedenfalls deuten die unzeitgemäßen Artefakte in aller Welt nicht «auf ETs aus den Weiten des Alls, sondern mehr auf Aktivitäten von Zeitreisenden – wahrscheinlich unsere eigenen Nachfahren».[222]

Spinnt man diesen Gedanken weiter, geraten viele bahnbrechende Erfindungen oder Erkenntnisse in den Verdacht, nicht etwa von außerordentlichen Genies ersonnen, sondern unter Mitwirkung von zeitreisenden Tutoren entstanden zu sein: Leonardo da Vinci wäre dafür ein Beispiel. Von ihm sind Texte und Bilder überliefert, in denen er über Hydrauliken, Schwungräder und Fallschirme theoretisiert.

Die Unterstützung durch Zeitreisende ist eine einfache Erklärung, der man sich aber nicht zwingend zuwenden muss. Seiner Zeit voraus zu sein, ist schließlich hoffentlich noch eine Fähigkeit, die auch ohne verdächtige transtemporale Kontakte erworben werden kann.

Dass also Zeitreisende all die unerklärlichen Phänomene in der Vergangenheit angezettelt haben, dafür gibt es – wenn man den «SETI-Paläontologen» glauben möchte – zahlreiche Indizien. Aber was ist mit der Gegenwart? Haben wir in unserer Jetzt-Zeit ebenfalls Besuch – und wenn nicht, warum nicht?

TREFFPUNKT GEGENWART

Die vierte Hypothese über Zeitreisende lautet: Dieser Planet ist regelmäßiges Ziel von Besuchern aus unserer eigenen Zukunft – oder der Zukunft anderer Wesen oder der Gegenwart anderer Wesen, eventuell auch ihrer Vergangenheit – das macht letztlich keinen Unterschied, wie wir bereits gezeigt haben. Was für von Dänikens Ancient Astronauts gilt, kann auch eine Erklärung für heutige UFO-Sichtungen sein. Auch bei ihnen könnte es sich um Zeitreisende handeln.

Dass sich die Verursacher der Phänomene, die von den zahlreichen Betroffenen als Entführungen durch UFO-Besatzungen wahrgenommen werden, nur schwer erwischen lassen, wird gelegentlich damit begründet, dass eine unsere Vorstellungskraft überfordernde Erfahrung – was auch immer das Wahnsinniges sein mag – vom Gehirn mit etwas anderem substituiert wird, was immer noch abgefahren, aber wenigstens in Worte fassbar ist. Eine Begegnung mit dem Unaussprechlichen wird quasi metaphorisiert, um sie erträglich zu gestalten. Und da heute Dämonen nicht mehr zum allgemeinen Kulturgut gehören, müssen eben Außerirdische oder Zeitreisende dafür herhalten.

Die Bedeutung dieser Begegnungen sei nach Ansicht von UFO-Forschern aber keine persönliche Angelegenheit der Betroffenen, sondern geht unser aller Zukunft an. Johannes von Buttlar zitiert in diesem Zusammenhang den Psychiatrie-Professor John E. Mack, der UFO-Entführungs-Phänomene mit einer Evolution des Bewusstseins in Verbindung bringt. «Sie [die Entführungen] scheinen einen epochalen Wechsel anzukündigen, ein Hineintauchen in einen Kosmos, den wir in einer weniger zerstörerischen Weise bewohnen können. [...] Es [das Entführungsphänomen] bietet uns – durchaus im wörtlichen Sinne – Visionen über alternative Formen der Zukunft an, aber es überlässt uns die Wahl.»[223] In diesem Zusammenhang scheinen Zeitreisende die plausibleren Ursachen für Entführungserlebnisse.

Dafür sprechen auch Indizien wie das plötzliche Verschwinden und sehr störrische Verhalten von angeblichen UFOs und Außerirdischen gegenüber jenen, die ihnen auf der Spur sind.* Denn wenn man sich überlegt, wie man sich selbst als Zeitreisender im Mittelalter aufführen würde, der per Strafandrohung dazu ermahnt wird, bloß keinen Zeitschaden anzurichten, so würde man vermutlich ebenfalls sehr schnell wieder das Weite suchen und möglichst wenig brauchbare Spuren hinterlassen.

Viele Phänomene aus dem Bereich des Unerklärlichen lassen sich hypothetisch mit der Anwesenheit von Zeitreisenden erklären, die obendrein noch über mächtige Technologien oder eben eine völlig andere als die uns bekannte menschliche Erscheinungsform verfügen.

Die Autorin Jenny Randles hält es beispielsweise für möglich, dass Geistererscheinungen in Wirklichkeit Zeitreisende sind. Denn Geister würden oft als über dem Boden schwebend oder gar mit den Füßen *unter* der gegenwärtigen Fußbodenebene geschildert. Eine Erklärung dafür wäre das im Laufe der Zeit veränderte Niveau des jeweiligen Untergrunds.[224]

ZEITREISENDE MIT FINANZIELLEN INTERESSEN

Von Geistern ist aber selten bekannt geworden, dass sie scharf auf Reichtum waren. Der vorgebliche Zeitreisende Andrew Carlssin dagegen brachte es im Jahr 2003 innerhalb weniger Wochen angeblich zu einem Vermögen von 350 Millionen

---

* Nach vorherrschender Meinung der offiziellen Wissenschaft finden aber weder Begegnungen mit Außerirdischen statt, noch sind je UFOs auf unserem Planeten gelandet. Insofern handelt es sich bei dieser Spekulation um ein reines Gedankenexperiment.

Dollar, indem er mit einem Startkapital von 800 Dollar an der New Yorker Börse zockte. Das berichtete jedenfalls die Boulevard-Zeitung *Weekly World News*, die sonst für Geschichten über den noch lebenden Elvis oder Aliens im Weißen Haus berüchtigt ist. Ein reines Fantasie-Blättchen also. Aber die Story ist schön ausgedacht und machte auch in anderen Medien, vor allem im Internet, die Runde. Der Erfolg des Traders fiel auf, und Carlssin landete wegen Insider-Handels in Haft. Hier packte er aus: Er sei ein Zeitreisender aus dem 23. Jahrhundert.

Natürlich stellte sich kurze Zeit später heraus, dass es sich bei der ganzen Story um eine Ente handelte. Die Börsenaufsicht SEC hatte nie von einem Mann dieses Namens gehört. Die ganze Geschichte war erfunden, wie Times Online berichtet.[225] Nur im Internet hält sich diese moderne Legende sehr hartnäckig. Dazu möchten wir noch ein Gedankenexperiment riskieren. Wäre Carlssin tatsächlich ein Zeitreisender gewesen, hätte er doch Zeitreisetechnologien genutzt, um seinen Fehler rückgängig zu machen. Außerdem hätte er nicht das Jahr 2003 gewählt, in dem der Börsenrausch längst vorbei war und solch hohe Gewinne auffallen *mussten*. Carlssin hat es also nie gegeben, aber die Idee, dass Lottogewinner und Börsenspekulanten Zeitreisende sein könnten, die ihr Zukunftswissen zur Vermögensgestaltung einsetzen, ist aus dieser Welt nicht mehr zu entfernen.

Gewissermaßen den langen Weg der Geldvermehrung unter Nutzung von Zeitreisetechnologie bietet dagegen die Firma «Time Travel Fund»[*] an. Sie verspricht ihren Kunden eine sehr ausgedehnte Anlagezeit für ihre Investitionen. 500 Jahre

---

[*] www.timetravelfund.com.

lang soll Kapital angespart werden. Die Spekulation zielt dabei nicht aufs schnelle Geld, sondern darauf, dass zukünftige Zeitreisetechnologien es möglich machen, die Anleger kurz vor ihrem physischen Tod aus unserer Zeit in die Zukunft zu transferieren, um ihnen dann ihr Kapital auszuzahlen.[226] Allerdings sehen die Betreiber des Fonds ihre eigene Rendite eher in der Gegenwart. Von zehn Dollar Einlage soll nämlich nur einer tatsächlich zugunsten der Kunden investiert werden.

NETTE TYPEN VON ÜBERMORGEN

Das Internet ist aber nicht nur eine Ressource für die ungewöhnlichsten Geschäftsideen wie jene der langfristig planenden Investmentfirma, sondern auch eine Quelle für alle erdenklichen Sonderrealitäten und alternativen Weltbilder – auch über Zeit-Tourismus.

Im Jahr 2002 hielt ein angeblicher Zeitreisender in verschiedenen Internetforen über Monate hinweg Freunde des Fantastischen in Atem. Dieser Ardon Krep behauptete, aus der Zukunft zu stammen, und erzählte bereitwillig von seiner Epoche, dem Jahr 2044: von Details der Inneneinrichtung bis zu Einzelheiten der verwendeten Zeitmaschinen-Technologie. Zum Beispiel am 20.07.02 um 10:27: «The mass and gravitational field of a microsingularity can be manipulated by ‹injecting› electrons onto its surface. By rotating two electric microsingularities at high speed, it is possible to create and modify a local gravity sinusoid that replicates the affects of a Kerr black hole.»[227]

Die erste Zeitreise findet laut Krep im Übrigen im Jahr 2011 statt – angeblich schaffen das Amerikaner, die allerdings von einem Weltkrieg im Jahr 2015, der insgesamt drei Milliarden Tote fordert, selbst übel betroffen sind. Mit Vorhersagen über die jeweils nähere Zukunft hat der mitteilsame Zeitreisende viele von seiner Authentizität überzeugt, er sei aber dann doch lieber wieder in seine Zeit zurückgekehrt. Unangenehme Geheimdienstmitarbeiter seien ihm zu dicht auf den Fersen gewesen.

FARBLOS GEKLEIDETE ZEITPOLIZISTEN

Oder jagten ihn vielleicht bereits die berüchtigten «Men in Black» (MIB)? In Zusammenhang mit UFO-Begegnungen, die auch Zeitreisende sein könnten, wird oft von Einschüchterungen der Augenzeugen durch sonderbare schwarzgekleidete Männer in schwarzen Limousinen berichtet. Sie haben eine ungewöhnliche Gesichtsfarbe und manchmal eine leicht bucklige Statur, wirken aber auch gelegentlich wie Skandinavier, dann wieder eher orientalisch. Der Buchautor Peter Krassa berichtet von verschiedenen Begegnungen mit MIB, deren Opfer er zum Teil persönlich gesprochen haben will. Nach seiner Auffassung handelt es sich aber bei den «unheimlichen Horrorgestalten» nicht um besonders geheime Agenten der Amerikaner, Russen oder Chinesen. Angesichts der Tatsache, dass diese Truppe sich mitunter scheinbar in Luft auflöst, wirft Krassa stattdessen die Frage auf, ob diese Figuren vielleicht «eine aus der Zukunft agierende Polizeieinheit ... sogenannte Zeitkorrektoren»[228] sind. Deren Aufgabe könne es sein, ihre eigene Gegenwart, also unsere Zukunft, «vor den ‹Sünden› der Vergangenheit zu bewahren»[229].

Wir selbst sind im Rahmen der Recherche zu diesem Buch

auch dünnen, aber viel versprechenden Hinweisen auf bereits existierende Zeitreisende mit Transportmitteln aus unserer eigenen Zukunft nachgegangen. Aber wer Zeitmaschinen baut oder weiß, wie man sie bauen könnte, muss scheinbar mit dem Schlimmsten rechnen; er könnte sich schließlich in irgendjemandes Augen auf verbotenem Terrain befinden, und das könnte für ihn böse enden. Auch unsere Fährte endete daher leider oft im Mysteriösen.

DIE 75-MILLIONEN-EURO-ZEITMASCHINE

Exemplarisch für die vielen Gruppen, die auf ihren Websites Fantastisches wie echte Zeitmaschinen anpreisen, schildern wir die Kontaktaufnahme mit Erich Mehnert aus Mandelbachtal.

Auf seiner Seite heißt es:

«Seit 14.12.2002 sind Zeitreisen möglich. Entwicklungs-Kosten einer solchen Maschine ca. 75 Mill. Euro ... Ich E. Mehnert bin der Erfinder dieser Zeitmaschinen. Z. B die in Soccoro new Mexiko gesehene (1964) Zeuge L. Z. Police Officer».[*] Weiter behauptet der Mann, dass die Roswell-Maschine sein Werk sei, dass seine Maschinen zur Entstehung des Menschen zurückreisen, was auch nötig ist, damit aus den Menschen keine «Triboliten» werden, und zu guter Letzt, dass sich DVDs, die Zeitreisen dokumentieren, in der Cheops-Pyramide befinden. «Die Maschinen sind noch nicht gebaut, denoch sind sie schon Vergangenheit. Energiequelle stärker als eine Wasserstoff-BOMBE, in jedem

---

[*] www.mehnert-technologie-saar.de – Rechtschreibung aus dem Original übernommen.

> Haushalt herstellbar.» Was will uns der Mann aber wirklich sagen?
> Wenige Zeilen später finden wir die Lösung: «Ich suche stille Teilhaber für diese Projekte.» Aha. Aber auf Nachfrage per E-Mail erhalten wir nur Antwort von einem Mittelsmann, der eher mauert und angeblich im Auftrag von Mehnert schreibt: «Er sagte im Prinzip ist es möglich solch ein Vorhaben unter erheblichem finanziellen Aufwand in die Tat umzusetzen – jedoch würde er unter keinen Umständen Einzelheiten zur Verwirklichung eines solchen Projektes preisgeben.» Stattdessen hagelt es physikalische Appetithäppchen zu unserer Inspiration: Das Atom beinhalte eine Zeit-abhängige und eine Zeit-unabhängige Welt. Dann erwähnt er noch Valenzquarks und Nicht-Lokalität und behauptet, letztlich enthalte – hier wird Max Planck bemüht – das Zentrum des Atoms eine Singularität. Wie genau man mit diesen Erkenntnissen durch die Zeit reisen kann, bleibt aber schleierhaft. Klingt verrückt. Ist es vielleicht auch. Vielleicht – und dieses Risiko besteht – aber auch nicht.

Doch nicht alle Zeitmaschinen-Konstrukteure verbinden derart viel Fantasie mit so wenig Ahnung von Orthographie, wie Mehnert. Während von ihm keine Offenlegungsschriften beim Patentamt zu finden waren, sind andere Tüftler immerhin bis zur Anmeldung gekommen, siehe Kapitel 14.

EPILOG: THE SWINGING UNIVERSE
ZEITMASCHINEN MÜSSEN TANZEN

«*Wann immer wir versuchen,
etwas Einzelnes herauszusondern, stellen wir fest,
dass es mit allem anderen im Universum zusammenhängt.*»

John Muir

Alles ist in Bewegung. Auf der Suche nach einer geeigneten Zeitmaschinen-Technologie stießen wir nicht nur auf vermeintliche Vorwärts- und Rückwärtsbewegungen in Richtung Zukunft und Vergangenheit, auf zyklische Zeitschleifen und rotierende Schwarze Löcher, sondern auch auf jede Menge Oszillatoren, also dynamische Systeme, die Schwingungen ausführen. Sie begegneten uns bei den kleinsten Bausteinen der Materie, den Elementarteilchen, und bei den größten vermuteten Phänomenen im Weltall: den Branen, die wir im Rahmen der Stringtheorie vorgestellt haben.

WELLENFORM VON WEG UND ZIEL

Elektronen erscheinen nicht nur als Teilchen, sondern auch als Welle. Sie schwingen, Atome schwingen, Moleküle schwingen, unser Körper schwingt, einfach alles schwingt. Gehirnwellen müssen in bestimmten Frequenzen schwingen, damit sich Erfolge beim Zeitreisen durch Beeinflussung des Bewusstseins zeigen. Und einige Zeitmaschinen-Tüftler erzeugen elektromagnetische Felder mit kolossalen Schwingungen, um dadurch Veränderungen der Gravitation herbeizuführen, in der Hoffnung, die damit verbundene Raumzeit zu beeinflussen. Der Versuch der Physik, Gravitation vollständig zu verstehen, mündet in die Suche nach Gravitationswellen.

Der Theorie nach muss es sie geben, aber sie konnten bisher nicht entdeckt werden. Man geht davon aus, dass beschleunigte Massen Gravitationswellen aussenden, genauso wie beschleunigte Ladungsträger (mit Ladung behaftete Teilchen) elektromagnetische Wellen, zum Beispiel Licht, aussenden.

DIE ZEITREISE-QUALITÄTEN DES YOGA

Der Verdacht, dass nicht nur Materie, sondern auch alles andere *dazwischen* schwingt, drängt sich auf: Ist die alles verbindende Lebensenergie vielleicht eine Schwingung, die sich nur noch nicht nachweisen lässt?

Für New-Age-Anhänger ist diese Frage längst mit «Ja» beantwortet: Schon die Hippies waren sich einig darüber, dass nichts wichtiger ist als «good vibrations», und auch im Deutschen ist dann alles klar, wenn zwei «auf der gleichen Wellenlänge» sind. Beispielsweise gehen die Anhänger des Yoga davon aus, dass es sowohl verschiedene Energieschwingungen auf der materiellen Ebene gibt, als auch, dass Energie noch subtiler schwingen kann, als es physikalische Instrumente zu messen in der Lage sind. Die Rede ist vom sogenannten Feinstoff. Aber auch in der Bach-Blüten-Therapie, der Homöopathie, der Lehre des Ayurveda, des Reiki, Feng-Shui, der Akupunktur und vielen anderen esoterischen Disziplinen kommt es darauf an, dass die kosmische Energie ungestört fließt, damit Körper, Geist und Seele miteinander harmonieren und gesund bleiben. Krankheit sei das Symptom gestörter Harmonie, und um wieder gesund zu werden, gilt es, die Schwingungen wieder zu aktivieren. «Das Lebewesen ist seinem Wesen nach para prakrti (höhere, antimaterielle Energie). Seine Identifizierung mit der apara prakrti (der niederen, materiellen Energie) ist die Ursache allen Leids. Weil das Lebewesen von einer illusionären Form der Zivilisation getäuscht ist, vernachlässigt es die geeignete Behandlung seiner materiellen Krankheit»[230], behauptet der Gründer der so genannten Hare-Krishna-Bewegung in der westlichen Welt Bhaktivedanta Swami. Und diese geeignete Behandlung liege im Bhakti Yoga. Der Veden-Experte behauptet weiter, dass jeder Mensch zu einem beliebigen Planeten reisen könne, «jedoch nur durch eine psychologische Veränderung des Geistes oder durch Yoga-Kräfte»[231]. Diese Methode erscheint den meisten modernen westlichen Menschen schon von vornherein intellektuell inakzeptabel. Und für jene, die es trotzdem versuchen, ist sie ein Kraftakt. Dabei ist diese wie andere Bewusstseinstechnologien keine Methode, die man sich mühsam und qualvoll aneignen muss; sie funktioniert angeblich nur in heiterer Gelassenheit – ein Zustand, für den wir Westeuropäer offenbar nicht talentiert sind. Vielleicht liegt darin die Erklärung für unser verkrampftes Verhältnis zum Kosmos.

DIE MUSIKALISCHE ZEITMASCHINE

Harmonische Schwingungen und ungestörte kosmische Energieflüsse können als Mittel zu Gesundheit und Glückseligkeit und zur interstellaren Raum-Zeit-Fahrt am Wochenende dienen. Sollen wir aber deshalb wirklich die Suche nach einer handfesten Zeitmaschine aus supraleitendem Metall und Spezialkunststoffen mit vielen Hebeln, Knöpfen und Lämpchen, gigantischen Spulen und filigraner Elektronik aufgeben, wie es der Krishna-Guru empfiehlt? Es sieht ganz danach aus.

In seinem programmatischen Buch *Aufstand des Bewusstseins* spricht sich Ronald Steckel vehement für eine Besinnung des Menschen auf seine eigenen Bewusstseinskräfte aus, um doch noch die Probleme des «hochgezüchteten Affen» zu überwinden. Er zitiert einen ihm nicht namentlich bekannten französischen Komponisten, den er im Radio sprechen hörte: «Der Kosmos ist eine große Komposition, alles schwingt und lebt. Es gibt keine unbelebte Materie, alles tanzt ... Wir erfreuen uns daran, dass der Mensch Geist ist: Alles wird mit neuen Augen betrachtet und mit neuen Ohren gehört. Wir sind kosmische Wesen ...»[232]

Diese etwas verzweifelt klingenden Argumente für eine «Mutation des Bewusstseins» bestätigen aber den humanistischen Aspekt unserer Schwingungs-Hypothese. Als Geschöpf des unendlichen Kosmos, nur scheinbar gebunden an die Fesseln der Zeitlichkeit, kann sich der Mensch in Resonanz mit den Aspekten des Universums bringen, die geeignet sind, unsere Illusion der Realität zu einer umfassenderen und freieren zu transzendieren. In der Stringtheorie spricht man vom Universum als einer «einzigartigen kosmischen Symphonie». Musik ist die gesetzmäßige Organisation von Klängen, und Klänge sind Schwingungen. Demnach müsste in einem musikalischen Universum eine Zeitmaschine Rhythmen und Harmonien beherrschen. Die Vorstellung von einer tanzenden Zeitmaschine passt aber ganz und gar nicht zum technikversessenen Verständnis der Naturbeherrschung.

Technokraten träumen eher von einer Zeitmaschine als technologischer Apparatur, die mit unendlichem Energieverbrauch brachial die Raumzeit verzerrt, um durch die Epochen zu donnern. Wir haben gesehen, dass es nach den Regeln der Wissenschaft derzeit noch unmöglich ist, einen Antrieb zu konstruieren, der eine Maschine schneller als das Licht durch den Raum rasen ließe. Aber wir haben auch gesehen, dass Zeitreisen theoretisch (und manche behaupten auch praktisch) möglich sind, wenn man den Raum zwischen zwei Punkten verkürzt, also die Raumzeit umgeht. Dies ist zwar in der uns bekannten vierdimensionalen Raumzeit äußerst schwierig, aber wenn man – etwa mit der Stringtheorie – annimmt, dass weitere Dimensionen existieren, dann könnte man, durch einen «Sprung» in eine andere Dimension und wieder zurück, das uns bekannte Raum-Zeit-Gefüge austricksen und hinter sich lassen.

REISE OHNE WIEDERKEHR

Der Wunsch, mit Hilfe eines technischen Apparates an einem Stück gesund und munter *körperlich* durch Raum und Zeit zu reisen, ist im Prinzip obsolet: Unser biologischer Organismus ist für die Erfahrungen vor Ort erstens gar nicht nötig, und zweitens können wir in einer anderen Dimension unseren perfekten diesseitigen Körper vermutlich gar nicht gebrauchen. Wir geraten ja schon bei Schwerelosigkeit ins Trudeln. Wie soll unser armer Leib erst reagieren, wenn überhaupt nichts mehr so ist, wie wir es gewohnt sind?

Von vornherein körperlos zu verreisen und das Bewusstsein als Zeitmaschine zu benutzen, ist vielleicht die beste Lösung.

Die Kunst besteht dann in der Tat darin, wieder heil zurückzukehren und nicht in ein gähnendes Jenseits, in eine zersplitterte Ewigkeit davonzufliegen, wo der Geist zwar durch alle Entwicklungsstufen des Universums diffundieren kann, aber wo man vielleicht selbst niemand mehr ist, dem das irgendetwas bedeutet. Außerhalb unserer Zeit würden wir vielleicht endlich zufrieden und glücklich sein, möglicherweise führt uns so ein Dimensionstrip ja direkt ins Nirwana. Dort angekommen wollen wir vielleicht niemals wieder zurück. Wahrscheinlich hören wir sogar auf, überhaupt irgendetwas zu wollen. Doch was bleibt dann von unserer Persönlichkeit, wenn wir an nichts mehr gebunden sind?

In seinem Roman *Sexus* beschreibt Henry Miller das Schicksal von «phlegmatischen Holzköpfen», die ihr innerstes Ich vergeudet haben: «Man kann sich glatt durch den zylindrischen Tubus des Lebens hindurchwinden und am verkehrten Ende des Fernrohrs herauskommen, so dass man alles, was jenseits von einem liegt, außer Reichweite und teuflisch verdreht sieht. Danach ist das Spiel aus. Welche Richtung auch immer man einschlägt, man wird sich in einem Spiegelsaal befinden. Man wird rennen wie ein Verrückter auf der Suche nach einem Ausgang, um festzustellen, dass man nur von Zerrbildern seines eigenen reizenden Ichs umgeben ist.»[233] Sollten wir also nicht erst einmal versuchen, im Hier und Jetzt besser zurechtzukommen, ehe wir uns dem Schicksal als Zeitreisende aussetzen?

WER WILL ES WAGEN?

Vielleicht hat es sogar Sinn, dass wir eben nicht genauso freizügig über unsere Stellung in der Zeit verfügen können wie über unseren Aufenthaltsort im Raum. Eventuell wären wir jemand völlig anderes, wenn wir unserem persönlichen Zeitstrom entkommen könnten. Vielleicht wären wir dann sogar jemand, mit dem wir lieber nichts zu tun haben wollten.

Zeitmaschinen sind nicht nur aufgrund ihrer potenziell persönlichkeitsverändernden Wirkung Gerätschaften, deren Gebrauch man sich gründlich überlegen sollte. Wer mit der zeitlichen Ordnung spielt, bleibt vielleicht in einem wenig angenehmen Modus der Zeit hängen, und es ergeht ihm auf seiner Reise wie dem verrückten Hutmacher, den Alice bei ihrem Ausflug ins Wunderland trifft.[234] Für ihn ist die Beherrschung der Zeit zum Alptraum geworden. Dieser Hutmacher erinnert sich wehmütig daran, dass er einst die Zeit, die in seinen Augen übrigens männlichen Geschlechts ist, um viele Gefallen bitten konnte, zum Beispiel den Schulvormittag wie im Flug vergehen zu lassen. Er schien sie beliebig beschleunigen oder anhalten zu können. Doch des Hutmachers Bündnis mit der Zeit ist einem Missverständnis zum Opfer gefallen, das die Königin mit der falsch verstandenen Metapher «Er schlägt ja nur Zeit tot» auslöste. Seit diesem bösen Ausspruch verweigert sich die Zeit dem Hutmacher.

Für ihn, der nun mit Schnapphase und Haselmaus an einer gedeckten Tafel sitzt, bleibt es zur Strafe seitdem immer fünf Uhr, also «ständig Zeit zum Fünf-Uhr-Tee, und zum Abspülen kommen wir nie».[235] Diese kleine Gesellschaft ist gefangen in der Hölle der Langeweile. Denkbar, dass der Hutmacher durch diese grausame Strafe überhaupt erst verrückt geworden ist.

Das ist die offensichtliche Kehrseite einer Manipulation der Zeit und das Risiko, das Zeitmaschinen-Nutzer eingehen. Wer sich außerhalb des unerbittlichen Ablaufs stellt, ahnt nicht, auf welche alternative Spielart der Existenz er sich einlässt und wie es sich anfühlt, der gleichförmig ablaufenden Zeit entkommen zu sein.

Eines Tages werden wir alle jedoch auch ohne Zeitmaschine in den Genuss einer Zeitreise kommen – ob wir wollen oder nicht. Wir werden in eine andere Dimension eingehen – dann sehen wir ja, was uns dort erwartet. Bis dahin lohnt sich jederzeit ein eleganter Tanz mit der Raumzeit.

ANMERKUNGEN

1. Immanuel Kant, *Prolegomena zu einer jeden künftigen Metaphysik, die als Wissenschaft wird auftreten können*, Stuttgart 1989, S. 41.
2. Elmar Schenkel, *H. G. Wells – Der Prophet im Labyrinth*, Wien 2001, S. 82.
3. H. G. Wells, *Die Zeitmaschine*, München 1996, S. 143.
4. Ebenda, S. 125.
5. Ebenda, S. 53.
6. Egon Friedell, *Die Rückkehr der Zeitmaschine*, Zürich 1974, S. 59.
7. Berlin 1977.
8. Vgl. William S. Burroughs, *Die Städte der roten Nacht*, Frankfurt a. M. 1982, S. 285.
9. James Joyce, *Ulysses*, Frankfurt a. M. 1981, S. 580.
10. Arthur Schopenhauer, *Die Welt als Wille und Vorstellung*, Zürcher Ausgabe, Werke in zehn Bänden, Bd. 3, S. 373.
11. Friedell, S. 50.
12. Wilhelm Schmid, *Philosophie der Lebenskunst*, Frankfurt a. M. 1998, S. 358.
13. Ebenda, S. 359.
14. David Deutsch u. Michael Lockwood, «Die Quantenphysik der Zeitreise», in: *Spektrum der Wissenschaft*, 11/1994, S. 53.
15. Ebenda, S. 54.
16. Jorge Luis Borges, *Werke in 20 Bänden*, Bd. 5, Fiktionen, Frankfurt a. M. 1992.
17. Ebenda, S. 84.
18. Ebenda, S. 87.
19. Deutsch/Lockwood, S. 56.
20. Vgl. Douglas Adams, *Das Restaurant am Ende des Universums*, München 1998.
21. Douglas Adams, *Dirk Gently's holistische Detektei*, Frankfurt a. M., Berlin 1990, S. 209.
22. Erwin Schrödinger, «Naturwissenschaft und Religion», in: Hans-Peter Duerr (Hrsg.), *Physik und Transzendenz*, Bern, München, Wien 1988, S. 183.
23. Ebenda.
24. Ekai genannt Mu-mon, in: Paul Reps, *Ohne Worte – ohne Schweigen*, Bern, München, Wien 1976, S. 150.
25. Arthur Eddington, «Wissenschaft und Mystizismus», in: Duerr, S. 111.
26. Jean Baudrillard, *Der unmögliche Tausch*, Berlin 2000, S. 205.
27. Terence McKenna in: Rupert Sheldrake, Terence McKenna, Ralph Abraham, *Denken am Rande des Undenkbaren*, München 1993, S. 235.
28. Ebenda, S. 236.
29. Howard Phillips Lovecraft, *Der Schatten aus der Zeit*, Frankfurt a. M. 1992, S. 110.
30. John Symonds, *Aleister Crowley – Das Tier 666 – Leben und Magick*, Basel 1989, S. 241 f.

[31] Zitiert nach Michael D. Eschner, *Die geheimen sexualmagischen Unterweisungen des Tieres 666*, Bergen, Dumme 1993, S. 56.
[32] Ebenda, S. 57.
[33] Israel Regardie, *Die Elemente der Magie*, Reinbek bei Hamburg 1991, S. 50f., Hervorhebung im Original.
[34] «Lebt die Menschheit in der Matrix?», in: *Spiegel Online*, 16.11.2004.
[35] C.G. Jung, *Synchronizität, Akausalität und Okkultismus*, München 1990, S. 26.
[36] F. David Peat, *Synchronizität – Die verborgene Ordnung*, Bern, München, Wien 1991, S. 261.
[37] C.G. Jung, «Seele und Tod», in: ders., *Wirklichkeit der Seele*, München 1990, S. 126f.
[38] Jim Al-Khalili, *Schwarze Löcher, Wurmlöcher und Zeitmaschinen*, Heidelberg, Berlin 2001, S. 316.
[39] David Ash u. Peter Hewitt, *Wissenschaft der Götter*, Frankfurt a.M. 1991, S. 70f.
[40] Jean Gebser, *Ursprung und Gegenwart*, München 1973, S. 388.
[41] Ebenda.
[42] Vgl. Frank J. Tipler, *Die Physik der Unsterblichkeit*, München 1995.
[43] Vgl. *Nature*, Bd. 371, 8.9.1994.
[44] Vgl. http://math.tulane.edu/~tipler.
[45] Vgl. Al-Khalili, S. 180.
[46] Howard J. Blumenthal, Dorothey F. Curley u. Brad Williams, *Führer für Zeitreisende – Touristik-Information für Reisen in die 4. Dimension*, Essen, München, Bartenstein, Venlo, Santa Fé 1994.
[47] Ebenda, S. 30.
[48] H. Beam Piper, *Parazeit*, Rastatt, Boden 1984, S. 57.
[49] London 1973.
[50] München 1985, S. 174.
[51] Umberto Eco, *Über Spiegel und andere Phänomene*, München 1990, S. 219.
[52] Gertrud Lehnert-Rodiek, *Zeitreisen – Untersuchungen zu einem Motiv der erzählenden Literatur des 19. und 20. Jahrhunderts*, Rheinbach-Merzbach 1987, S. 79.
[53] Isaac Asimov, *Das Ende der Ewigkeit*, München 1975, S. 154.
[54] Kurt Mahr, *Die Zeitstraße*, Rastatt 1983, S. 61.
[55] Stanislaw Lem, *Sterntagebücher*, Frankfurt a.M. 1978, S. 29.
[56] Lehnert-Rodiek, S. 203.
[57] München 1983.
[58] Alfred Bester, «Die Mörder Mohammeds», in: Robert Silverberg, *Die Mörder Mohammeds und andere time-travel-stories*, Hamburg, Düsseldorf 1970, S. 106.
[59] Georg Seeßlen, *Clint Eastwood trifft Federico Fellini – Essays zum Kino*, Berlin 1996, S. 130.
[60] Vgl. Giorgio Manganelli, *Irrläufe*, Berlin 2000, S. 86f.
[61] Gilles Deleuze, *Das Zeit-Bild – Kino 2*, Frankfurt a.M. 1991, S. 350f.
[62] Wolf Bauer, Elke Baur u. Bernd Kungel (Hrsg.): *Vier Wochen ohne Fernsehen – Eine Studie zum Fernsehkonsum*, Berlin, 1976, S. 76f.

[63] Hans-Joachim Kamp, Vorsitzender des Fachverbandes Consumer Electronics im ZVEI, anlässlich der Pressekonferenz zur IFA 2005 am 16. Februar in Berlin.
[64] Quelle: www.suchtmittel.de/info/mediensucht/000889.php.
[65] Charles Berlitz u. William L. Moore, *Der Roswell-Zwischenfall – Die Ufos und der CIA*, Rastatt 1984.
[66] Jan van Helsing, *Hände weg von diesem Buch*, Fichtenau 2004.
[67] Preston B. Nichols u. Peter Moon: *Das Montauk Projekt*, Peiting 1994; *Rückkehr nach Montauk*, Peiting 1995; *Pyramiden von Montauk*, Peiting 1996.
[68] Frederick E. Dodson, *Zeitreisen – Fernwahrnehmung und Luzides Träumen als Tor zur Unendlichkeit*, Leipzig 2004, S. 67.
[69] Joseph Matheny, *Ong's Hat – The Beginning*, SkyPress 2002.
[70] Informationen zum ersten deutschen Histotainmentpark unter www.adventon.de.
[71] Quelle: www.kgl.de/LebendigesMuseum/multimediale Zeitreise/Geschichte zum Anfassen/Reenactment.
[72] Fernando Enns, «Die Mennoniten – Der Versuch, Kirche nach neutestamentlichem Vorbild zu sein», Quelle: www.amish-people.de.
[73] Hans Peter Duerr, *Traumzeit – Über die Grenze zwischen Wildnis und Zivilisation*, Frankfurt 1984, S. 101.
[74] Robert von Ranke-Graves, *Griechische Mythologie*, Reinbek bei Hamburg 2003, S. 22.
[75] Hans Peter Duerr, *Sedna oder die Liebe zum Leben*, Frankfurt a. M. 1990, S. 39.
[76] Vgl. Hellmut Schöner, *Berchtesgadener Alpen*, München 1995, S. 80.
[77] Vgl. Rolf Wilhelm Brednich, *Die Spinne in der Yucca-Palme*, München 1990, S. 130 f.
[78] Lazarus Gitschner, *Sagen der Vorzeit, oder ausführliche Beschreibung von dem berühmten Salzburgischen Untersberg oder Wunderberg – Wie solche Lazarus Gitschner, ein frommer Bauersmann von der Pfarrey Berghaim vor seinem Tode seinem Sohne Johann Gitschner ... geoffenbaret*, Brixen 1785.
[79] Dodson, S. 36 f.
[80] Vgl. Arthur Cotterell, *Die Enzyklopädie der Mythologie*, Reichelsheim 2000, S. 242.
[81] Vgl. Wolfgang Bauer, Irmtraud Dümotz u. Sergius Golowin, *Lexikon der Symbole*, München 1989, S. 411.
[82] Ebenda, S. 493.
[83] Ebenda, S. 494.
[84] Peter u. Johannes Fiebag, *Artus, Avalon und der Gral*, Wien 2001, S. 40.
[85] Ebenda, S. 41.
[86] Vgl. Bauer, Dümotz, Golowin, S. 494.
[87] Duerr, Traumzeit, S. 189; Hervorhebung im Original.
[88] Ebenda, S. 192; Hervorhebung im Original.
[89] Ebenda, S. 191; Hervorhebung im Original.
[90] Vgl. Bauer, Dümotz, Golowin, S. 407; Hervorhebung im Original.
[91] Lewis Carroll, *Alice im Wunderland*, Frankfurt a. M. 1973, S. 67.

[92] Tarthang Tulku, *Raum, Zeit und Erkenntnis*, Reinbek bei Hamburg 1986, S. 135.
[93] Aleister Crowley, *Magick*, Bd. 1, hrsg. u. komm. v. Michael D. Eschner, Bergen, Dumme 1993, S. 475.
[94] Abraham von Worms, *Das Buch der wahren Praktik in der göttlichen Magie*, München 1988, S. 128.
[95] Colin Bennett, *Zeitreisen*, Basel 1985, S. 91.
[96] Bob Toben, *Raum-Zeit und erweitertes Bewußtsein*, Frankfurt a.M. 1990, S. 145.
[97] Ebenda, S. 146.
[98] Ebenda, S. 97.
[99] John Welwood, «Das holographische Weltbild und die Struktur der Erfahrung», in: Ken Wilber (Hrsg.), *Das holographische Weltbild*, München 1990, S. 138.
[100] Michael Talbot, *Das holographische Universum*, München 1992, S. 225.
[101] Douglas Coupland, *Girlfriend in a Coma*, München 2001, S. 195; Hervorhebung im Original.
[102] Ebenda, S. 331.
[103] Bennett, S. 33.
[104] Ebenda, S. 94.
[105] Ernst Meckelburg, *Jenseits der Ewigkeit*, München 2000, S. 251.
[106] Leipzig 2004.
[107] Ebenda, S. 116.
[108] Johannes von Buttlar, *Zeitreisen*, Bergisch Gladbach 1998/2000, S. 175f.
[109] Grazyna Fosar u. Franz Bludorf, «Zurück in die Zukunft», in: *Raum und Zeit*, 129/2004.
[110] Ebenda, S. 6.
[111] Ebenda, S. 8.
[112] *Transkommunikation, Zeitschrift für Psychobiophysik und interdimensionale Kommunikations-Systeme*, Bd. IV, Sonderheft 1999. Quelle: www.rodiehr.de
[113] Timothy Leary: Neurologic, Löhrbach, Der Grüne Zweig 39, S. 8.
[114] Ebenda, S. 58.
[115] Ebenda, S. 60.
[116] Michael Murphy, *Der Quantenmensch*, Wessobrunn 1994, S. 43.
[117] Toben, S. 116.
[118] Charles Baudelaire, *Die Blumen des Bösen*, Leipzig 1907, S. 50.
[119] Bayard Taylor, «Haschisch-Visionen», in: Edward Reavis, *Rauschgiftesser erzählen*, Frankfurt a.M. 1986, S. 56f.
[120] Ossi Urchs (Hrsg.) u.a., *Rausch und Erkenntnis*, München 1986, S. 106.
[121] Albert Hofmann, *LSD – mein Sorgenkind*, München 1993, S. 29.
[122] Ebenda, S. 174.
[123] Vgl. Stanislav Grof, *Topographie des Unbewußten*, Stuttgart 2002.
[124] Ders., *Auf der Schwelle zum Leben*, München 1989, S. 58; Hervorhebung im Original.
[125] Ebenda, S. 60.
[126] John C. Lilly, *Das Zentrum des Zyklons*, Frankfurt a.M. 1986, S. 15.

[127] Ebenda, S. 37.
[128] Ebenda S. 138.
[129] Aldous Huxley, *Die Pforten der Wahrnehmung*, München 1970, S. 18.
[130] R. Gordon Wasson u. a., *Der Weg nach Eleusis*, Frankfurt a. M. 1990.
[131] Valentina Wasson, «Ich aß die heiligen Pilze», in: Ronald Rippchen (Hrsg.), *Zauberpilze*, Solothurn, Löhrbach 1993, S. 129.
[132] Vgl. Giorgio Samorini, «The oldest Representations of Hallucinogenic Mushrooms in the world (Saghar Desert, 9000 –7000 B. P.)», in: *Integration. Zeitschrift für geistbewegende Pflanzen und Kultur*, Eschenau, Ausgabe 2 & 3 1992.
[133] Terence McKenna, *Food of the Gods*, London 1993.
[134] Ders., *Wahre Halluzinationen*, Basel 1989.
[135] Ders. u. Dennis McKenna, *The Invisible Landscape*, San Francisco 1975.
[136] Vgl. Rick Strassman, *DMT, das Molekül des Bewusstseins*, Baden, München 2004.
[137] Ebenda, S. 423.
[138] Ebenda, S. 436.
[139] McKenna, *Speisen*, S. 319.
[140] Michel Onfray, *Die Formen der Zeit*, Berlin 1999, S. 107.
[141] Andrew Weil, *Drogen und höheres Bewusstsein*, Aarau 2000, S. 88.
[142] Gerburg Treusch-Dieter, «Körper und Rausch – Drogen als Technologie», in: *Ästhetik & Kommunikation*, Heft 104, 30. Jg., März 1999, S. 50.
[143] Vgl. ebenda.
[144] Ebenda, S. 50f.
[145] Oliver Sacks, *Der Mann, der seine Frau mit einem Hut verwechselte*, Reinbek bei Hamburg, 1990, S. 203.
[146] Ronald D. Laing, *Phänomenologie der Erfahrung*, Frankfurt a. M. 1969, S. 122.
[147] Ebenda.
[148] David Cooper, *Die Sprache der Verrücktheit*, Berlin 1978, S. 27.
[149] Ebenda.
[150] Harold F. Searles, «Hinweise auf eine Borderline-Psychopathologie durch (a) Pausen und (b) Satzbaustörungen in der Sprache des Patienten», in: Otto F. Kernberg u. a. (Hrsg.), *Handbuch der Borderline-Störungen*, Stuttgart 2000, S. 432; Hervorhebung im Original.
[151] Schenkel, S. 245.
[152] Brian W. Aldiss, *Die Achtzig-Minuten-Stunde*, Bergisch Gladbach 1980, S. 151.
[153] Hunter S. Thompson, *Angst und Schrecken in Las Vegas*, Reinbek bei Hamburg 1990, S. 10–16.
[154] Vgl. Christian Rätsch, *Lexikon der Zauberpflanzen*, Wiesbaden 1992, S. 122.
[155] Richard E. Schultes u. Albert Hofmann, *Pflanzen der Götter*, Bern 1987, S. 164.
[156] Z. B. *Enzyklopädie der psychoaktiven Pflanzen*, Aarau, München 2002.
[157] Frederick E. Dodson ist Mentalcoach und Buchautor: siehe z. B. Reality Creation, Coaching, Leipzig 2006.
[158] Isaac Newton, «Mathematische Grundlagen der Naturwissenschaft», zi-

tiert nach Paul Davies, *Die Unsterblichkeit der Zeit*, Bern, München, Wien, 1995, S. 31.
[159] Paul Davies, *So baut man eine Zeitmaschine*, München 2001, S. 14.
[160] Zu den zahlreichen Paradoxa, die sich aus Zeitreisen ergeben, siehe Kapitel 2 und 3. Zum Thema Entfernungen siehe Kapitel 17.
[161] Philip Ball, «Black holes do not exist», in: www.nature.com, 31. März 2005.
[162] Davies, S. 93 ff.
[163] Werner Heisenberg, *Der Teil und das Ganze – Gespräche im Umkreis der Atomphysik*, München 2002, S. 241.
[164] Ebenda, S. 93.
[165] Ebenda, S. 95.
[166] Vgl. Michio Kaku, *Im Hyperraum*, Hamburg 1998.
[167] http://www.mkaku.org/home/?page_id=416
[168] Richard Gott, *Zeitreisen in Einsteins Universum*, Reinbek bei Hamburg (Rowohlt science), 2002, S. 114 ff.
[169] Ebenda, S. 127.
[170] David H. Childress, *Zeitreisenhandbuch*, Peiting 2003, S. 237.
[171] Heinz von Foersters Theorem Nr. 2, vorgetragen auf der Tagung der American Society for Cybernetics am 9. 12. 1971 Washington, DC.
[172] Vadim A. Chernobrov, *Experiments on the change of the direction and rate of time motion*, St. Petersburg 1996.
[173] Hartmut Müller, «Gravitation ist ein allgegenwärtiges Medium», in: *Raum & Zeit*, 104/2000, S. 35.
[174] Vgl. etwa: www.graviflight.de.
[175] Vgl. André Waser, Zur Gravitation, AW-Verlag 2003, Quelle: www.aw-verlag.ch und www.info-global-scaling-verein.de/Global-scaling/documents/Gravitation_Teil 1.pdf.
[176] Ebenda, S. 4.
[177] Ebenda.
[178] Ebenda, S. 6.
[179] *GeoWissen*, 33, «Die Geheimnisse des Universums», 2004, S. 142.
[180] Quelle: *Telepolis*, 13. 4. 2000, http:// www.heise.de/tp/r4/artikel/8/8044/1.html.
[181] Sergej V. Krasnikov, «Toward a Traversable Wormhole», in: *General Relativity and Quantum Cosmology 2000*. Quelle: http://xxx.lanl.gov/abs/gr-qc/0003092.
[182] In: *Die Zeit*, 19/2003.
[183] Vgl. Paul Feyerabend, *Wider den Methodenzwang*, Frankfurt a. M. 1986.
[184] Paul Feyerabend, *Wissenschaftstheoretische Plaudereien*, Audio CD, Köln 2000, Übersetzung aus dem Englischen durch die Autoren.
[185] Vgl. Thomas S. Kuhn, *Die Struktur wissenschaftlicher Revolutionen*, Frankfurt a. M. 2003.
[186] P. Krassa, *Geheime Forschungen & verdeckte Experimente*, Wien 2001, S. 36.
[187] Ebenda, S. 112.
[188] Quelle: www.hdrenterprises.net.
[189] *Rockville*, 1995, Ausgabe 14, www.strangemag.com.

[190] Quelle: www.think-aboutit.com/Misc/ practical_time_travel.htm.
[191] *Berliner Dialog*, Jg. 4, H.12, S. 4.
[192] Quelle: www.damanhur.org.
[193] Anton Zeilinger, «Von Einstein zum Quantencomputer – Philosophische Debatte legte den Grundstein zu einer neuen Informationstechnologie», in: *Neue Züricher Zeitung*, 30. Juni 1999, S. 72.
[194] Alle Zitate aus: David Abel, «Professor's time travel idea fires up the imagination», in: *Boston Globe*, 5.4.2002, S. B1.
[195] In einer E-Mail an die Autoren, 13. März 2005.
[196] Quelle: *Nature*, 425.
[197] Vgl. Davies, S. 24.
[198] Ernst von Khuon (Hrsg.), *Waren die Götter Astronauten?* München 1970, S. 8.
[199] Reinhard Habeck, *1000 Jahre UFOs – Himmelsphänomene durch die Jahrtausende*, Wien 2001, S. 8.
[200] Ernst Meckelburg, *Zeittunnel*, München 1991, S. 234 ff.
[201] Illobrand von Ludwiger, *Der Stand der Ufo-Forschung*, Frankfurt 1992, S. 290.
[202] Meckelburg, *Zeittunnel*, S. 239.
[203] Guido Moosbrugger, *Flugreisen durch Raum und Zeit*, Marktoberdorf, 2000, S. 152 ff.
[204] Ebenda, S. 155.
[205] Ebenda, S. 157.
[206] Ebenda, S. 156.
[207] Ebenda, S. 155.
[208] Daniel Fry, *Erlebnis in White Sands*, Wiesbaden, 1970. Zitiert nach Moosbrugger, S. 222.
[209] Moosbrugger, S. 280.
[210] Ebenda, S. 155 f.
[211] Ebenda, S. 282.
[212] Ebenda, S. 283 ff.
[213] Ebenda, S. 293.
[214] Ebenda, S. 299 ff.
[215] Ebenda, S. 306.
[216] Ebenda, S. 322.
[217] Quelle: www.jufof.de/artikel/«Neue Zweifel an Billy Meier».
[218] Vgl. Erich von Däniken, *Erinnerungen an die Zukunft*, Düsseldorf, Wien 1968.
[219] Quelle: Homepage der A. A. S., www.sagenhaftezeiten.com.
[220] Quelle: www.einsamer-schuetze.com.
[221] Meckelburg, *Jenseits der Ewigkeit*, S. 192 ff.
[222] Ebenda, S. 203.
[223] Von Buttlar, S. 170.
[224] J. Randles, *Time Travel*, London 1994, S. 159 ff.
[225] Quelle: http://www.timesonline.co.uk.
[226] Vgl. *Spiegel Online*, 6.8.2002.
[227] Originalquelle nicht mehr vorhanden – vgl. http://www.wahrexakten.at/geheimsache-technik/3960-zeitreisender.html.

[228] Krassa, S. 36.
[229] Ebenda.
[230] Bhaktivedanta Swami, *Jenseits von Raum und Zeit*, Los Angeles 1987, S. 6.
[231] Ebenda, S. 32
[232] Ronald Steckel, *Aufstand des Bewusstseins*, Löhrbach 2001, S. 29.
[233] Henry Miller, *Sexus*, Reinbek bei Hamburg 1980, S. 246.
[234] Lewis Carroll, *Alice im Wunderland*, Frankfurt a. M. 1973.
[235] Ebenda, S. 75.

LITERATURVERZEICHNIS

Abel, D.: «Professor's time travel idea fires up the imagination». In: *Boston Globe*, 5. April 2002, S. B1.
Adams, D.: *Das Restaurant am Ende des Universums*. München 1998.
Adams, D.: *Dirk Gently's holistische Detektei*. Frankfurt a.M./Berlin 1990.
Aldiss, B. W.: *Die Achtzig-Minuten-Stunde*. Bergisch Gladbach 1980.
Al-Khalili, J.: *Schwarze Löcher, Wurmlöcher und Zeitmaschinen*. Heidelberg/Berlin 2001.
Amery, C.: *Das Königsprojekt*. München 1983.
Ash, D. u. P. Hewitt: *Wissenschaft der Götter*. Frankfurt a.M. 1991.
Asimov, I.: *Das Ende der Ewigkeit*. München 1975.
Ball, P.: «Black holes do not exist». In: www.nature.com, 31. März 2005.
Baudelaire, C.: *Die Blumen des Bösen*. Übers. v. Wolf v. Kalckreuth, Leipzig 1907.
Baudrillard, J.: *Das perfekte Verbrechen*. München 1996.
Bauer, W., E. Baur u. B. Kungel: *Vier Wochen ohne Fernsehen. Eine Studie zum Fernsehkonsum*. Berlin 1976.
Bauer, W., I. Dümotz u. S. Golowin: *Lexikon der Symbole*. München 1989.
Bennett, C.: *Zeitreisen. Die Transzendenz von Raum und Zeit*. Basel 1985.
Berlitz, C. u. W.L. Moore: *Der Roswell-Zwischenfall. Die Ufos und der CIA*. Rastatt 1984.
Bhaktivedanta Swami: *Jenseits von Raum und Zeit*. Los Angeles 1987.
Blask, F.: *Baudrillard zur Einführung*. Hamburg 2002.
Blumenthal, H. J., D.F. Curley u. B. Williams: *Führer für Zeitreisende. Touristik-Information für Reisen in die 4. Dimension*. Essen/München/Bartenstein/Venlo/Santa Fé 1994.
Blumenthal, H. J.: *Führer für Zeitreisende*. Essen 1994.
Borges, L. J.: *Werke in 20 Bänden*. Bd. 5, *Fiktionen*. Frankfurt a.M. 1992.
Brednich, R. W.: *Die Spinne in der Yucca-Palme. Sagenhafte Geschichten von heute*. München 1990.
Burroughs, W. S.: *Die Städte der roten Nacht*. Frankfurt a.M. 1982.
Carroll, L.: *Alice im Wunderland*. Frankfurt a.M. 1973.
Cooper, D.: *Die Sprache der Verrücktheit. Erkundungen ins Hinterland der Revolution*. Berlin 1978.
Cotterell, A.: *Die Enzyklopädie der Mythologie*. Reichelsheim 2000.
Coupland, D.: *Girlfriend in a Coma*. München 2001.
Crichton, M.: *Timeline*. München 2002.
Crowley, A.: *Magick*. Bd. 1, hrsg. u. komm. v. Michael D. Eschner. Bergen/Dumme 1993.
Davies, P.: *Die Unsterblichkeit der Zeit*. Bern/München/Wien 1995.
Davies, P.: *So baut man eine Zeitmaschine*. München 2001.
Deleuze, G.: *Das Zeit-Bild. Kino 2*. Frankfurt a.M. 1991.
Deutsch, D. u. M. Lockwood: «Die Quantenphysik der Zeitreise». In: *Spektrum der Wissenschaft*, 11/1994, S. 50–57.
Dodson, F. E.: *Zeitreisen. Fernwahrnehmung und luzides Träumen als Tor zur Unendlichkeit*. Leipzig 2004.

Duerr, H.-P.: *Traumzeit. Über die Grenze zwischen Wildnis und Zivilisation.* Frankfurt a. M. 1984.
Eco, U.: *Über Spiegel und andere Phänomene.* München 1990.
Eddington, A.: «Wissenschaft und Mystizismus». In: Duerr, H.-P. (Hrsg.): *Physik und Transzendenz.* Bern, München, Wien 1988, S. 97–120.
Enns, F.: «Die Mennoniten. Der Versuch, Kirche nach neutestamentlichem Vorbild zu sein». In: www.amish-people.de
Eschner, M. D.: *Die geheimen sexualmagischen Unterweisungen des Tieres 666.* Bergen/Dumme 1993.
Fechner, Theodor, siehe Mises, Dr.
Feyerabend, P.: *Wider den Methodenzwang.* Frankfurt a. M. 1986.
Feyerabend, P.: *Wissenschaftstheoretische Plaudereien.* Audio-CD, Köln 2000.
Fiebag, P. u. J.: *Artus, Avalon und der Gral. Die Suche nach dem Stein der Weisen.* Wien 2001.
Fosar, G. u. F. Bludorf: «Zurück in die Zukunft». In: *Raum und Zeit,* 129/2004, S. 5–11.
Friedell, E.: *Die Rückkehr der Zeitmaschine.* Zürich 1974.
Gebser, J.: *Ursprung und Gegenwart.* München 1973.
GeoWissen, 33, «Die Geheimnisse des Universums», 2004.
Gerrold, D.: *The man who folded himself.* London 1973.
Gott, R.: *Zeitreisen in Einsteins Universum.* Reinbek 2002.
Grof, S.: *Topographie des Unbewußten.* Stuttgart 2002.
Habeck, R.: *1000 Jahre UFOs. Himmelsphänomene durch die Jahrtausende.* Wien 2001.
Heisenberg, W.: *Der Teil und das Ganze. Gespräche im Umkreis der Atomphysik.* München 2002.
Helsing van, J.: *Hände weg von diesem Buch.* Fichtenau 2004.
Hofmann, A.: *LSD – mein Sorgenkind. Die Entdeckung einer «Wunderdroge».* München 1993.
Huxley, A.: *Die Pforten der Wahrnehmung. Himmel und Hölle. Erfahrungen mit Drogen.* München 1970.
Jeschke, W.: Der letzte Tag der Schöpfung. München 1985.
Joyce, J.: *Ulysses.* Frankfurt a. M. 1981.
Jung, C. G.: «Seele und Tod». In: ders.: *Wirklichkeit der Seele.* München 1990.
Jung, C. G.: *Synchronizität, Akausalität und Okkultismus.* München 1990.
Kant, I.: *Prolegomena zu einer jeden künftigen Metaphysik, die als Wissenschaft wird auftreten können.* Stuttgart 1989.
Khuon von E.: *Waren die Götter Astronauten? Wissenschaftler diskutieren die Thesen Erich von Dänikens.* München 1970.
Krassa, P.: *Geheime Forschungen & verdeckte Experimente.* Wien 2001.
Kuhn, T. S.: *Die Struktur wissenschaftlicher Revolutionen.* Frankfurt a. M. 2003.
Laing, R. D.: *Phänomenologie der Erfahrung.* Frankfurt a. M. 1969.
Leary, T.: *Neurologic.* Der Grüne Zweig, 39, Löhrbach.
Lehnert-Rodiek, G.: *Zeitreisen. Untersuchungen zu einem Motiv der erzählenden Literatur des 19. und 20. Jahrhunderts.* Rheinbach-Merzbach 1987.

Lem, S.: *Sterntagebücher*. Frankfurt a. M. 1978.
Lilly, J. C.: *Das Zentrum des Zyklons. Eine Reise in die inneren Räume. Neue Wege der Bewußtseinserweiterung*. Frankfurt a. M. 1986.
Lovecraft, H. P.: *Der Schatten aus der Zeit*. Frankfurt a. M. 1992.
Mahr, K.: *Die Zeitstraße*, Rastatt 1983.
Manganelli, G.: *Irrläufe*. Berlin 2000.
Matheny, J.: *Ong's Hat. The Beginning*. SkyPress 2002.
McKenna, T. u. D. McKenna: *The Invisible Landscape. Mind, Hallucinogens and the I Ching*. San Francisco 1975.
McKenna, T.: *Die Speisen der Götter*. Löhrbach 1992.
McKenna, T.: *Food of the Gods*. London 1993.
McKenna, T.: *Wahre Halluzinationen*. Basel 1989.
Meckelburg, E.: *Jenseits der Ewigkeit. Wie man die Zeit manipuliert. Selbstversuche und Erfahrungen*. München 2000.
Meckelburg, E.: *Zeittunnel. Reisen an den Rand der Ewigkeit*. München 1991.
Michio, K.: *Im Hyperraum*. Hamburg 1998.
Miller, H.: *Sexus*. Reinbek 1980.
Mises, Dr. (Theodor Fechner): «Der Raum hat vier Dimensionen». In: Leopold Voß: *Vier Paradoxa*. Leipzig 1846.
Moosbrugger, G.: *Flugreisen durch Raum und Zeit. Reale Zeitreisen*. Marktoberdorf 2000.
Müller, H.: «Gravitation ist ein allgegenwärtiges Medium». In: *Raum und Zeit*, 104/2000.
Murphy, M.: *Der Quantenmensch*. Wessobrunn 1994.
Nichols, P. B. u. P. Moon: *Pyramiden von Montauk*. Peiting 1996.
Nichols, P. B. u. P. Moon: *Rückkehr nach Montauk*. Peiting 1995.
Nichols, P. B. u. P. Moon: *Das Montauk-Projekt*. Peiting 1994.
Onfray, M.: *Die Formen der Zeit. Theorie des Sauternes*. Berlin 1999.
Peat, F. D.: *Synchronizität. Die verborgene Ordnung*. Bern/München/Wien 1991.
QRT: *Tekknologic Tekknowledge Tekgnosis. Ein Theoriemix*. Berlin 1999.
Randles, J.: *Time Travel. Fact, Fiction, Possibility*. London 1994.
Rätsch, C.: *Enzyklopädie der psychoaktiven Pflanzen*. Aarau/München 2002.
Rätsch, C.: *Lexikon der Zauberpflanzen*. Wiesbaden 1992.
Regardie, I.: *Die Elemente der Magie*. Reinbek 1991.
Reps, P.: *Ohne Worte – ohne Schweigen. 101 Zen-Geschichten und andere Zen-Texte aus vier Jahrtausenden*. Bern/München/Wien 1976.
Sacks, O.: *Der Mann, der seine Frau mit einem Hut verwechselte*. Reinbek 1990.
Samorini, G.: «The oldest Representations of Hallucinogenic Mushrooms in the world (Saghar Desert, 9000 –7000 B. P.)». In: *Integration. Zeitschrift für geistbewegende Pflanzen und Kultur*. Eschenau, Ausgabe 2 & 3, 1992.
Schenkel, E.: *H. G. Wells. Der Prophet im Labyrinth*. Wien 2001.
Schmid, W.: *Philosophie der Lebenskunst*. Frankfurt a. M. 1998.
Schöner, H.: *Berchtesgadener Alpen. Gebietsführer für Wanderer und Bergsteiger*. München 1995.
Schrödinger, E.: «Naturwissenschaft und Religion». In: Duerr, H.-P. (Hrsg.): *Physik und Transzendenz*. Bern/München/Wien 1988, S. 171–183.
Schultes, R. E. u. A. Hofmann: *Pflanzen der Götter*. Bern 1987.

Searles, H. F.: «Hinweise auf eine Borderline-Psychopathologie durch (a) Pausen und (b) Satzbaustörungen in der Sprache des Patienten». In: Otto F. Kernberg u. a. (Hrsg.): *Handbuch der Borderline-Störungen*. Stuttgart 2000, S. 427–444.
Seeslen, G.: *Clint Eastwood trifft Federico Fellini. Essays zum Kino*. Berlin 1996.
Shaw, B.: *Die Zweizeitmenschen*. München 1971.
Sheldrake, R., T. McKenna u. R. Abraham: *Denken am Rande des Undenkbaren. Über Ordnung und Chaos, Physik und Metaphysik, Ego und Weltseele*. München 1993.
Steckel, R.: *Aufstand des Bewusstseins. Materialien zum neuen Menschenbild*. Löhrbach 2001.
Strassmann, R.: DMT. *Das Molekül des Bewusstseins*. Baden/München 2004.
Supprian, U.: *Zeit und Psychose. Studien zur inneren Ablaufsgestalt des Manisch-Depressiven*. Hamburg 1992.
Suzuki, D. T.: Leben aus Zen. Frankfurt a. M. 1982.
Symonds, J.: *Aleister Crowley. Das Tier 666. Leben und Magick*. Basel 1989.
Talbot, M.: *Das holographische Universum. Die Welt in neuer Dimension*. München 1992.
Taylor, B.: «Haschisch-Visionen». In: Reavis, E.: *Rauschgiftesser erzählen*, Frankfurt a. M. 1986.
Thompon, H. S.: *Angst und Schrecken in Las Vegas*. Reinbek 1990.
Tipler, F. J.: *Die Physik der Unsterblichkeit*. München 1995.
Toben, B.: *Raum-Zeit und erweitertes Bewusstsein. Ein physikalischer Comic mit Jack Sarfatti und Fred A. Wolf*. Frankfurt a. M. 1990.
Treusch-Dieter, G.: «Körper und Rausch. Drogen als Technologie». In: *Ästhetik & Kommunikation*, H. 104, Jg. 30, März 1999, S. 47–52.
Tulku, T.: *Raum, Zeit und Erkenntnis. Aufbruch zur neuen Erfahrung von Welt und Wirklichkeit*. Reinbek 1986.
Urchs, O. u. a. (Hrsg.): *Rausch und Erkenntnis. Das Wilde in der Kultur*. München 1986.
von Buttlar, J.: *Zeitreisen. Das «Granny-Paradox» oder Besucher aus der Zukunft*. Bergisch Gladbach 1998/2000.
von Däniken, E.: *Erinnerungen an die Zukunft*. Düsseldorf/Wien 1968.
von Ludwiger, I.: *Der Stand der Ufo-Forschung*. Frankfurt 1992.
von Ludwiger, I.: *Unidentifizierte Flugobjekte über Europa*. München 1999.
von Ranke-Graves, R.: *Griechische Mythologie. Quellen und Deutung*. Reinbek 2003.
von Worms, A.: *Das Buch der wahren Praktik in der göttlichen Magie*. München 1988.
Wasson, R. G. u. a.: *Der Weg nach Eleusis. Das Geheminis der Mysterien*. Frankfurt a. M. 1990.
Wasson, G.: «Ich aß die heiligen Pilze». In: Ronald Rippchen (Hrsg.): Zauberpilze. Solothurn/Löhrbach 1993, S. 127–130.
Weil, A.: *Drogen und höheres Bewusstsein*. Aarau 2000.
Wells, H. G.: *Die Zeitmaschine*. München 1996.
Wilber, K. (Hrsg.): *Das holographische Weltbild. Wissenschaft und Forschung auf dem Weg zu einem ganzheitlichen Weltverständnis*. München 1990.

Wilson, R. A.: *Der neue Prometheus. Die Evolution unsere Intelligenz*. Reinbek 1987.
Wilson, R. A.: *Schrödingers Katze. Die Brieftaube*. Reinbek 1985.
Wirth, U.: «Abduktion und ihre Anwendungen». In: *Zeitschrift für Semiotik*, Bd. 17, 1995, S. 405–424.
Zeilinger, A.: «Von Einstein zum Quantencomputer. Philosophische Debatte legte den Grundstein zu einer neuen Informationstechnologie». In: *Neue Zürcher Zeitung*. 30.6. 1999, S. 72.

BILDNACHWEIS

- S. 20: SPACEart, Sciencefiction + Erotik Modellbau, Münster, www.spaceart.de.
- S. 75: Cover des Romans *Die ersten Zeitreisenden* von Reinhard Heinrich und Erik Simon, Berlin-Ost: Verlag Neues Leben, 1977.
- S. 98: the@eyecatcher.
- S. 113: Deutscher Science Fiction Club (DSFC), Aldekerk, www.trekblog.de.
- S. 145: Archiv Ariane Windhorst, Zeichnung von «T. Dobbs», eigentlich Frank Dobbs.
- S. 170: Germanisches Nationalmuseum, Nürnberg.
- S. 178: Foto «Der dampfende Franziskus» von Alfred Schlagbauer, Seeon (Modell Franz Lindenmayr).
- S. 193: Archiv der Autoren.
- S. 217: Archiv der Autoren.
- S. 285: Rowohlt Verlag.
- S. 292 und 293: Kosmopoisk, www.kosmopoisk.de.vu.
- S. 310: Future Horizons, www.futurehorizons.net/time.htm
- S. 315: Deutsches Patent- und Markenamt, München.
- S. 322: Foto: Colin Goldner, aus *Forum für kritische Psychologie*, Margarethenried/Hörgertshausen, via Jürgen Respondek, Berlin.
- S. 327: Foto Dr. Wolfgang Schmid, privat.
- S. 338: Institut für Experimentalphysik, Universität Wien.